普通高等院校信息类CDIO项目驱动型规划教材

丛书主编：刘平

Web程序设计：ASP.NET（项目教学版）

主编：杨玥／副主编：汤秋艳 晏燕

清华大学出版社
北京

内容简介

为了激发读者的学习兴趣，让读者快速掌握 ASP.NET 网站开发技术，本书内容以信息发布网站的开发过程为线索，从企业网站开发的角度出发逐步展开。以项目为驱动，使学生从一开始就带着项目开发任务进入学习，在做项目的过程中逐渐掌握完成任务所需的知识和技能。一步一步地解决问题，向成功靠近，每一个单项工作任务（子项目）的完成都会给读者带来小小的成功喜悦，增加一点点自信，引发继续向上的动力。

本书是真正的 CDIO 项目驱动型规划教材，以任务为中心，以提升职业岗位能力为目标，按照企业网站开发的基本流程组织教材内容。通过精心构造的项目，从需求分析、系统设计、系统开发、系统测试到系统部署，循序渐进向读者展现知识结构，让读者在做项目的过程中轻松掌握 ASP.NET 网站开发技术。本书适用于高等学校计算机相关专业的学生使用。

图书在版编目（CIP）数据

Web 程序设计：ASP.NET(项目教学版)/ 杨玥主编. —北京：清华大学出版社，2012.12
普通高等院校信息类 CDIO 项目驱动型规划教材
ISBN 978-7-302-30595-8

Ⅰ. ①W…　Ⅱ. ①杨…　Ⅲ. ①网页制作工具—程序设计　Ⅳ. ①TP393.092

中国版本图书馆 CIP 数据核字（2012）第 266332 号

责任编辑：付弘宇　薛　阳
封面设计：常雪影
责任校对：李建庄
责任印制：李红英

出版发行：清华大学出版社
　网　　址：http://www.tup.com.cn，http://www.wqbook.com
　地　　址：北京清华大学学研大厦 A 座　　**邮　　编**：100084
　社 总 机：010-62770175　　**邮　　购**：010-62786544
　投稿与读者服务：010-62776969，c-service@tup.tsinghua.edu.cn
　质 量 反 馈：010-62772015，zhiliang@tup.tsinghua.edu.cn
　课 件 下 载：http://www.tup.com.cn,010-62795954
印 装 者：北京鑫海金澳胶印有限公司
经　　销：全国新华书店
开　　本：185mm×260mm　　**印　张**：16　　**字　　数**：450 千字
版　　次：2012 年 12 月第 1 版　　**印　　次**：2012 年 12 月第 1 次印刷
印　　数：1～3000
定　　价：29.00 元

产品编号：048959-01

丛书序

在课堂教学越来越难以吸引学生注意力的高校课堂，越来越多的教师开始引入项目教学，用以激发学生的学习兴趣和内在潜力。然而，真正适应项目教学的实用教材却非常匮乏，许多冠以项目教学或任务驱动型的教材，仅仅是在原教材的体系基础上，在每章或部分章的后面增加一个项目或任务而已。

为此，我们贯彻“应用为本、学以致用”的办学理念，在学习和借鉴 CDIO 国际工程教育理念与方法的基础上，通过多年的项目教学实践，建立了“教学内容与实际工作相结合、校内培养与企业培养相结合、学生角色与员工角色相结合”的项目教学内容体系，同时开发了这套普通高等院校信息类 CDIO 项目驱动型规划教材。其最大特点在于用项目驱动教学，用任务引领学习。每本教材均由一个完整的课程项目发端，再分为若干个子项目，将相关知识点有机融合到各个子项目里。

教师由传统的授课角色转为项目发包人兼项目导师的角色，通过发包实际任务激发学生的学习热情，挖掘学生的内在潜力；通过指导学生亲自完成实际任务来掌握相关知识要点，掌握工程项目实施理念和方法。

这种以项目为核心的教学方式打破了教室和实验室的界限，实现了理论教学与实践教学的高度融合，学生的工程实践能力得到显著加强。通过做项目，培养了学生的创新精神与团队合作意识，使学生通过做项目学会了做事，也学会了合作，使学生毕业时真正成为“懂专业、技能强、能合作、善做事”的可以直接上岗的技术应用型人才。

虽然，CDIO 项目教学引入我国已经有一段时间了，但仍处于探索推广阶段，需要广大的教育工作者共同努力，勇于探索，积极交流。为此，我们热切欢迎广大读者提出宝贵的意见和建议，同时也欢迎有志于项目教学探索与推广的老师参与到系列教材的编写开发中来。交流邮箱：liuping661005@126.com

刘平 教授

普通高等院校信息类 CDIO 项目驱动型规划教材丛书主编

沈阳理工大学应用技术学院信息与控制学院院长

2012 年 10 月于李石开发区

前　言

随着网络技术的快速发展，网络程序设计和Web应用技术得到了广泛的应用。ASP.NET技术是Microsoft公司推出的基于Microsoft.NET框架的新一代网络程序设计和Web应用开发工具，是Web应用开发的主流技术之一。

本书共分为项目导入、11个子项目和项目总结。11个子项目分别为信息发布网站需求、三层架构、信息发布网站的创建、页面布局和设计、创建用户控件、验证功能、管理员登录功能、导航功能、数据访问技术、网站测试和信息发布网站的发布，这些子项目从整体上形成了信息发布网站的开发过程。

本书以Visual Studio 2005和SQL Server 2005为开发平台，使用C#开发语言，提供大量源于作者多年教学积累和项目开发经验的实例。在学习本书中的项目前，读者需要掌握网页制作、数据库程序设计和软件工程等知识。

本书概念清晰，逻辑性强，循序渐进，语言通俗易懂，适合作为高等学校计算机相关专业的Web应用程序设计、Web数据库应用等课程的教材，也适合开发Web应用程序的初级、中级人员学习参考。

由于本书涉及的范围比较广泛，加之项目教学在我国又是新生事物，开展的时间还不长，书中不足之处在所难免，敬请读者批评指正。

编者

2012年8月

目　录

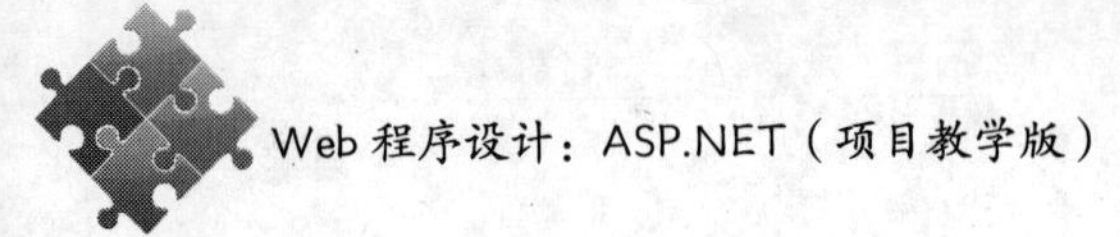

信息发布网站的项目导入

当今社会是信息竞争的社会，企业信息化建设是提高企业管理效率的必要途径，在这样一个信息化建设中，企业的新闻发布网站是企业对外快速传播信息的门户。这个“门户”让拥有它的企业能够及时发布最新信息，让用户第一时间获取信息，以此占有市场先机。谁拥有互联网，谁就拥有了信息；谁拥有了信息，谁就能占据有利竞争地位，这已经成为一条新的市场竞争规则。因此，对于每一个企业来说，信息发布网站的存在是非常有必要的。

本书采用企业信息发布网站的开发来进行 Web 程序设计的介绍，将 ASP.NET 中的所有概念和技术应用到信息发布网站的开发当中。按照软件工程的思想来进行网站开发，分别进行网站需求分析、数据库设计、三层架构设计、表现层的创建、网页布局设计、用户控件的应用、信息验证功能、管理员登录、导航功能、数据访问技术、网站测试和网站发布等子项目的设计与开发。

下面首先对信息发布网站进行需求分析。

子项目 1：信息发布网站需求概述

1.1 项目任务

1．在本子项目中要完成的任务

（1）信息发布网站的系统业务流程。

（2）信息发布网站的需求分析。

（3）信息发布网站的功能模块设计。

（4）信息发布网站的数据库设计。

（5）信息发布网站的文件结构设计。

2．具体任务指标

（1）设计信息发布网站的功能模块图和功能模块内容。

（2）设计信息发布网站的数据库 news2008。

1.2 项目的提出

随着互联网的迅猛发展，每一个企事业单位都需要有自己的门户网站，这样才便于企业发布最新消息，抢得先机。

信息发布网站包括前台和后台。前台功能主要包括用户注册、修改已注册用户信息、注册用户发布新闻、新闻搜索功能、新闻数量的统计、新闻评论、热点新闻统计及浏览和按类别浏览新闻；后台功能主要包括现有新闻管理、发布新的新闻、新闻审核、新闻评论管理、新闻栏目管理和系统用户管理。

1.3 项目实施

1.3.1 任务 1：信息发布网站的系统业务流程

信息发布网站系统分为前台和后台管理系统两部分，业务流程如图 1.1 所示。

（1）前台实现的功能主要包括如下几方面。

① 用户注册、修改已注册用户信息功能。

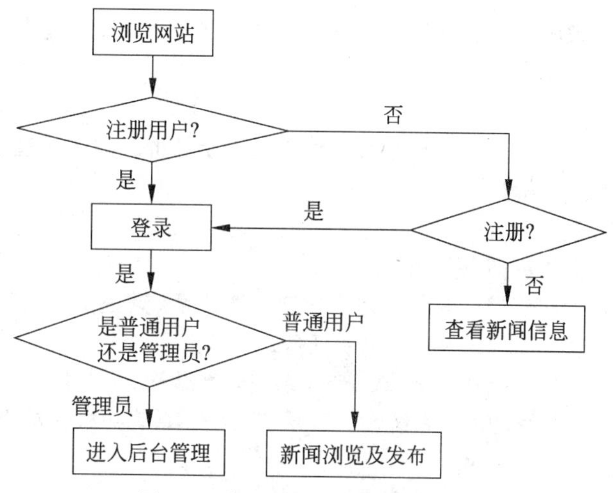

图 1.1　信息发布系统的业务流程

② 注册用户发布新闻功能。

③ 新闻搜索功能。

④ 各新闻类别中的新闻数量的统计功能。

⑤ 用户对新闻进行评论功能。

⑥ 热点新闻统计及浏览功能。

⑦ 按类别浏览新闻功能。

(2) 后台实现的功能主要包括如下方面。

① 管理现有新闻。

② 发布新的新闻。

③ 对要发布的新闻进行审核。

④ 管理新闻评论。

⑤ 管理新闻栏目。

⑥ 管理系统用户。

1.3.2　任务 2：信息发布网站的需求分析

1．概述

需求分析阶段的工作可以分为 4 个方面：问题识别、分析与综合、制定规格说明书和评审。

(1) 问题识别。

问题识别是从系统角度来理解软件，确定对所开发系统的综合要求，提出这些需求的实现条件，以及需求应该达到的标准。这些需求包括：功能需求（做什么）、性能需求（要达到什么指标）、环境需求（如机型、操作系统等）、可靠性需求（不发生故障的概率）、安全保密需求、用户界面需求、资源使用需求（软件运行时所需的内存、CPU 等）、软件成本消耗与开发进度需求、预先估计以后系统可能达到的目标。

(2) 分析与综合。

逐步细化所有的软件功能，找出系统各元素间的联系、接口特性和设计上的限制，分析它们是否满足需求，剔除不合理部分，增加需要部分。最后，综合成系统的解决方案，给出要开发系统的详细逻辑模型（做什么的模型）。

(3) 制定规格说明书。

编制文档，描述需求的文档称为软件需求规格说明书。请注意，需求分析阶段的成果是需求规格说明书，向下一阶段提交。

(4) 评审。

对功能的正确性、完整性、清晰性以及其他需求给予评价。评审通过才可进行下一阶段的工作，否则重新进行需求分析。

2. 用户需求调查问卷

用户需求调查问卷主要包括以下内容。

(1) 调查人姓名、所在部门、职务及调查日期，建议系统名称。

(2) 该系统的使用者、部门、角色、主要任务，与系统运行有关的实体、实体名称、关系。

(3) 系统工作平台与体系结构的要求，管理系统体系结构。

(4) 系统开发工具、系统功能、系统性能、系统安全、系统约束性及系统使用方便等要求。

3. 用户需求

用户需求包括以下内容。

(1) 用户可以匿名浏览新闻信息，但需经过注册，具有用户资格才能发布新闻。

(2) 用户注册后可以修改个人信息。

(3) 用户可以按新闻栏目浏览新闻信息。

(4) 用户可以搜索满足一定条件的新闻。

(5) 用户在浏览新闻信息时，输入一些必要的个人信息就可以对新闻进行评论。

(6) 用户可以浏览到点击率最高的新闻，同时可以知道每条新闻评论的条数以及每个新闻栏目新闻的数量。

(7) 系统注册用户分为普通用户及管理员用户，普通用户可以修改个人信息、发布新闻，管理员可以对普通会员资料进行添加与删除。

(8) 管理员可以创建与维护新闻内容及新闻评论。

(9) 系统具有友好性、易操作性、安全性和保密性。

4. 撰写需求规格说明书

(1) 产品说明。

① 产品名称：企业新闻发布信息管理系统。

② 用途：新闻浏览、新闻发布、新闻评论、会员注册等。

③ 产品的开发背景：当今是一个信息竞争的社会，企业的信息化建设是提高企业管理效率的必要途径。在信息化建设中，企业的新闻发布系统是企业对外快速传播信息的门户，具有重要作用。

(2) 产品面向的用户群体。面向 Internet 上来自全国各地的访问该系统的用户。

(3) 产品中的角色。

① 管理员：对该系统进行后台维护的工作人员。

② 普通用户：在本系统中注册的用户，可以发布新闻信息。

③ 访客：没有在该系统注册，通过 Internet 访问该系统的人员。

(4) 产品的硬件环境要求。要求安装有 MS Windows Server 2003/2008 标准版/企业版的服务器，要求安装 IE 5.5 和 IIS 5.0 以上版本的软件。

5. 评审

组织专家进行评审。对功能的正确性、完整性和清晰性，以及其他需求给予评价。评审通过才可进行下一阶段的工作，否则重新进行需求分析。

1.3.3 任务 3：信息发布网站的功能模块设计

信息发布系统功能分为前台和后台两部分，新闻发布系统功能模块图如图 1.2 所示。

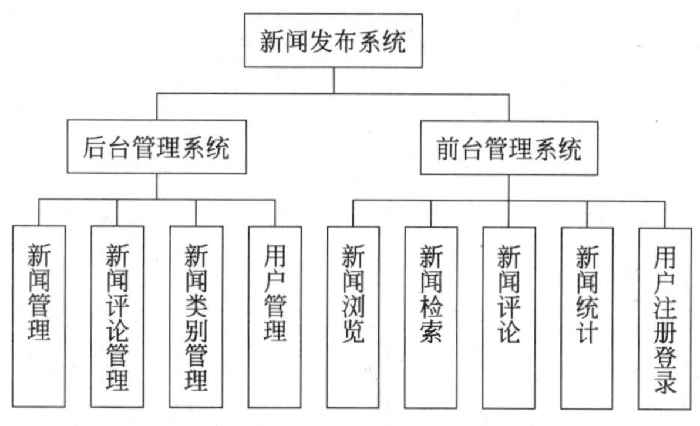

图 1.2　信息发布网站功能模块图

1．前台功能系统

前台功能系统主要包括以下几点。

（1）新闻浏览。

（2）新闻搜索。

（3）新闻评论。

（4）新闻统计。

（5）用户注册登录。

2．后台管理系统

后台管理系统主要包括以下几点。

（1）新闻管理。

（2）新闻评论管理。

（3）新闻类别管理。

（4）用户管理。

1.3.4 任务 4：信息发布网站的数据库设计

企业信息发布网站系统目前采用 SQL Server 2005 数据库系统。创建数据库名为 news2008，有 4 个表，分别是：新闻信息表（News）、新闻评论表（Comments）、新闻类别表（BigClass）和用户信息表（User）。

1．各表的含义

各表的含义如表 1.1 所示。

表 1.1　各表的含义说明

表　名	说　明
新闻信息表（News）	新闻内容的详细信息，如新闻名、发布时间等
新闻评论表（Comments）	新闻评论详细信息，如评论内容等
新闻类别表（BigClass）	新闻类别的详细信息
用户信息表（User）	用户的详细信息

2．各表的详细设置

(1) 新闻信息表（News）

新闻信息表主要用来保存新闻的基本信息，News 数据表的结构如表 1.2 所示。

表 1.2　新闻信息表（News）

字段名称	类　型	大　小	是否为空	描　述
N_Id	int	4	否	新闻 ID（自增主键）
Title	varchar	50	是	新闻标题
Info	text	16	是	新闻内容
Bigclassid	varchar	50	是	新闻分类 ID
Username	varchar	50	是	新闻编辑人姓名
Infotime	datetime	8	是	上传新闻时间
Hit	int	4	是	新闻点击率（默认值：0）
Flag	varchar	50	是	是否通过审核（默认值：未审核）
Cindex	int	4	是	该新闻的索引

(2) 新闻评论表（Comments）

新闻评论表主要用来保存新闻评论的相关信息，Comments 数据表的结构如表 1.3 所示。

表 1.3　新闻评论表（Comments）

字段名称	类　型	大　小	是否为空	描　述
C_Id	int	4	否	评论 ID（自增主键）
C_User	varchar	50	是	评论者姓名
C_Qq	varchar	50	是	评论者 QQ
C_Email	varchar	50	是	评论者邮箱
C_Word	varchar	200	是	评论内容
C_Time	datetime	8	是	评论时间
Newsid	int	4	是	评论的新闻在 News 中的 N_id 值
Cindex	int	4	是	对同一新闻评论的索引值（如同一新闻有两条评论，则其值按先后顺序为 1，2）

(3) 新闻类别表（BigClass）

新闻类别表主要用来保存新闻类别的相关信息，BigClass 数据表的结构如表 1.4 所示。

表 1.4　新闻类别表（BigClass）

字段名称	类　型	大　小	是否为空	描　述
B_Id	int	4	否	新闻类别 ID（自增主键）
Name	varchar	50	是	新闻类别名称
Flag	char	10	是	是否显示分类标记（默认值：显示）
Cindex	int	4	是	新闻类别索引
Newscount	int	4	是	每类新闻对应的新闻总数（默认值：0）

（4）用户信息表（User）

用户信息表主要用来保存用户的相关信息，User 数据表的结构如表 1.5 所示。

表 1.5　用户信息表（User）

字段名称	类　型	大　小	是否为空	描　述
U_id	int	4	否	用户 ID（自增主键）
UserName	varchar	50	否	用户姓名
Password	varchar	50	否	用户密码
Email	varchar	50	是	用户邮箱
Lever	varchar	50	否	用户级别（分为普通用户和管理员）

1.3.5　任务 5：信息发布网站的文件结构设计

企业信息发布网站系统文件结构设计如表 1.6 所示。

表 1.6　文件结构

包	类　名	说　明
Web	Default.aspx	前台主页页面
	BigTypeNews.aspx	前台新闻栏目页面
	ListView.aspx	前台新闻内容浏览及评论页面
	MoreComments.aspx	前台新闻全部评论浏览页面
	AllNews.aspx	前台全部新闻页面
	Search.aspx	前台新闻搜索页面
	UserReg.aspx	前台用户注册页面
	UserAddNews.aspx	前台用户发布新闻页面
	UserCenter.aspx	前台个人管理信息页面
	Admin_Login.aspx	后台登录页面
	Admin_Index.aspx	后台主页页面
	Admin_NewsList.aspx	后台管理现有新闻页面
	Admin_EditNews.aspx	后台修改新闻页面
	Admin_DeleteNews.aspx	后台删除新闻页面
	Admin_AddNews.aspx	后台发布新闻页面
	Admin_CheckNews.aspx	后台审核新闻页面
	CheckNews.aspx	管理审核功能页面
	Admin_Comments.aspx	后台管理新闻评论页面
	Admin_BigClass.aspx	后台管理新闻类别页面
	Admin_EditBig.aspx	后台修改新闻类别页面
	Admin_DeleteBig.aspx	后台删除新闻类别页面
	Admin_AllUsers.aspx	后台管理系统用户页面
	Admin_EditUser.aspx	后台修改用户信息页面
	Admin_DeleteUser.aspx	后台删除用户信息页面

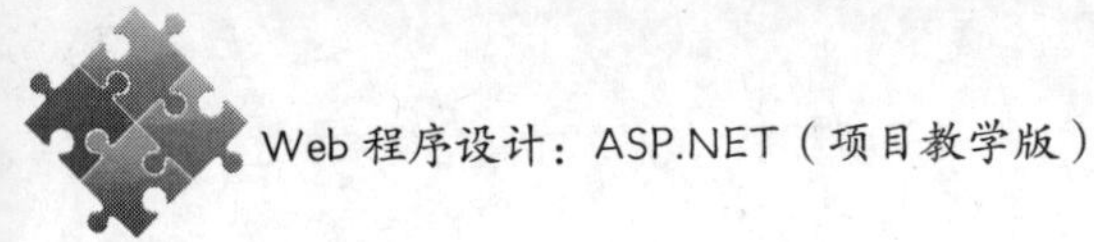

续表

包	类　名	说　明
BLL	NewsLogic.cs	新闻信息管理逻辑类
	BigClassLogic.cs	新闻类别管理逻辑类
	CommentsLogic.cs	新闻评论管理逻辑类
	UserLogic.cs	用户管理逻辑类
DAL	DBbase.cs	数据库操作类
	NewsAccess.cs	新闻数据访问类
	BigClassAccess.cs	新闻类别数据访问类
	CommentsAccess.cs	新闻评论数据访问类
	UserAccess.cs	用户数据访问类
	FormatString.cs	截取字符串类
Model	NewsInfo.cs	新闻信息类
	BigClassInfo.cs	新闻类别信息类
	CommentsInfo.cs	新闻评论信息类
	UserInfo.cs	用户信息类

1.4　本项目实施中可能出现的问题

在本项目的实施内容，主要是分析信息发布网站的用户需求、划分信息发布网站的功能模块图、设计信息发布网站的数据库。但是在实施的过程中，还是会或多或少地存在一些问题。需要注意以下内容。

（1）数据库中表名的设计问题。

由于在本项目中创建的用户信息表表名为 User，但是针对 SQL 语句来说，User 是一个关键字，因此在创建过程中，如果使用 SQL 语句来创建表的时候，需要使用[User]的格式来创建用户表。

（2）表中字段的设计问题。

由于在本项目中创建的表中都会有一个字段是自增的，并且设置为主键的形式。但是大多数时候，很多人会设置以字段为主键，往往疏忽了该字段的自增设置，因此需要特别注意这个环节，否则在后续的项目操作过程中会出现错误情况。

1.5　后续项目

对信息发布网站的需求分析之后，已经确定了该系统中所有实现的功能、数据库的设计内容，并已经明确该系统要采用三层架构来实现。接下来需要完成的子项目是三层架构的设计。

子项目 2: 信息发布网站的三层架构

2.1 项目任务

1. 在本子项目中要完成的任务

(1) 新闻信息显示与检索模块。

(2) 新闻评论模块。

(3) 后台用户管理模块。

2. 具体任务指标

(1) 创建 MODEL 类库、DLL 类库和 BLL 类库。

(2) 在 MODEL 类库中创建 UserInfo.cs 类、CommentsInfo.cs 类、NewsInfo.cs 类和 BigClassInfo.cs 类。

(3) 在 DLL 类库中创建 DBbase.cs 类、NewsAccess.cs 类、BigClassAccess.cs 类、CommentsAccess.cs 类、UserAccess.cs 类和 FormatString.cs 类。

(4) 在 BLL 类库中创建 UserLogic.cs 类、NewsLogic.cs 类、BigClassLogic.cs 类和 Comments Logic.cs 类。

2.2 项目的提出

信息发布网站的需求分析之后，已经确定了所要实现的功能模块内容，对于程序的开发，可以采用直接在表现层来编写代码，直接访问数据库。但是这种方式，对于程序的安全性和后续程序的扩展都是非常不利的。因此，采用三层架构的模式来开发信息发布网站。

本系统采用四层架构，包括了实体层、数据访问层、逻辑层和表现层。

(1) 实体层（MODEL）：该层主要是对数据表中的字段进行属性定义。

(2) 数据访问层（DAL）：该层所做事务直接操作数据库，针对数据的增添、删除、修改、更新、查找等。

(3) 逻辑层（BLL）：针对具体问题的操作，也可以说是对数据层的操作，对数据业务逻辑处理。

(4) 表现层（UI）：主要是用户和管理员进行操作的界面。

表现层的设计内容在后续章节中描述。在本系统中，对于实体层、数据访问层和逻辑层的设计内容如下所述。

（1）实体层：MODEL 类库。

① NewsInfo：新闻信息类。

② BigClassInfo：新闻类别信息类。

③ CommentsInfo：新闻评论信息类。

④ UserInfo：用户信息类。

（2）数据访问层：DAL 类库。

① DBbase：数据库操作类。

② NewsAccess：新闻数据访问类。

③ BigClassAccess：新闻类别数据访问类。

④ CommentsAccess：新闻评论数据访问类。

⑤ UserAccess：用户数据访问类。

⑥ FormatString：截取字符串类。

（3）逻辑层：BLL 类库。

① NewsLogic：新闻信息管理逻辑类。

② BigClassLogic：新闻类别管理逻辑类。

③ CommentsLogic：新闻评论管理逻辑类。

④ UserLogic：用户管理逻辑类。

2.3 实施项目的预备知识

1．预备知识的重点内容

（1）理解三层架构设计的思想及思路。

（2）重点掌握三层架构在系统实施中的应用方式。

（3）重点掌握三层架构之间调用的方法。

2．关键术语

（1）三层架构（3-Tier Application）：通常意义上的三层架构就是将整个业务应用划分为：表现层（UI）、业务逻辑层（BLL）、数据访问层（DAL）。区分层次的目的即为了“高内聚，低耦合”的思想。

（2）高内聚低耦合：是软件工程中的概念，是判断设计好坏的标准，主要是面向对象的设计，主要是看类的内聚性是否高，耦合度是否低。

（3）高内聚：是指一个软件模块是由相关性很强的代码组成，只负责一项任务，也就是常说的单一责任原则。

（4）耦合：一个软件结构内不同模块之间互连程度的量度（耦合性也叫块间联系。指软件系统结构中各模块间相互联系紧密程度的一种量度。模块之间联系越紧密，其耦合性就越强，模块的独立性则越差，模块间耦合的高低取决于模块间接口的复杂性，调用的方式以及传递的信息）。

3．预备知识的内容结构

三层架构的内容：
- 数据访问层
- 实体层
- 数据访问接口层
- 数据访问工厂类
- 数据访问抽象类
- 业务逻辑层
- 界面层

4．预备知识

3 层架构是对程序设计结构的一个笼统的概念，可以从 3 层到 7 层不等，7 层分别是 SqlServer DAL 数据访问层、MODEL 实体层、IDAL 数据访问接口层、DALFactory 数据访问工厂类、DBUtility 数据访问抽象类、BLL 业务逻辑层、UI 界面层。7 层之间的调用关系图如图 2.1 所示。

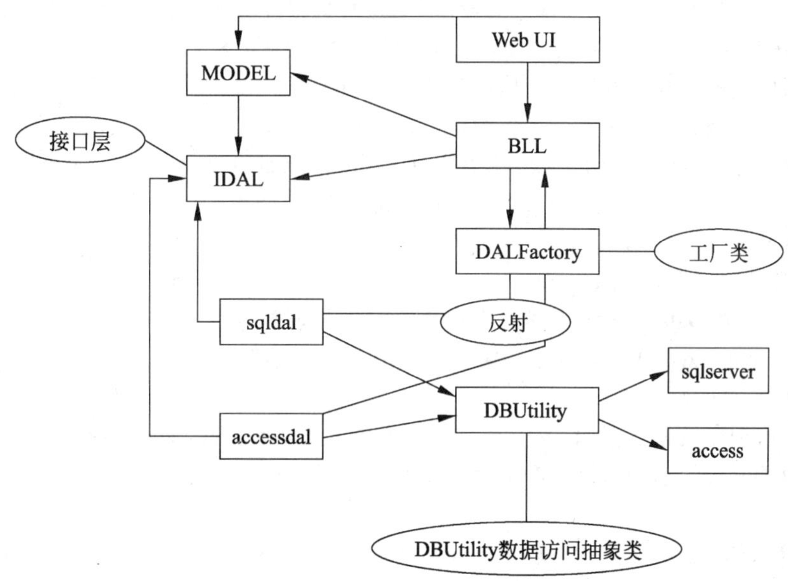

图 2.1　7 层之间的调用关系图

（1）MODEL 层是对数据字段进行的操作。

MODEL 层中，数据从 Web UI 层写入 MODEL 层中，而 DAL 层从 MODEL 中读取。

（2）IDAL 层是对数据访问层方法的规范（如果有几个不同的数据库，规定不同数据访问层的方法名相同，利于调用）。

接口层是对方法进行操作，它是规范数据访问层的方法，即不同的数据库调用采用相同的方法。

接口层的精华是可以通过接口的实例访问 DAL 层的方法（对不同的数据库操作起来比较方便）。

（3）DALFactory 层是对数据库模型的操作，运用反射，可以返回数据库实例（就是定义要调用的是那个数据库）。

工厂就是利用反射这个方法，一句话，将某个 DAL 层返回，从而在 BLL 层中接口的实例化的数据实例是根据工厂类中返回的数据。

工厂的作用，就是定义一个方法，这个方法就是定义返回的是哪个数据库的实例。

（4）BLL 层，在业务逻辑层中，利用接口对象调用 DAL 层的方法。需要注意一个问题，这里的 DAL 层的数据库可能有好几个，而在 BLL 层中，是根据不同的数据实例转化为接口实例进行调用的。

（5）DAL 层，在用到 DAL 层时，首先要确定是哪个方面的数据库。

（6）DBUtility 层其实是从 DAL 层中分离开来，让 DAL 层定义 SQL 方法，而 DBUtility 层就是专门进行 SQL 语句执行的类，一般使用微软自带的类：SQLHelper.cs。

一般情况下，一个 N 层的应用程序通常有三层：表现层、业务层和数据层。下面介绍每层的具体功能。

（1）表现层（Presentation Tier）

表现层用于用户接口的展示，以及用业务层的类和对象来“驱动”这些接口。

在 ASP.NET 中，该层包括 aspx 页面、用户控件、服务器控件以及某些与安全相关的类和对象。

（2）业务层（Business Tier）

业务层用于访问数据层，从数据层取数据、修改数据以及删除数据，并将结果返回给表现层。

在 ASP.NET 中，该层包括使用 SqlClient 或 OleDb 从 SQL Server 或 Access 数据库取数据、更新数据及删除数据，并把取得的数据放到 DataReader 或 DataSet 中返回给表现层。返回的数据也许只有一个整型数字，比如一个表的行记录数目，但这也要用数据层的数据进行计算。

通常该层被划分成两个子层：业务逻辑层（Business Logic Layer，BLL）和数据访问层（Data Access Layers，DAL）。BLL 在 DAL 之上，也就是说 BLL 调用 DAL 的类和对象。DAL 访问数据并将其转给 BLL。

在 ASP.NET 中，该层可以用 SqlClient 或 OleDb 从 SQL Server 或 Access 数据库取数据，把数据通过 DataSet 或 DataReader 的形式给 BLL，BLL 处理数据给表现层。有的时候，例如直接把 DataSet 或 DataReader 送给表现层的时候，BLL 是一个透明层。

（3）数据层（Data Tier）

数据层是数据库或者数据源。在.NET 中，通常它是一个 SQL Server 或 Access 数据库，但不仅限于此两种形式，它还可能是 Oracle，MySQL，甚至是 XML。

2.4 项目实施

2.4.1 任务 1：新闻信息显示与检索模块

新闻信息显示与检索是本系统的重要功能之一。该任务中包括新闻内容的显示与检索和新闻栏目的显示与检索两部分。本系统采用标准的三层架构。

在任务中 MODEL 类库中的类 NewsInfo、BigClassInfo 主要完成对数据库中的新闻内容表 News 和新闻栏目表 BigClass 中字段的定义。DAL 类库中的类 NewsAccess、BigClassAccess 主要是对新闻内容及类别操作的各种功能的具体实现。BLL 类库中的类 NewsLogic、BigClassLogic 则是对 DAL 类库中类的逻辑调用。可见，要完成新闻信息显示与检索实现这个任务就要对此任务功能进行分析，完成各个类库中类的实现。

在本系统中采用标准的三层架构，这三层架构是完成系统前台后台功能的基础。

新闻内容的显示与检索需要完成实体层 MODEL 类中的 NewsInfo 类、数据访问层 DAL 类库中的 NewsAccess 类、逻辑层 BLL 类库中的 NewsLogic 类。其中，NewsInfo 类中定义的属性对应新闻内容表 News 中的字段。NewsAccess 类用于实现新闻内容显示与索引的基本方法。NewsLogic 类则用于完成对 NewsAccess 类的逻辑调用从而实现新闻内容显示与检索的功能。

新闻栏目的显示与检索要完成实体层 MODEL 类库中的 BigClassInfo 类、数据访问层 DAL 类库中的 BigClassAccess 类、逻辑层 BLL 类库中的 BigClassLogic 类。其中，BigClassInfo 类中定义的属性对应新闻栏目表 BigClass 中的字段。BigClassAccess 类用于实现新闻栏目显示与索引的基本方法。BigClassLogic 类则用于完成对 BigClassAccess 类的逻辑调用从而实现新闻类别显示与检索的功能。

在本系统的功能实现上，都需要对数据库进行操作，因此 DAL 层的 DBbase 类是完成这些功能的必要前提，在系统中需要对字符串的长度进行控制，DAL 层的 FormatString 类正是用于完成此功能的。

依次右击各解决方案，选择“添加”|“新建项目”。在弹出的窗口中选择类库并分别命名为 MODEL、DAL、BLL 类库。

右击 DAL 类库名，选择“添加引用”，在弹出的窗口中单击“项目”选项卡，然后选择项目名称 MODEL，单击“确定”按钮。

在建立 BLL 类库时，需要添加对 MODEL 类库和 DAL 类库的引用。

1. MODEL 类库

1）NewsInfo.cs 类

NewsInfo.cs 类的访问修饰符应该设为 public，设置为公开的，才可以被其他层的类访问。定义 NewsInfo.cs 类的形式如下所示。

```
public class NewsInfo
{
}
```

NewsInfo 类中主要进行属性的设置。各个属性对应数据库 News 表中的相应字段。主要程序代码包含 9 个内部变量。

设置新闻 id 的内部变量为整型的_n_id；新闻标题的内部变量为字符串类型的_title；新闻内容的内部变量为字符串类型的_info；栏目 ID 的内部变量为整型的_BigClassID；发布者名称的内部变量为字符串类型的_username；发布时间的内部变量为字符串类型的_infotime；点击率的内部变量为整型的_hit；判断审核是否通过的内部变量为整型的_flag，用来判断新闻内容是否通过审核，其值为 1 和 0，分别表示通过和没通过；最大索引的内部变量为整型的_cindex，用来保存数值，通过这个最大索引可以获得一个整数，这个整数表示了新闻总数。其定义的代码如下所示。

```
private int_n_id;
private string_title;
private string_info;
private int_BigClassID;
private string_username;
private string_infotime;
private int_hit;
private int_flag;
private int_cindex;
```

定义 9 个公共属性，分别是 int 类型的 N_id、string 类型的 Title、string 类型的 Info、int 类型的 BigClassID、string 类型的 UserName、string 类型的 Infotime、int 类型的 Hit、int 类型的 Flag 和 int 类型的 Cindex。使用 get 访问器来返回所对应的内部变量的值，使用 set 访问器来设置所对应的内部变量的值。其代码如下所示。

```
public int N_id
{
  get { return _n_id; }
  set { _n_id = value; }
}
public string Title
{
    get { return _title; }
    set { _title = value; }
}
```

```
public string Info
{
    get { return _info; }
    set { _info = value; }
}
public int BigClassID
{
    get { return _BigClassID; }
    set { _BigClassID = value; }
}
public string UserName
{
    get { return _username; }
    set { _username = value; }
}
public string Infotime
{
    get { return _infotime; }
    set { _infotime = value; }
}
public int Hit
{
    get { return _hit; }
    set { _hit = value; }
}
public int Flag
{
    get { return _flag; }
    set { _flag = value; }
}
public int Cindex
{
    get { return _cindex; }
    set { _cindex = value; }
}
```

2）BigClassInfo.cs 类

BigClassInfo 类的访问修饰符设为 public。定义 BigClassInfo.cs 类的形式如下。

```
public class BigClassInfo
{
}
```

BigClassInfo 类中主要进行属性的设置，各个属性对应数据库 BigClass 表中的相应字段。BigClassInfo 类包含 5 个内部变量。

设置新闻类别 ID 的内部变量为整型的_b_id；新闻栏目名称的内部变量为字符串类型的_name；显示分类标记的内部变量为字符串类型的_flag；最大索引的内部变量为整型的_cindex，是一个整数，最大索引代表新闻类别的总数；新闻总数的内部变量为整型的_newscount，表示每类新闻类别中所包含的新闻总数。其定义的代码如下。

```
private int _b_id;
private string _name;
```

```
private string _flag;
private int _cindex;
private int _newscount;
```

定义 5 个公共属性，分别是 int 类型的 B_id、string 类型的 Name、string 类型的 Flag、int 类型的 Cindex 和 int 类型的 Newscount。使用 get 访问器来返回所对应的内部变量的值，使用 set 访问器来设置所对应的内部变量的值。其代码如下所示。

```
public int B_id
{
    get { return _b_id; }
    set { _b_id = value; }
}
public string Name
{
    get { return _name; }
    set { _name = value; }
}
public string Flag
{
    get { return _flag; }
    set { _flag = value; }
}
public int Cindex
{
    get { return _cindex; }
    set { _cindex = value; }
}
public int Newscount
{
    get { return _newscount; }
    set { _newscount = value; }
}
```

2. DAL 层

1）DBbase.cs 类

首先在 Web.config 文件中添加如下内容。

```
<appSettings>
<add key="conStr" value="data source=.;integrated security=true;database=
news2008"/>
</appSettings>
```

设置数据库连接的字符串为 data source=.; integrated security=true; database=news2008；表示连接本地的 news2008 数据库，并且访问的方式的 Windows 集成的访问方式。数据库连接的关键字为 conStr。

DBbase.cs 类的访问修饰符设为 public。在定义 DBbase.cs 类之前，需要引用命名空间，如下所示。

```
using System.Data;
using System.Data.SqlClient;
```

DBbase.cs 类主要是实现数据库连接及对 SQL 命令的执行。定义 DBbase.cs 类的形式如下所示。

```
public class DBbase
{
}
```

首先在 DBbase.cs 类中定义连接字符串 strCon，通过系统配置中的 AppSettings["conStr"]来获取定义在 Web.config 文件中的 conStr 关键字的值。通过 SqlConnection 类创建 con 对象，实例化连接对象。其代码如下所示。

```
    public static string strCon = System.Configuration.ConfigurationSettings.
AppSettings["conStr"].ToString();
    SqlConnection con = new SqlConnection(strCon);
```

（1）自定义检测连接的方法 CheckConnection()，判断 strCon 连接是否已经打开，若连接是关闭的则通过调用 Open()方法打开 SqlConnection 连接。CheckConnection()方法的代码如下所示。

```
public void CheckConnection()
{
    if (this.con.State == ConnectionState.Closed)
    {
        this.con.Open();
    }
}
```

（2）自定义方法 ReturnDataSet()，该方法的返回值类型为 DataSet 数据集，并且方法在调用过程中包含一个 string 类型的参数 strSQL。首先调用自定义方法 CheckConnection()打开数据库的连接，然后通过 SqlDataAdapter 类型的对象 sda 执行 SQL 语句，并且将获取的内容填充到数据集 ds 中，返回数据集 ds。如果在执行过程中出现错误，那么抛出异常语句，返回 ex.Message 的错误消息。执行之后将数据库连接关闭。自定义方法 ReturnDataSet()的代码如下所示。

```
public DataSet ReturnDataSet(string strSQL)
{
    CheckConnection();
    try
    {
        SqlDataAdapter sda = new SqlDataAdapter(strSQL, con);
        DataSet ds = new DataSet();
        sda.Fill(ds);
        return ds;
    }
    catch (Exception ex)
    {
        throw new Exception(ex.Message);
    }
    finally
    {
        con.Close();
    }
}
```

（3）自定义方法 GetDataRow()，其返回值类型为 DataRow 数据行，并且该方法在调用过程中包含一个 string 类型的参数 strSQL。首先调用自定义方法 CheckConnection()打开数据库的连接，然后通过 SqlDataAdapter 类型的对象 sda 执行 SQL 语句，并且将获取的内容填充到数据集 ds 中，返回 ds.Tables[0].Rows[0]数据行。如果在执行过程中出现错误，那么抛出异常语句，返回 ex.Message 的错误消息。执行之后将数据库连接关闭。自定义方法 GetDataRow()的代码如下所示。

```
public DataRow GetDataRow(string strSQL)
{
    CheckConnection();
    try
    {
        SqlDataAdapter sda = new SqlDataAdapter(strSQL, con);
        DataSet ds = new DataSet();
        sda.Fill(ds);
        return ds.Tables[0].Rows[0];
    }
    catch (Exception ex)
    {
        throw new Exception(ex.Message);
    }
    finally
    {
        con.Close();
    }
}
```

（4）自定义方法 ExecuteNonQuery()，其返回值类型为布尔（bool）类型，并且该方法在调用过程中包含两个参数，一个是 bool 类型的 IsPro，一个是 string 类型的参数 strSQL。首先调用自定义方法 CheckConnection()打开数据库的连接，然后通过 SqlCommand 类型的对象 com 执行 SQL 语句，接着进行判断，如果参数 IsPro 为 True，那么 com 对象的命令类型为 StoredProcedure 存储过程，否则命令类型为文本 Text。将 SQL 语句赋值给 CommandText，通过调用对象 com 的 ExecuteNonQuery()方法来执行 SQL 语句，执行之后将数据库连接关闭，如果执行成功返回 true，否则返回 false。自定义方法 ExecuteNonQuery()的代码如下所示。

```
public bool ExecuteNonQuery(bool IsPro, string strSQL)
{
    CheckConnection();
    try
    {
        SqlCommand com = new SqlCommand(strSQL, con);
        if (IsPro)
        {
            com.CommandType = CommandType.StoredProcedure;
        }
        else
        {
            com.CommandType = CommandType.Text;
        }
        com.CommandText = strSQL;
```

```
            com.ExecuteNonQuery();
            con.Close();
            return true;
        }
        catch
        {
            return false;
        }
    }
```

（5）自定义方法 ExecuteNonQuery()，其返回值类型为空，表示只在这个自定义方法中执行操作。该方法在调用过程中只包含一个参数，是 string 类型的参数 strSQL。首先调用自定义方法 CheckConnection()打开数据库的连接，然后通过 SqlCommand 类型的对象 com 执行 SQL 语句，通过调用对象 com 的 ExecuteNonQuery()方法来执行 SQL 语句，如果在执行过程中出现错误，那么抛出异常语句，返回 ex.Message 的错误消息，执行之后将数据库连接关闭。自定义方法 ExecuteNonQuery()的代码如下所示。

```
public void ExecuteNonQuery(string strSQL)
{
    CheckConnection();
    try
    {
        SqlCommand com = new SqlCommand(strSQL, con);
        com.ExecuteNonQuery();
    }
    catch (Exception ex)
    {
        throw new Exception(ex.Message);
    }
    finally
    {
        con.Close();
    }
}
```

（6）自定义方法 ReturnTable()，其返回值类型为 DataTable 数据表，并且该方法在调用过程中包含一个 string 类型的参数 strSQL。首先调用自定义方法 CheckConnection()打开数据库的连接，然后通过 SqlDataAdapter 类型的对象 sda 执行 SQL 语句，并且将获取的内容填充到数据集 ds 中，返回 ds.Tables[0]数据表。如果在执行过程中出现错误，那么抛出异常语句，返回 ex.Message 的错误消息。执行之后将数据库连接关闭。自定义方法 ReturnTable()的代码如下所示。

```
public DataTable ReturnTable(string strSQL)
{
    CheckConnection();
    try
    {
        SqlDataAdapter sda = new SqlDataAdapter(strSQL, con);
        DataSet ds = new DataSet();
        sda.Fill(ds);
        return ds.Tables[0];
    }
```

```
        catch(Exception ex)
        {
            throw new Exception(ex.Message);
        }
        finally
        {
            con.Close();
        }
    }
```

(7) 自定义方法 ReturnDataReader()，其返回值类型为 SqlDataReader 对象，该方法在调用过程中只包含一个参数，是 string 类型的参数 strSQL。首先调用自定义方法 CheckConnection()打开数据库的连接，然后通过 SqlCommand 类型的对象 com 执行 SQL 语句，创建 SqlDataReader 类型的对象 myReader，通过调用 com 对象的 ExecuteReader()方法读取结果赋值给 myReader，并返回其值。如果在执行过程中出现错误，那么抛出异常语句，返回 ex.Message 的错误消息。自定义方法 ReturnDataReader()的代码如下所示。

```
public SqlDataReader ReturnDataReader(string strSQL)
{
    CheckConnection();
    try
    {
        SqlCommand com = new SqlCommand(strSQL, con);
        SqlDataReader myReader = com.ExecuteReader();
        return myReader;
    }
    catch (Exception ex)
    {
        throw new Exception(ex.Message);
    }
}
```

(8) 自定义方法 ReturnRowCount()，其返回值类型为整型 int，并且该方法在调用过程中包含一个 string 类型的参数 strSQL。首先调用自定义方法 CheckConnection()打开数据库的连接，然后通过 SqlDataAdapter 类型的对象 da 执行 SQL 语句，并且将获取的内容填充到数据集 ds 中，返回 ds.Tables[0].Rows.Count，返回该 strSQL 语句查询出的数据行的总数。如果在执行过程中出现错误，那么返回的值为 0。执行之后将数据库连接关闭。自定义方法 ReturnRowCount()的代码如下所示。

```
public int ReturnRowCount(string strSQL)
{
    CheckConnection();
    try
    {
        SqlDataAdapter da = new SqlDataAdapter(strSQL, con);
        DataSet ds = new DataSet();
        da.Fill(ds);
        return ds.Tables[0].Rows.Count;
    }
    catch
    {
```

```
            return 0;
        }
        finally
        {
            con.Close();
        }
    }
```

2）NewsAccess.cs 类

类的访问修饰符为 public，可以被其他层的类访问。在定义 NewsAccess.cs 类之前，需要引用命名空间，代码如下所示。

```
using System.Data;
using System.Data.SqlClient;
```

NewsAccess.cs 类主要通过构造 SQL 语句及调用 DBbase 类中的方法，实现关于新闻信息的显示与检索。定义 NewsAccess.cs 类的形式如下所示。

```
public class NewsAccess
{
}
```

在定义 NewsAccess 类中的方法之前，首先要实例化 DBbase 类的对象，用于调用其内部方法来执行不同的操作。其代码如下所示。

```
DBbase db = new DBbase();
```

（1）自定义方法 GetNewID()，返回的类型为数据集 DataSet。在该方法中，定义 SQL 语句，从 News 数据表中查询 Flag 字段值为已审核的 N_id 字段，并且将这个 SQL 语句作为参数传递给 DBbase.cs 类中的 ReturnDataSet()方法，获取现有新闻 ID。自定义方法 GetNewID()的代码如下所示。

```
public DataSet GetNewsID()
{
    string strSQL = "select N_id from News where Flag='已审核'";
    return db.ReturnDataSet(strSQL);
}
```

（2）自定义方法 GetBigClassIDByNewsID()，返回的类型为数据集 DataSet。在该方法中，定义 SQL 语句，从 News 数据表中查询 N_id 字段值为现有新闻的 BigClassID 字段，并且将这个 SQL 语句作为参数传递给 DBbase.cs 类中的 ReturnDataSet()方法，获取现有新闻 ID 的类型 ID。自定义方法 GetBigClassIDByNewsID()的代码如下所示。

```
public DataSet GetBigClassIDByNewsID(int id)
{
    string strSQL = "select BigClassID from News where N_id=" + id;
    return db.ReturnDataSet(strSQL);
}
```

（3）自定义方法 GetData_news()，返回的类型为数据集 DataSet。在该方法中，定义 SQL 语句，从 News 数据表和 BigClass 数据表中，查询 News.Flag 字段值为已审核，并且 News.BigClassID 字段值为 BigClass.B_id 字段值，同时满足以上条件时的 News 表中的所有字段值和 BigClass 表中的 Name 字段值，将这个 SQL 语句作为参数传递给 DBbase.cs 类中的 ReturnDataSet()方法，获取全部新闻内容。自定义方法 GetData_news()的代码如下所示。

```
    public DataSet GetData_news()
    {
        string strSQL = "select News.*,BigClass.Name from News,BigClass where 
News.Flag='已审核' and News.BigClassID=BigClass.B_id";
        return db.ReturnDataSet(strSQL);
    }
```

（4）自定义方法 GetData_news(int BigClassID)，返回的类型为数据集 DataSet，该方法在调用过程中有一个参数是整型的 BigClassID。在方法中，定义 SQL 语句，从 News 数据表和 BigClass 数据表中，查询 News.Flag 字段值为已审核，News.BigClassID 字段值为参数 BigClassID 值，并且 News.BigClassID 字段值为 BigClass.B_id 字段值，同时满足以上条件时的 News 表中的所有字段值和 BigClass 表中的 Name 字段值，将这个 SQL 语句作为参数传递给 DBbase.cs 类中的 ReturnDataSet()方法，获取全部新闻内容。自定义方法 GetData_news()的代码如下所示。

```
    public DataSet GetData_news(int BigClassID)
    {
        string strSQL = "select News.*,BigClass.Name from News,BigClass where News.
Flag='已审核' and News.BigClassID=" + BigClassID + "and News.BigClassID=
Big Class.B_id";
        return db.ReturnDataSet(strSQL);
    }
```

（5）自定义方法 GetDataByBigClass()，返回的类型为数据集 DataSet，该方法在调用过程中有一个参数是整型的 BigClassID。在方法中，定义 SQL 语句，从 News 数据表中，查询 Flag 字段值为已审核，并且 BigClassID 字段值为参数 BigClassID 值，满足这两个条件的 News 表中的所有字段值，按照 Cindex 索引值进行排序，将这个 SQL 语句作为参数传递给 DBbase.cs 类中的 ReturnDataSet()方法，分栏目获取新闻列表。自定义方法 GetDataByBigClass()的代码如下所示。

```
    public DataSet GetDataByBigClass(int BigClassID)
    {
        string strSQL = "select * from News where BigClassID=" + BigClassID + " and 
Flag='已审核' order by Cindex";
        return db.ReturnDataSet(strSQL);
    }
```

（6）自定义方法 GetDataByBigClassTopN()，返回的类型为数据集 DataSet，该方法在调用过程中有两个参数，一个是整型的 BigClassID，另一个是整型的变量 n。在方法中，定义 SQL 语句，从 News 数据表中，查询 BigClassID 字段值为参数 BigClassID 值和 Flag 字段值为已审核，满足这两个条件的 News 表中前 n 条记录的所有字段值，并按照 Cindex 索引值进行降序排序，将这个 SQL 语句作为参数传递给 DBbase.cs 类中的 ReturnDataSet()方法，获取每个分栏目前 n 条新闻。自定义方法 GetDataByBigClassTopN()的代码如下所示。

```
    public DataSet GetDataByBigClassTopN(int BigClassID, int n)
    {
        string strSQL = "select top " + n + " * from News where BigClassID=" + 
BigClassID + " and Flag='已审核' order by Cindex DESC";
        return db.ReturnDataSet(strSQL);
    }
```

(7) 自定义方法 GetDataNewN()，返回的类型为数据集 DataSet，该方法在调用过程中有一个参数是整型的变量 *n*。在方法中，定义 SQL 语句，从 News 数据表中，查询 Flag 字段值为已审核，满足这个条件的 News 表中前 *n* 条记录的 N_id、Title、InfoTime 和 Hit 字段值，并按照 Cindex 索引值进行降序排序，将这个 SQL 语句作为参数传递给 DBbase.cs 类中的 ReturnDataSet()方法，获取最新 *n* 条新闻。自定义方法 GetDataNewN()的代码如下所示。

```
public DataSet GetDataNewN(int n)
{
    string strSQL = "select top " + n + " N_id,Title,InfoTime,Hit from News where Flag='已审核' order by Cindex DESC";
    return db.ReturnDataSet(strSQL);
}
```

(8) 自定义方法 GetDataTopNHits()，返回的类型为数据集 DataSet，该方法在调用过程中有一个参数是整型的变量 *n*。在方法中，定义 SQL 语句，从 News 数据表中，查询 Flag 字段值为已审核，满足这个条件的 News 表中前 *n* 条记录的 N_id、Title 和 Hit 字段值，并按照 Hit 点击率进行降序排序，将这个 SQL 语句作为参数传递给 DBbase.cs 类中的 ReturnDataSet()方法，获取点击率最高的 *n* 条新闻标题。自定义方法 GetDataTopNHits()的代码如下所示。

```
public DataSet GetDataTopNHits(int n)
{
    string strSQL = "select top " + n + " N_id,Title,Hit from News where Flag='已审核' order by Hit DESC";
    return db.ReturnDataSet(strSQL);
}
```

(9) 自定义方法 GetMaxCindex()，返回的类型为整型。在该方法中，定义一个 SQL 语句，查询 News 表中的所有字段值，并将这个 SQL 语句作为参数传递给 DBbase.cs 类中的 ReturnDataSet()方法，该方法返回的是一个 DataSet 数据集，获取这个数据集的数据表的行的个数值。如果大于 0，那么定义另一个 SQL 语句，从 News 数据表中，查询 Cindex 最大的字段 cindex，将这个 SQL 语句作为参数传递给 DBbase.cs 类中的 ReturnDataSet()方法，返回的是一个数据集，获取这个数据集的数据表的第一行第一列的字段值，并转换成整型变量，返回这个整型变量值。自定义方法 GetMaxCindex()的代码如下所示。

```
public int GetMaxCindex()
{
    int a = 0;
    string sql = "select * from News";
    if (db.ReturnDataSet(sql).Tables[0].Rows.Count > 0)
    {
        string strSQL = "select max(cindex) as Cindex from News";
        a = int.Parse(db.ReturnDataSet(strSQL).Tables[0].Rows[0][0].To String());
    }
    return a;
}
```

(10) 自定义方法 AddNews()，其返回值类型为 bool 类型，该方法中有一个参数，是 MODEL 实体层的 NewsInfo 类的对象。在 AddNews()中，首先获取系统当前的时间，并且添加一条新闻时要调用 GetMaxCindex()方法获取新闻总数的索引值，并执行加 1 的操作。使用 SQL 语句的

insert 语法，添加 M_news.Title、M_news.Info、M_news.BigClassID、M_news.UserName、times 和 cindex 变量到 News 表中，将 SQL 语句作为参数传递给 DBbase.cs 类的 ExecuteNonQuery()方法，添加成功返回 true，否则返回 false。自定义方法 AddNews()的代码如下所示。

```
public bool AddNews(MODEL.NewsInfo M_news)
{
    string times = System.DateTime.Now.ToString();
    int cindex = GetMaxCindex() + 1;
    string strSQL = "insert into News(Title,Info,BigClassID,UserName,InfoTime,
Cindex) values('" + M_news.Title + "','" + M_news.Info + "'," + M_news.Big ClassID
+ ",'" + M_news.UserName + "','" + times + "'," + cindex + ")";
    return db.ExecuteNonQuery(false, strSQL);
}
```

（11）自定义方法 UpdateNews()，返回值类型为布尔类型 bool，该方法中有一个参数，是 MODEL 实体层的 NewsInfo 类的对象。UpdateNews()使用 SQL 语句的 update 语法，修改 News 表中字段值分别为 M_news.Title、M_news.BigClassID、M_news.Info 和 M_news.UserName，条件是 News 表中的 N_id 字段的值为 M_news.N_id。将 false 和 SQL 语句作为参数传递给 DBbase.cs 类的 ExecuteNonQuery()方法，修改指定的新闻，修改成功返回 true，否则返回 false。自定义方法 UpdateNews()的代码如下所示。

```
public bool UpdateNews(MODEL.NewsInfo M_news)
{
    string strSQL = "update News set Title='" + M_news.Title + "',BigClassID="
+ M_news.BigClassID + ",Info='" + M_news.Info + "',UserName='" + M_news.UserName +
"' where N_id=" + M_news.N_id;
    return db.ExecuteNonQuery(false, strSQL);
}
```

（12）自定义方法 DeleteNewByID()，返回值类型为布尔类型 bool，该方法中有一个参数，是整型变量。DeleteNewByID()使用 SQL 语句的 delete 语法，删除 News 表中 N_id 的字段值为变量 id 的数据记录。将 false 和 SQL 语句作为参数传递给 DBbase.cs 类的 ExecuteNonQuery()方法，根据新闻 id 删除新闻，删除成功返回 true，否则返回 false。自定义方法 DeleteNewByID()的代码如下所示。

```
public bool DeleteNewByID(int id)
{
    string strSQL = "delete from News where N_id=" + id;
    return db.ExecuteNonQuery(false, strSQL);
}
```

（13）自定义方法 UpdateHits()，返回值类型为空，该方法中有一个参数，是整型变量。UpdateHits()使用 SQL 语句的 update 语法，更新 News 表中 N_id 的字段值为变量 id 的 Hit 字段值，执行加 1 的操作。将 SQL 语句作为参数传递给 DBbase.cs 类的 ExecuteNonQuery()方法，更新新闻的点击率。自定义方法 UpdateHits()的代码如下所示。

```
public void UpdateHits(int id)
{
    string strSQL = "update News set Hit=Hit+1 where N_id=" + id;
    db.ExecuteNonQuery(strSQL);
}
```

(14) 自定义方法 DataBindNews()，返回值类型为数据集 DateSet，该方法中有一个参数，是整型变量。DataBindNews()使用 SQL 语句的 select 语法，查询 News 表中 N_id 的字段值为变量 id 的所有字段，将 SQL 语句作为参数传递给 DBbase.cs 类的 ReturnDataSet()方法，并根据指定 id 绑定指定的新闻内容。自定义方法 DataBindNews()的代码如下所示。

```
public DataSet DataBindNews(int id)
{
    string strSQL = "select * from News where N_id=" + id;
    return db.ReturnDataSet(strSQL);
}
```

(15) 自定义方法 QueryByNewsTitle()，返回值类型为数据集 DateSet，该方法中有一个参数，是字符串类型的变量。QueryByNewsTitle()使用 SQL 语句的 select 语法，查询 News 表中 Flag 的字段值为已审核，并且 Title 字段值中包含变量 title 的所有新闻记录，并且根据 cindex 字段进行排序。将 SQL 语句作为参数传递给 DBbase.cs 类的 ReturnDataSet()方法，按新闻标题模糊查询新闻列表。自定义方法 QueryByNewsTitle()的代码如下所示。

```
public DataSet QueryByNewsTitle(string title)
{
    string strSQL = "select N_id,Title,InfoTime,Hit from News where Flag=
'已审核' and Title like '%" + title + "%' order by cindex";
    return db.ReturnDataSet(strSQL);
}
```

(16) 自定义方法 AdminQueryByNewsTitle()，返回值类型为数据集 DateSet，该方法中有一个参数，是字符串类型的变量。AdminQueryByNewsTitle()使用 SQL 语句的 select 语法，查询 News 表中的所有字段值和 BigClass 表中的 Name 字段值，条件是 News.Flag 的字段值为已审核，News.BigClassID 字段值等于 BigClass.B_id 的字段值，Title 字段值中包含变量 title 的所有新闻记录，并且根据 cindex 字段进行排序。将 SQL 语句作为参数传递给 DBbase.cs 类的 ReturnDataSet()方法，按新闻标题模糊查询新闻列表。自定义方法 AdminQueryByNewsTitle()的代码如下所示。

```
public DataSet AdminQueryByNewsTitle(string title)
{
    string strSQL = "select News.*,BigClass.Name from News,BigClass where
News.Flag='已审核' and News.BigClassID=BigClass.B_id and Title like '%" + title
+ "%' order by News.Cindex";
    return db.ReturnDataSet(strSQL);
}
```

(17) 自定义方法 QueryByNewsInfo()，返回值类型为数据集 DateSet，有一个参数，是字符串类型的变量。在该方法中，使用 SQL 语句的 select 语法，查询 News 表中 Flag 的字段值为已审核，Info 字段值中包含变量 info 的所有新闻记录，并且根据 cindex 字段进行排序。将 SQL 语句作为参数传递给 DBbase.cs 类的 ReturnDataSet()方法，按新闻内容模糊查询新闻列表。自定义方法 QueryByNewsInfo()的代码如下所示。

```
public DataSet QueryByNewsInfo(string info)
{
    string strSQL = "select N_id,Title,InfoTime,Hit from News where Flag=
'已审核' and Info like '%" + info + "%' order by cindex";
    return db.ReturnDataSet(strSQL);
}
```

（18）自定义方法 AdminQueryByNewsInfo()，返回值类型为数据集 DateSet，有一个参数，是字符串类型的变量。在该方法中，使用 SQL 语句的 select 语法，查询 News 表中的所有字段值和 BigClass 表中的 Name 字段值，条件是 News.Flag 的字段值为已审核，News.BigClassID 字段值等于 BigClass.B_id 的字段值，Info 字段值中包含变量 info 所有新闻记录，并且根据 News.Cindex 字段进行排序。将 SQL 语句作为参数传递给 DBbase.cs 类的 ReturnDataSet()方法，按新闻内容模糊查询新闻列表。自定义方法 AdminQueryByNewsInfo()的代码如下所示。

```
public DataSet AdminQueryByNewsInfo(string info)
{
    string strSQL = "select News.*,BigClass.Name from News,BigClass where
News.Flag='已审核' and News.BigClassID=BigClass.B_id and Info like '%" + info + "%'
order by News.Cindex";
    return db.ReturnDataSet(strSQL);
}
```

（19）自定义方法 GetNewsOfFlag0()，返回值类型为数据集 DateSet，没有参数。在该方法中，使用 SQL 语句的 select 语法，查询 News 表的所有字段和 BigClass 表中的 Name 字段值，条件是 News.Flag 的字段值为未审核，News.BigClassID 字段值等于 BigClass.B_id 字段值，并且根据 News.Cindex 字段值进行降序排序。将 SQL 语句作为参数传递给 DBbase.cs 类的 ReturnDataSet()方法，获取所有没审核的新闻集合。自定义方法 GetNewsOfFlag0()的代码如下所示。

```
public DataSet GetNewsOfFlag0()
{
    string strSQL = "select News.*,BigClass.Name from News,BigClass where
News.Flag='未审核' and News.BigClassID=BigClass.B_id order by News.Cindex DESC";
    return db.ReturnDataSet(strSQL);
}
```

（20）自定义方法 CheckNewsByID()，返回值类型为 bool 类型，有一个参数，是整型变量。在该方法中，使用 SQL 语句的 update 语法，更新 News 表的 Flag 字段值为已审核，条件是 N_id 的字段值为变量 id。将 false 和 SQL 语句作为参数传递给 DBbase.cs 类的 ExecuteNonQuery()方法，根据 id 进行审核新闻，审核成功返回 true，否则返回 false。自定义方法 CheckNewsByID()的代码如下所示。

```
public bool CheckNewsByID(int id)
{
    string strSQL = "update News set Flag='已审核' where N_id=" + id;
    return db.ExecuteNonQuery(false, strSQL);
}
```

（21）自定义方法 DeleteNewsByBigClassID()，返回值类型为布尔类型 bool，有一个参数，是整型变量。在该方法中，使用 SQL 语句的 delete 语法，删除 News 表中条件是 BigClassID 的字段值为变量 BigClassID 的所有数据。将 false 和 SQL 语句作为参数传递给 DBbase.cs 类的 ExecuteNonQuery()方法，根据栏目 ID 删除该栏目下的所有新闻内容。自定义方法 DeleteNewsByBigClassID()的代码如下所示。

```
public bool DeleteNewsByBigClassID(int BigClassID)
{
```

```
        string strSQL = "delete from News where BigClassID=" + BigClassID;
        return db.ExecuteNonQuery(false, strSQL);
    }
```

3）BigClassAccess.cs 类

类的访问修饰符设为 public，可以被其他层的类访问。但是在定义 BigClassAccess.cs 类之前，需要引用命名空间，代码如下所示。

```
using System.Data;
using System.Data.SqlClient;
```

BigClassAccess.cs 类主要通过构造 SQL 语句及调用 DBbase 类中的方法，实现关于新闻类别的显示与检索。定义 BigClassAccess.cs 类的形式如下所示。

```
public class BigClassAccess
{
}
```

在定义 BigClassAccess 类中的方法之前，首先要实例化 DBbase 类的对象，用于调用其内部方法来执行不同的操作。其代码如下所示。

```
DBbase db = new DBbase();
```

(1) 自定义方法 GetMaxCindex()，返回的类型为整型，没有参数。在该方法中，定义一个 SQL 语句，查询 BigClass 表中的所有字段值，并将这个 SQL 语句作为参数传递给 DBbase.cs 类中的 ReturnDataSet()方法，该方法返回的是一个 DataSet 数据集，获取这个数据集的数据表的行的个数值。如果大于 0，那么定义另一个 SQL 语句，从 BigClass 数据表中，查询 Cindex 最大的字段 Cindex，将这个 SQL 语句作为参数传递给 DBbase.cs 类中的 ReturnDataSet()方法，返回的是一个数据集，获取这个数据集的数据表的第一行第一列的字段值，并转换成整型变量，返回这个整型变量值，获取最大的 Cindex。自定义方法 GetMaxCindex()的代码如下所示。

```
public int GetMaxCindex()
{
    int a = 0;
    string sql = "select * from BigClass";
    if (db.ReturnDataSet(sql).Tables[0].Rows.Count > 0)
    {
        string strSQL = "select max(Cindex) as Cindex from BigClass";
        a = int.Parse(db.ReturnDataSet(strSQL).Tables[0].Rows[0][0].ToString());
    }
    return a;
}
```

(2) 自定义方法 AddBigClass()，返回值类型为 bool 类型，有一个字符串类型的参数。在该方法中，首先添加一个新闻类别时要调用 GetMaxCindex()方法获取新闻类别的索引值，并执行加 1 的操作。使用 SQL 语句的 insert 语法，添加 name 和 cindex 变量到 BigClass 表中，将 false 和 SQL 语句作为参数传递给 DBbase.cs 类的 ExecuteNonQuery()方法，添加新闻栏目成功返回 true，否则返回 false。自定义方法 AddBigClass()的代码如下所示。

```
public bool AddBigClass(string name)
{
  int cindex = GetMaxCindex() + 1;
```

```
        string strSQL = "insert into BigClass(Name,Cindex) values('" + name + "'," +
cindex + ")";
        return db.ExecuteNonQuery(false, strSQL);
    }
```

(3) 自定义方法 DeleteBigClassByID()，返回值类型为 bool 类型，有一个整型的参数。在该方法中，使用 SQL 语句的 delete 语法，删除 BigClass 表中 B_id 字段的值为 id 参数的记录，并将 false 和 SQL 语句作为参数传递给 DBbase.cs 类的 ExecuteNoneQuery()方法，根据栏目 id 删除该新闻栏目。自定义方法 DeleteBigClassByID()的代码如下所示。

```
    public bool DeleteBigClassByID(int id)
    {
        string strSQL = "delete from BigClass where B_id=" + id;
        return db.ExecuteNonQuery(false, strSQL);
    }
```

(4) 自定义方法 UpdateBigClass()，返回值类型为 bool 类型，有一个参数，是 MODEL 实体层中 BigClassInfo 类的对象。在该方法中，使用 SQL 语句的 update 语法，更新 BigClass 表中 Name 字段的值等于实体层对象的 Name 属性，条件是 B_id 字段的值等于实体层对象的 B_id 属性值。将 false 和 SQL 语句作为参数传递给 DBbase 类的 ExecuteNonQuery()方法，根据栏目 id 修改新闻栏目。自定义方法 UpdateBigClass()的代码如下所示。

```
    public bool UpdateBigClass(MODEL.BigClassInfo delBC)
    {
        string strSQL = "update BigClass set Name='" + delBC.Name + "' where B_id="+
delBC.B_id;
        return db.ExecuteNonQuery(false, strSQL);
    }
```

(5) 自定义方法 GetData_BigClass()，返回的类型是数据集 DataSet，无参数。在该方法中，使用 SQL 语句的 select 语法，查询 BigClass 表中的所有数据，将 SQL 语句作为参数传递给 DBbase 类的 ReturnDataSet()方法，返回整个 BigClass 表里的数据集合。自定义方法 GetData_BigClass()的代码如下所示。

```
    public DataSet GetData_BigClass()
    {
        string strSQL = "select * from BigClass";
        return db.ReturnDataSet(strSQL);
    }
```

(6) 自定义方法 GetBigClass()，返回的类型是数据集 DataSet，无参数。在该方法中，使用 SQL 语句的 select 语法，查询 BigClass 表中的 B_id 和 Name 字段的值，条件是 Flag 字段的值为显示，并且查询的内容按照 cindex 进行排序。将 SQL 语句作为参数传递给 DBbase.cs 类的 ReturnDataSet()方法，获取允许显示的栏目名称。自定义方法 GetBigClass()的代码如下所示。

```
    public DataSet GetBigClass()
    {
        string strSQL = "select B_id,Name from BigClass where Flag='显示' order by
Cindex";
        return db.ReturnDataSet(strSQL);
    }
```

(7) 自定义方法 UpdateBigClassFlag()，返回的类型是 bool 类型，它有两个参数，一个是字符串类型的参数，一个是整型的参数。在该方法中，使用 SQL 语句的 update 语法，更新 BigClass 表中的 Flag 字段的值为参数 flag，条件是 B_id 字段的值为参数 id 的值。将 false 和 SQL 语句作为参数传递给 DBbase 类的 ExecuteNonQuery()方法，根据栏目 id 修改栏目的显示状态。自定义方法 UpdateBigClassFlag()的代码如下所示。

```
public bool UpdateBigClassFlag(string flag, int id)
{
    string strSQL = "update BigClass set Flag='" + flag + "' where B_id=" + id;
    return db.ExecuteNonQuery(false, strSQL);
}
```

(8) 自定义方法 UpdateBigClassNameAndFlag()，返回的类型是 bool 类型，它有三个参数，一个是整型的参数，两个是字符串类型的参数。在该方法中，使用 SQL 语句的 update 语法，更新 BigClass 表中的 Name 字段的值为参数 name，并且 Flag 字段的值为参数 flag，条件是 B_id 字段的值为参数 id 的值。将 false 和 SQL 语句作为参数传递给 DBbase 类的 ExecuteNonQuery()方法，根据栏目 id 修改栏目名称及显示状态。自定义方法 UpdateBigClassNameAndFlag()的代码如下所示。

```
public bool UpdateBigClassNameAndFlag(int id, string name, string flag)
{
   string strSQL = "update BigClass set Name='" + name + "',Flag='" + flag + "'
where B_id=" + id;
   return db.ExecuteNonQuery(false, strSQL);
}
```

(9) 自定义方法 GetBigClassByID()，返回的类型是数据集 DataSet，有一个整型的参数。在该方法中，使用 SQL 语句的 select 语法，查询 BigClass 表中的 B_id 字段和 Name 字段的值，条件是 B_id 字段的值为参数 M_bc。将 SQL 语句作为参数传递给 DBbase 类的 ReturnDataSet()方法，根据栏目 id 查询栏目的名称。如果出现错误，那么抛出异常错误消息 ex.Message。自定义方法 GetBigClassByID()的代码如下所示。

```
public DataSet GetBigClassByID(int M_bc)
{
   try
   {
      string strSQL = "select B_id,Name from BigClass where B_id=" + M_bc;
      return db.ReturnDataSet(strSQL);
   }
   catch (Exception ex)
   {
      throw new Exception(ex.Message);
   }
}
```

(10) 自定义方法 GetNewsCount()，返回的类型是数据集 DataSet，无参数。在该方法中，使用 SQL 语句的 select 语法，查询 BigClass 表中的 NewsCount 字段的值，条件是 Flag 字段的值为显示。将 SQL 语句作为参数传递给 DBbase 类的 ReturnDataSet()方法，获取每个栏目的新闻总条数。自定义方法 GetNewsCount()的代码如下所示。

```
public DataSet GetNewsCount()
{
        string strSQL = "select NewsCount from BigClass where Flag='显示'";
        return db.ReturnDataSet(strSQL);
}
```

（11）自定义方法 UpdateNewsCountDEL()，返回的类型是 bool 类型，有一个整型的参数。在该方法中，调用 GetNewsCount()方法获取的数值执行减 1 操作，使用 SQL 语句的 update 方法，更新 BigClass 表中的 NewsCount 字段的值为 newscount，条件是 B_id 字段的值为参数 BigClassID。将 false 和 SQL 语句作为参数传递给 DBbase 类的 ExecuteNonQuery()方法，根据所删除的新闻更新栏目下的新闻条数，如果成功返回 true，否则返回 false。自定义方法 UpdateNewsCountDEL()的代码如下所示。

```
public bool UpdateNewsCountDEL(int BigClassID)
{
    int newscount = GetNewsCount(BigClassID) -1;
    string strSQL = "update BigClass set NewsCount=" + newscount + " where
B_id=" + BigClassID;
    return db.ExecuteNonQuery(false, strSQL);
}
```

（12）自定义方法 UpdateNewsCount()，返回的类型是 bool 类型，有一个整型参数。在该方法中，调用 GetNewsCount()方法获取的数值执行加 1 操作。使用 SQL 语句的 update 语法，更新 BigClass 表中的 NewsCount 字段的值为 newscount，条件是 B_id 字段的值为参数 BigClassID。将 false 和 SQL 语句作为参数传递给 DBbase 类的 ExecuteNonQuery()方法，根据所审核的新闻更新栏目下的新闻条数，如果成功返回 true，否则返回 false。自定义方法 UpdateNewsCount()的代码如下所示。

```
public bool UpdateNewsCount(int BigClassID)
{
    int newscount = GetNewsCount(BigClassID) + 1;
    string strSQL = "update BigClass set NewsCount=" + newscount + " where
B_id=" + BigClassID;
    return db.ExecuteNonQuery(false, strSQL);
}
```

（13）自定义方法 GetNewsCount()，返回值的类型是整型，有一个整型参数。在该方法中，使用 SQL 语句的 select 语法，查询 BigClass 表中的 NewsCount 字段的值，条件是 B_id 字段的值等于参数 id 的值。将 SQL 语句作为参数传递给 DBbase 类的 ReturnDataSet()方法，获取的数据集中的数据表的第一行第一列的值转换成整型变量后返回，根据新闻栏目 ID 获取该栏目的新闻数量。自定义方法 GetNewsCount()的代码如下所示。

```
public int GetNewsCount(int id)
{
    string strSQL = "select NewsCount from BigClass where B_id=" + id;
    return int.Parse(db.ReturnDataSet(strSQL).Tables[0].Rows[0][0].ToString());
}
```

4）FormatString.cs 类

类的访问修饰符设为 public，可以被其他层的类访问。

FormatString.cs 类主要实现截取定长字符串的操作。FormatString.cs 类的定义形式如下所示。

```
public class FormatString
{
}
```

在 FormatString.cs 类中定义了一个 CutString()方法，返回值的类型是字符串类型，方法中有两个参数，一个是字符串类型，一个是整型。在该方法中，主要是通过字符串的 Substring()方法，截取一个字符串 str1 中的一段字符，从第一个开始一直到参数 length 的长度的字符串，并将截取的字符串返回。自定义方法 CutString()的代码如下所示。

```
public string CutString(string str1, int length)
{
    int s = str1.Length;
    if (length <= s)
    {
        str1 = str1.Substring(0, length) + "…";
    }
    return str1;
}
```

3. BLL 层

1）NewsLogic.cs 类

类的访问修饰符设为 public，可以被其他层的类访问。在定义 NewsLogic.cs 类之前，需要引用命名空间，如下所示。

```
using System.Data;
using System.Data.SqlClient;
```

NewsLogic.cs 类主要实现对 DAL 类库中的 NewsAccess 类方法的逻辑调用，从而实现关于新闻信息的显示与检索。定义 NewsLogic.cs 类的形式如下所示。

```
public class NewsLogic
{
}
```

在定义 NewsLogic.cs 类中的方法之前，首先要实例化业务逻辑层 DAL 类 NewsAccess 的对象，实例化实体层 MODEL 类 NewsInfo 的对象，用于调用其内部方法来执行不同的操作。其代码如下所示。

```
DAL.NewsAccess DAL_news = new DAL.NewsAccess();
MODEL.NewsInfo M_news = new MODEL.NewsInfo();
```

(1) 自定义方法 GetNewsID()，返回的类型是数据集 DataSet，无参数。在该方法中，调用业务逻辑层的 NewsAccess 类的 GetNewsID()方法，返回一个数据集，获取现有新闻 ID。自定义方法 GetNewsID()的代码如下所示。

```
public DataSet GetNewsID()
{
    return DAL_news.GetNewsID();
}
```

(2) 自定义方法 GetBigClassIDByNewsID()，返回的类型是数据集 DataSet，有一个整型参数。在该方法中，调用业务逻辑层的 NewsAccess 类的 GetBigClassIDByNewsID()方法，并传递参数 newsId，来获取返回的数据集，获取现有新闻栏目 ID。自定义方法 GetBigClassIDByNewsID()的代码如下所示。

```
public DataSet GetBigClassIDByNewsID(int newsId)
{
    return DAL_news.GetBigClassIDByNewsID(newsId);
}
```

(3) 自定义方法 GetData_news()，返回的类型是数据集 DataSet，无参数。在该方法中，调用业务逻辑层的 NewsAccess 类的 GetData_news()方法，来获取返回的数据集，获取全部新闻内容。自定义方法 GetData_news()的代码如下所示。

```
public DataSet GetData_news()
{
    return DAL_news.GetData_news();
}
```

(4) 自定义方法 GetData_news()，返回的类型是数据集 DataSet，有一个整型参数。在该方法中，调用业务逻辑层的 NewsAccess 类的 GetData_news()方法，并传递参数 BigClassID，来获取返回的数据集，获取全部新闻内容。自定义方法 GetData_news()的代码如下所示。

```
public DataSet GetData_news(int BigClassID)
{
    return DAL_news.GetData_news(BigClassID);
}
```

(5) 自定义方法 GetDataByBigClass()，返回的类型是数据集 DataSet，有一个整型参数。在该方法中，调用业务逻辑层的 NewsAccess 类的 GetDataByBigClass()方法，并传递参数 BigClassID，来获取返回的数据集，分栏目获取新闻列表。自定义方法 GetDataByBigClass()的代码如下所示。

```
public DataSet GetDataByBigClass(int BigClassID)
{
    return DAL_news.GetDataByBigClass(BigClassID);
}
```

(6) 自定义方法 GetDataByBigClassTopN()，返回的类型是数据集 DataSet，有两个整型参数。在该方法中，调用业务逻辑层的 NewsAccess 类的 GetDataByBigClassTopN()方法，并传递参数 BigClassID 和参数 *n*，来获取返回的数据集，获取每个分栏前 *n* 条新闻。自定义方法 GetDataByBigClassTopN()的代码如下所示。

```
public DataSet GetDataByBigClassTopN(int BigClassID, int n)
{
    return DAL_news.GetDataByBigClassTopN(BigClassID, n);
}
```

(7) 自定义方法 GetDataNewN()，返回的类型是数据集 DataSet，有一个整型参数。在该方法中，调用业务逻辑层的 NewsAccess 类的 GetDataNewN()方法，并传递参数 *n*，来获取返回的数据集，获取最新 *n* 条新闻。自定义方法 GetDataNewN()的代码如下所示。

```
public DataSet GetDataNewN(int n)
{
```

```
    return DAL_news.GetDataNewN(n);
}
```

(8) 自定义方法 GetDataTopNHits()，返回的类型是数据集 DataSet，有一个整型参数。在该方法中，调用业务逻辑层的 NewsAccess 类的 GetDataTopNHits()方法，并传递参数 *n*，来获取返回的数据集，获取点击率最高的 *n* 条新闻标题。自定义方法 GetDataTopNHits()的代码如下所示。

```
public DataSet GetDataTopNHits(int n)
{
    return DAL_news.GetDataTopNHits(n);
}
```

(9) 自定义方法 AddNews()，返回的类型是 bool 类型，方法中有一个参数，是实体层 MODEL 的 NewsInfo 类的对象。在该方法中，调用业务逻辑层的 NewsAccess 类的 AddNews()方法，并将 NewsInfo 类的对象作为参数传递，来添加新闻，添加成功返回 true，否则返回 false。自定义方法 AddNews()的代码如下所示。

```
public bool AddNews(MODEL.NewsInfo m_news)
{
    return DAL_news.AddNews(m_news);
}
```

(10) 自定义方法 DeleteNewsByID()，返回的类型是 bool 类型，方法中有一个参数，是实体层 MODEL 的 NewsInfo 类的对象。在该方法中，调用业务逻辑层的 NewsAccess 类的 DeleteNewsByID()方法，并将 NewsInfo 类的对象的 N_id 属性作为参数传递，根据新闻 id 删除新闻，删除成功返回 true，否则返回 false。自定义方法 DeleteNewsByID()的代码如下所示。

```
public bool DeleteNewsByID(MODEL.NewsInfo M)
{
    return DAL_news.DeleteNewByID(M.N_id);
}
```

(11) 自定义方法 UpdateHits()，返回的类型是空类型 void，有一个整型参数。在该方法中，调用业务逻辑层的 NewsAccess 类的 UpdateHits()方法，并将整型参数传递，更新新闻的点击率。自定义方法 UpdateHits()的代码如下所示。

```
public void UpdateHits(int id)
{
    DAL_news.UpdateHits(id);
}
```

(12) 自定义方法 DataBindNews()，返回的类型是数据集 DataSet，有一个整型参数。在该方法中，调用业务逻辑层的 NewsAccess 类的 DataBindNews()方法，并传递整型参数，根据指定 id 绑定指定的新闻内容。自定义方法 DataBindNews()的代码如下所示。

```
public DataSet DataBindNews(int id)
{
    return DAL_news.DataBindNews(id);
}
```

(13) 自定义方法 QueryByNewsTitle()，返回的类型是数据集 DataSet，方法中有一个参数，是实体层 MODEL 的 NewsInfo 类的对象。在该方法中，调用业务逻辑层的 NewsAccess 类的

QueryByNewsTitle()方法，将 NewsInfo 类的对象的 Title 属性作为参数传递，按新闻标题模糊查询新闻列表，并返回数据集。自定义方法 QueryByNewsTitle()的代码如下所示。

```
public DataSet QueryByNewsTitle(MODEL.NewsInfo M_news)
{
    return DAL_news.QueryByNewsTitle(M_news.Title);
}
```

（14）自定义方法 AdminQueryByNewsTitle()，返回的类型是数据集 DataSet，方法中有一个参数，是实体层 MODEL 的 NewsInfo 类的对象。在该方法中，调用业务逻辑层的 NewsAccess 类的 AdminQueryByNewsTitle()方法，将 NewsInfo 类的对象的 Title 属性作为参数传递，按新闻标题模糊查询新闻列表，并返回数据集。自定义方法 AdminQueryByNewsTitle()的代码如下所示。

```
public DataSet AdminQueryByNewsTitle(MODEL.NewsInfo M_news)
{
    return DAL_news.AdminQueryByNewsTitle(M_news.Title);
}
```

（15）自定义方法 QueryByNewsInfo()，返回的类型是数据集 DataSet，方法中有一个参数，是实体层 MODEL 的 NewsInfo 类的对象。在该方法中，调用业务逻辑层的 NewsAccess 类的 QueryByNewsInfo()方法，将 NewsInfo 类的对象的 Info 属性作为参数传递，按新闻内容模糊查询新闻，并返回数据集。自定义方法 QueryByNewsInfo()的代码如下所示。

```
public DataSet QueryByNewsInfo(MODEL.NewsInfo M_news)
{
    return DAL_news.QueryByNewsInfo(M_news.Info);
}
```

（16）自定义方法 AdminQueryByNewsInfo()，返回的类型是数据集 DataSet，方法中有一个参数，是实体层 MODEL 的 NewsInfo 类的对象。在该方法中，调用业务逻辑层的 NewsAccess 类的 AdminQueryByNewsInfo()方法，将 NewsInfo 类的对象的 Info 属性作为参数传递，按新闻内容模糊查询新闻，并返回数据集。自定义方法 AdminQueryByNewsInfo()的代码如下所示。

```
public DataSet AdminQueryByNewsInfo(MODEL.NewsInfo M_news)
{
    return DAL_news.AdminQueryByNewsInfo(M_news.Info);
}
```

（17）自定义方法 UpdateNews()，返回的类型是布尔类型 bool，方法中有一个参数，是实体层 MODEL 的 NewsInfo 类的对象。在该方法中，调用业务逻辑层的 NewsAccess 类的 UpdateNews()方法，并将 NewsInfo 类的对象作为参数传递，修改指定的新闻，修改成功返回 true，否则返回 false。自定义方法 UpdateNews()的代码如下所示。

```
public bool UpdateNews(MODEL.NewsInfo M_news)
{
    return DAL_news.UpdateNews(M_news);
}
```

（18）自定义方法 GetNewsOfFlag0()，返回的类型是数据集 DataSet，无参数。在该方法中，调用业务逻辑层的 NewsAccess 类的 GetNewsOfFlag0()方法，获取所有没审核的新闻集合，返回数据集。自定义方法 GetNewsOfFlag0()的代码如下所示。

```
public DataSet GetNewsOfFlag0()
{
    return DAL_news.GetNewsOfFlag0();
}
```

（19）自定义方法 CheckNewsByID()，返回的类型是 bool 类型，方法中有一个参数，是实体层 MODEL 的 NewsInfo 类的对象。在该方法中，调用业务逻辑层的 NewsAccess 类的 CheckNewsByID()方法，并将 NewsInfo 类的对象的 N_id 属性作为参数传递，根据新闻 id 进行审核新闻，若审核成功返回 true，否则返回 false。自定义方法 CheckNewsByID()的代码如下所示。

```
public bool CheckNewsByID(MODEL.NewsInfo M)
{
    return DAL_news.CheckNewsByID(M.N_id);
}
```

（20）自定义方法 DeleteNewsByBigClassID()，返回的类型是 bool 类型，方法中有一个参数，是实体层 MODEL 的 NewsInfo 类的对象。在该方法中，调用业务逻辑层的 NewsAccess 类的 DeleteNewsByBigClassID()方法，并将 NewsInfo 类的对象的 BigClassID 属性作为参数传递，根据栏目 ID 删除该栏目的所有新闻信息，若删除成功返回 true，否则返回 false。自定义方法 DeleteNewsByBigClassID()的代码如下所示。

```
public bool DeleteNewsByBigClassID(MODEL.NewsInfo Mn)
{
    return DAL_news.DeleteNewsByBigClassID(Mn.BigClassID);
}
```

2）BigClassLogic.cs 类

类的访问修饰符设为 public，可以被其他层的类访问。在定义 BigClassLogic.cs 类之前，需要引用命名空间，其代码如下所示。

```
using System.Data;
using System.Data.SqlClient;
```

BigClassLogic.cs 类主要实现对 DAL 类库中的 BigClassAccess 类方法的逻辑调用，从而实现关于新闻栏目的显示与检索。定义 BigClassLogic.cs 类的形式如下所示。

```
public class BigClassLogic
{
}
```

在定义 BigClassLogic.cs 类中的方法之前，首先要实例化业务逻辑层 DAL 类 BigClassAccess 的对象，实例化实体层 MODEL 类 BigClassInfo 的对象，用于调用其内部方法来执行不同的操作。其代码如下所示。

```
DAL.BigClassAccess DAL_BC = new DAL.BigClassAccess();
MODEL.BigClassInfo M_BC = new MODEL.BigClassInfo();
```

（1）自定义方法 AddBigClass()，返回的类型是 bool 类型，方法中有一个参数，是实体层 MODEL 的 BigClassInfo 类的对象。在该方法中，调用业务逻辑层的 BigClassAccess 类的 AddBigClass()方法，并将 BigClassInfo 类的对象的 Name 属性作为参数传递，添加新闻栏目，若添加成功返回 true，否则返回 false。自定义方法 AddBigClass()的代码如下所示。

```
public bool AddBigClass(MODEL.BigClassInfo Mb)
{
    return DAL_BC.AddBigClass(Mb.Name);
}
```

(2) 自定义方法 DeleteBigClassByID()，返回的类型是 bool 类型，方法中有一个参数，是实体层 MODEL 的 BigClassInfo 类的对象。在该方法中，调用业务逻辑层的 BigClassAccess 类的 DeleteBigClassByID()方法，并将 BigClassInfo 类的对象的 B_id 属性作为参数传递，根据 id 删除新闻栏目，若删除成功返回 true，否则返回 false。自定义方法 DeleteBigClassByID()的代码如下所示。

```
public bool DeleteBigClassByID(MODEL.BigClassInfo Mb)
{
    return DAL_BC.DeleteBigClassByID(Mb.B_id);
}
```

(3) 自定义方法 UpdateBigClass()，返回的类型是 bool 类型，无参数。在该方法中，调用业务逻辑层的 BigClassAccess 类的 UpdateBigClass()方法，并将 BigClassInfo 类的对象作为参数传递，修改新闻栏目，若修改成功返回 true，否则返回 false。自定义方法 UpdateBigClass()的代码如下所示。

```
public bool UpdateBigClass()
{
    return DAL_BC.UpdateBigClass(M_BC);
}
```

(4) 自定义方法 GetData_BigClass()，返回的类型是数据集 DataSet，无参数。在该方法中，调用业务逻辑层的 BigClassAccess 类的 GetData_BigClass()方法，获得 BigClass 表的数据集合，返回是数据集。自定义方法 GetData_BigClass()的代码如下所示。

```
public DataSet GetData_BigClass()
{
    return DAL_BC.GetData_BigClass();
}
```

(5) 自定义方法 GetBigClass()，返回的类型是数据集 DataSet，无参数。在该方法中，调用业务逻辑层的 BigClassAccess 类的 GetBigClass()方法，获取允许显示的栏目名称，返回是数据集。自定义方法 GetBigClass()的代码如下所示。

```
public DataSet GetBigClass()
{
    return DAL_BC.GetBigClass();
}
```

(6) 自定义方法 UpdateBigClassFlag()，返回的类型是 bool 类型，方法中有一个参数，是实体层 MODEL 的 BigClassInfo 类的对象。在该方法中，调用业务逻辑层的 BigClassAccess 类的 UpdateBigClassFlag()方法，并将 BigClassInfo 类的对象的 Flag 属性和 B_id 属性作为参数传递，根据 id 修改栏目的显示状态，若显示返回 true,若不显示返回 false。自定义方法 UpdateBigClassFlag()的代码如下所示。

```
public bool UpdateBigClassFlag(MODEL.BigClassInfo Mb)
{
    return DAL_BC.UpdateBigClassFlag(Mb.Flag, Mb.B_id);
}
```

(7) 自定义方法 UpdateBigClassNameAndFlag()，返回的类型是 bool 类型，方法中有一个参数，是实体层 MODEL 的 BigClassInfo 类的对象。在该方法中，调用业务逻辑层的 BigClassAccess 类的 UpdateBigClassNameAndFlag()方法，并将 BigClassInfo 类的对象的 B_id 属性、Name 属性和 Flag 属性作为参数传递，根据 id 修改栏目名称及显示状态，若修改成功返回 true，否则返回 false。自定义方法 UpdateBigClassNameAndFlag()的代码如下所示。

```
public bool UpdateBigClassNameAndFlag(MODEL.BigClassInfo Mb)
{
    return DAL_BC.UpdateBigClassNameAndFlag(Mb.B_id, Mb.Name, Mb.Flag);
}
```

(8) 自定义方法 GetBigClassByID()，返回的类型是数据集 DataSet，方法中有一个参数，是实体层 MODEL 的 BigClassInfo 类的对象。在该方法中，调用业务逻辑层的 BigClassAccess 类的 GetBigClassByID()方法，并将 BigClassInfo 类的对象的 B_id 属性作为参数传递，根据 id 查询出栏目的名称，返回数据集。自定义方法 GetBigClassByID()的代码如下所示。

```
public DataSet GetBigClassByID(MODEL.BigClassInfo Mb)
{
    return DAL_BC.GetBigClassByID(Mb.B_id);
}
```

(9) 自定义方法 GetBigClassByID()，返回的类型是数据集 DataSet，有一个整型参数。在该方法中，调用业务逻辑层的 BigClassAccess 类的 GetBigClassByID()方法，并将 id 属性作为参数传递，根据 id 查询出栏目的名称，返回数据集。自定义方法 GetBigClassByID()的代码如下所示。

```
public DataSet GetBigClassByID(int id)
{
    return DAL_BC.GetBigClassByID(id);
}
```

(10) 自定义方法 GetNewsCount()，返回的类型是数据集 DataSet，无参数。在该方法中，调用业务逻辑层的 BigClassAccess 类的 GetNewsCount()方法，获取每个栏目的新闻总条数，返回数据集。自定义方法 GetNewsCount()的代码如下所示。

```
public DataSet GetNewsCount()
{
    return DAL_BC.GetNewsCount();
}
```

(11) 自定义方法 UpdateNewsCount()，返回的类型是 bool 类型，方法中有一个参数，是实体层 MODEL 的 BigClassInfo 类的对象。在该方法中，调用业务逻辑层的 BigClassAccess 类的 UpdateNewsCount()方法，并将 BigClassInfo 类的对象的 B_id 属性作为参数传递，根据所审核的新闻更新栏目下的新闻条数，更新成功返回 true，否则返回 false。自定义方法 UpdateNewsCount()的代码如下所示。

```
public bool UpdateNewsCount(MODEL.BigClassInfo Mb)
{
    return DAL_BC.UpdateNewsCount(Mb.B_id);
}
```

（12）自定义方法 UpdateNewsCountDEL()，返回的类型是 bool 类型，方法中有一个参数，是实体层 MODEL 的 BigClassInfo 类的对象。在该方法中，调用业务逻辑层的 BigClassAccess 类的 UpdateNewsCountDEL()方法，并将 BigClassInfo 类的对象的 B_id 属性作为参数传递，根据所审核的新闻更新栏目下的新闻条数，更新成功返回 true，否则返回 false。自定义方法 UpdateNewsCountDEL()的代码如下所示。

```
public bool UpdateNewsCountDEL(MODEL.BigClassInfo Mb)
{
    return DAL_BC.UpdateNewsCountDEL(Mb.B_id);
}
```

2.4.2 任务 2：新闻评论模块

新闻评论是本系统的重要功能之一。在本系统中采用标准的三层架构，这三层架构是完成系统前台后台功能的基础。新闻评论的实现需要完成实体层 MODEL 类库中 CommentsInfo 类、数据访问层 DAL 类库中 CommentsAccess 类、逻辑层 BLL 类库中 CommentsLogic 类。其中，CommentsInfo 类中定义的属性对应评论表 Comments 中的字段。CommentsAccess 类用于实现新闻评论功能的基本方法。CommentsLogic 类则用于完成对 CommentsAccess 类的逻辑调用从而实现新闻评论的功能。因此要完成新闻评论就要对此任务功能进行分析，完成各个类库中类的实现。

1. MODEL 层

CommentsInfo.cs 类的访问修饰符为 public，可以被其他层的类访问。定义 CommentsInfo.cs 类的形式如下所示。

```
public class CommentsInfo
{
}
```

CommentsInfo 类中主要进行属性的设置。各个属性对应数据库 Comments 表中的相应字段。主要程序代码包含 8 个内部变量。

设置评论 ID 的内部变量为整型的_C_id；评论人姓名的内部变量为字符串类型的_C_user；评论人 QQ 的内部变量为字符串类型的_C_qq；评论人邮件的内部变量为字符串类型的_C_email；评论内容的内部变量为字符串类型的_C_word；评论时间的内部变量为字符串类型的_C_time；该新闻在 News 中的 N_id 值的内部变量为整型的_newID；对同一新闻评论的索引值的内部变量为整型的_cindex，如同一新闻有两条评论，则其值按先后顺序为 1、2。上述 8 个内部变量定义的代码如下所示。

```
private int _C_id;
private string _C_user;
private string _C_qq;
private string _C_email;
private string _C_word;
private string _C_time;
```

```
private int _newID;
private int _cindex;
```

定义 8 个公共属性，分别是 int 类型的 C_id，string 类型的 C_user，string 类型的 C_qq，string 类型的 C_email，string 类型的 C_word，string 类型的 C_time，int 类型的 newID 和 int 类型的 cindex。使用 get 访问器来返回所对应的内部变量的值，使用 set 访问器来设置所对应的内部变量的值。其代码如下所示。

```
public int C_id
{
    get { return _C_id; }
    set { _C_id = value; }
}
public string C_user
{
    get { return _C_user; }
    set { _C_user = value; }
}
public string C_qq
{
    get { return _C_qq; }
    set { _C_qq = value; }
}
public string C_email
{
    get { return _C_email; }
    set { _C_email = value; }
}
public string C_word
{
    get { return _C_word; }
    set { _C_word = value; }
}
public string C_time
{
    get { return _C_time; }
    set { _C_time = value; }
}
public int NewID
{
    get { return _newID; }
    set { _newID = value; }
}
public int Cindex
{
    get { return _cindex; }
    set { _cindex = value; }
}
```

2. DAL 层

CommentsAccess.cs 类的访问修饰符为 public，可以被其他层的类访问。在定义 CommentsAccess.cs

类之前，需要引用命名空间如下所示。

```
using System.Data;
using System.Data.SqlClient;
```

CommentsAccess.cs 类主要通过构造 SQL 语句及调用 DBbase 类中的方法，实现关于新闻评论的显示与检索。定义 CommentsInfo.cs 类的形式如下所示。

```
public class CommentsAccess
{
}
```

在 CommentsAccess.cs 类中首先实例化基类 DBbase 的对象，用于调用其内部方法来执行不同的操作。其代码如下所示。

```
DBbase db = new DBbase();
```

(1) 自定义方法 DeleteAllByNewsID()，返回值为 bool 类型，有一个整型参数。在该方法中，使用 SQL 语句的 delete 语法，删除 Comments 表中的记录，条件是 NewsID 字段的值为参数的值，将 false 和 SQL 语句作为参数传递给 DBbase 类的 ExecuteNonQuery()方法，根据新闻 ID 删除该新闻的全部评论，删除成功返回 true，否则返回 false。自定义方法 DeleteAllByNewsID()的代码如下所示。

```
public bool DeleteAllByNewsID(int NewsID)
{
    string strSQL = "delete from Comments where NewsID=" + NewsID;
    return db.ExecuteNonQuery(false, strSQL);
}
```

(2) 自定义方法 DeleteNewsCommentsByCommentsID()，返回值为 bool 类型，有一个整型参数。在该方法中，使用 SQL 语句的 delete 语法，删除 Comments 表中的记录，条件是 C_id 字段的值为参数的值，将 false 和 SQL 语句作为参数传递给 DBbase 类的 ExecuteNonQuery()方法，根据评论 ID 删除该新闻的该条评论，删除成功返回 true，否则返回 false。自定义方法 DeleteNewsCommentsByCommentsID()的代码如下所示。

```
public bool DeleteNewsCommentsByCommentsID(int C_id)
{
    string strSQL = "delete from Comments where C_id=" + C_id;
    return db.ExecuteNonQuery(false, strSQL);
}
```

(3) 自定义方法 GetAllAnswer()，返回值为数据集 DataSet，无参数。在该方法中，使用 SQL 语句的 select 语法，查询 Comments 表中的所有记录，将 SQL 语句作为参数传递给 DBbase 类的 ReturnDataSet()方法，获取全部新闻评论，返回数据集。自定义方法 GetAllAnswer()的代码如下所示。

```
public DataSet GetAllAnswer()
{
    string strSQL = "select * from Comments";
    return db.ReturnDataSet(strSQL);
}
```

（4）自定义方法 GetAnswerByNewsID()，返回值为数据集 DataSet，有一个整型参数。在该方法中，使用 SQL 语句的 select 语法，查询 Comments 表中的前 3 条记录，条件是 NewsID 字段的值为参数的值，并且按照 Cindex 进行降序排序。将 SQL 语句作为参数传递给 DBbase 类的 ReturnDataSet()方法，根据新闻 ID 查询该新闻的最新 3 条评论，返回数据集。自定义方法 GetAnswerByNewsID()的代码如下所示。

```
public DataSet GetAnswerByNewsID(int NewsID)
{
    string strSQL = "select top 3 * from Comments where NewsID=" + NewsID +
" order by Cindex DESC";
    return db.ReturnDataSet(strSQL);
}
```

（5）自定义方法 GetAllAnswerByNewsID()，返回值为数据集 DataSet，有一个整型参数。在该方法中，使用 SQL 语句的 select 语法，查询 Comments 表中的所有记录，条件是 NewsID 字段的值为参数的值。将 SQL 语句作为参数传递给 DBbase 类的 ReturnDataSet()方法，根据新闻 ID 查询该新闻的全部评论，返回数据集。自定义方法 GetAllAnswerByNewsID()的代码如下所示。

```
public DataSet GetAllAnswerByNewsID(int NewsID)
{
    string strSQL = "select * from Comments where NewsID=" + NewsID;
    return db.ReturnDataSet(strSQL);
}
```

（6）自定义方法 GetCindexByNewsID()，返回值为数据集 DataSet，有一个整型参数。在该方法中，使用 SQL 语句的 select 语法，查询 Comments 表中的 Cindex 字段值的最大值，条件是 NewsID 字段的值为参数的值。将 SQL 语句作为参数传递给 DBbase 类的 ReturnDataSet()方法，根据新闻 ID 获取该新闻的评论的条数，返回数据集。自定义方法 GetCindexByNewsID()的代码如下所示。

```
public DataSet GetCindexByNewsID(int NewsID)
{
    string strSQL = "select max(Cindex) as Cindex from Comments where NewsID=" +
NewsID;
    return db.ReturnDataSet(strSQL);
}
```

（7）自定义方法 AddAnswerByNewsID()，返回值为 bool 类型，方法中有一个参数，是实体层 MODEL 的 CommentsInfo 类的对象。在该方法中，将 CommentsInfo 类对象的 NewID 属性作为参数传递给方法 GetCindexByNewsID()，返回的数据集的数据表的第一行第一列的值，判断这个值是否为空，若为空则变量 cindex 值为 1，否则，将这个返回的值转换成整型再加 1。使用 SQL 语句的 insert 语法，将 CommentsInfo 类的对象的 C_user 属性、C_qq 属性、C_email 属性、C_word 属性、C_time 属性、NewID 属性和变量 cindex 值添加到 Comments 表中。将 false 和 SQL 语句作为参数传递给 DBbase 类的 ExecuteNonQuery()方法，根据新闻 ID 添加评论，若添加成功则返回 true，否则返回 false。自定义方法 AddAnswerByNewsID()的代码如下所示。

```
public bool AddAnswerByNewsID(MODEL.CommentsInfo Ma)
{
```

```
        int cindex = 1;
        if (GetCindexByNewsID(Ma.NewID).Tables[0].Rows[0][0].ToString() == "")
        {
            cindex = 1;
        }
        else
        {
            cindex =
                int.Parse(GetCindexByNewsID(Ma.NewID).Tables[0].Rows[0][0].To String());
            cindex += 1;
        }
        string strSQL = "insert into Comments(C_user,C_qq,C_email,C_word,C_time,
NewsID,Cindex) values('" + Ma.C_user + "','" + Ma.C_qq + "','" + Ma.C_email + "','"
+ Ma.C_word + "','" + Ma.C_time + "'," + Ma.NewID + "," + cindex + ")";
        return db.ExecuteNonQuery(false, strSQL);
    }
```

3. BLL 层

CommentsLogic.cs 类的访问修饰符为 public，可以被其他层的类访问。在定义 CommentsLogic.cs 类之前，需要引用命名空间，其代码如下所示。

```
using System.Data;
using System.Data.SqlClient;
```

CommentsLogic.cs 类主要实现对 DAL 类库中的 CommentsAccess 类方法的逻辑调用，从而实现关于新闻评论的显示与检索。定义 CommentsLogic.cs 类的形式如下所示。

```
public class CommentsLogic
{
}
```

在定义 CommentsLogic.cs 类中的方法之前，首先要实例化业务逻辑层 DAL 的 CommentsAccess 类的对象，用于调用其内部方法来执行不同的操作。其代码如下所示。

```
DAL.CommentsAccess DAL_C = new DAL.CommentsAccess();
```

（1）自定义方法 DeleteAllByNewsID()，返回值是 bool 类型，方法中有一个参数，是实体层 MODEL 的 CommentsInfo 类的对象。在该方法中，调用业务逻辑层 DAL 的 CommentsAccess 类的 DeleteNewsCommentsByCommentsID()方法，并将 CommentsInfo 类的对象的 C_id 属性值作为参数传递，根据新闻 ID 删除该新闻的全部评论，删除成功返回 true，否则返回 false。自定义方法 DeleteAllByNewsID()的代码如下所示。

```
public bool DeleteAllByNewsID(MODEL.CommentsInfo Ma)
{
    return DAL_C.DeleteNewsCommentsByCommentsID(Ma.C_id);
}
```

（2）自定义方法 DeleteCommentsByCommentsID()，返回值是 bool 类型，方法中有一个参数，是实体层 MODEL 的 CommentsInfo 类的对象。在该方法中，调用业务逻辑层 DAL 的 CommentsAccess 类的 DeleteCommentsByCommentsID()方法，并将 CommentsInfo 类的对象的 C_id 属性值作为参数传递，根据评论 ID 删除该新闻的该条评论，删除成功返回 true，否则返回 false。自定义方法 DeleteCommentsByCommentsID()的代码如下所示。

```
public bool DeleteCommentsByCommentsID(MODEL.CommentsInfo Ma)
{
   return DAL_C.DeleteNewsCommentsByCommentsID(Ma.C_id);
}
```

(3) 自定义方法 GetAllAnswer()，返回值是数据集 DataSet，无参数。在该方法中，调用业务逻辑层 DAL 的 CommentsAccess 类的 GetAllAnswer()方法，获取全部新闻评论，返回数据集。自定义方法 GetAllAnswer()的代码如下所示。

```
public DataSet GetAllAnswer()
{
   return DAL_C.GetAllAnswer();
}
```

(4) 自定义方法 GetCommentsByNewsID()，返回值是数据集 DataSet，有一个整型参数。在该方法中，调用业务逻辑层 DAL 的 CommentsAccess 类的 GetAnswerByNewsID()方法，传递参数 newsID，根据新闻 ID 查询该新闻的全部评论，返回数据集。自定义方法 GetCommentsByNewsID()的代码如下所示。

```
public DataSet GetCommentsByNewsID(int newsID)
{
   return DAL_C.GetAnswerByNewsID(newsID);
}
```

(5) 自定义方法 GetAllCommentsByNewsID()，返回值是数据集 DataSet，有一个整型参数。在该方法中，调用业务逻辑层 DAL 的 CommentsAccess 类的 GetAllAnswerByNewsID()方法，传递参数 newsID，根据新闻 ID 查询该新闻的全部评论，返回数据集。自定义方法 GetAllCommentsByNewsID()的代码如下所示。

```
public DataSet GetAllCommentsByNewsID(int newsID)
{
   return DAL_C.GetAllAnswerByNewsID(newsID);
}
```

(6) 自定义方法 AddCommentsByNewsID()，返回值是 bool 类型，方法中有一个参数，是实体层 MODEL 的 CommentsInfo 类的对象。在该方法中，调用业务逻辑层 DAL 的 CommentsAccess 类的 AddAnswerByNewsID()方法，并将 CommentsInfo 类的对象作为参数传递，根据新闻 ID 添加评论，添加成功返回 true，否则返回 false。自定义方法 AddCommentsByNewsID()的代码如下所示。

```
public bool AddCommentsByNewsID(MODEL.CommentsInfo Ma)
{
   return DAL_C.AddAnswerByNewsID(Ma);
}
```

(7) 自定义方法 GetCindexByNewsID()，返回值是数据集 DataSet，有一个整型参数。在该方法中，调用业务逻辑层 DAL 的 CommentsAccess 类的 GetCindexByNewsID()方法，传递参数 NewsID，根据新闻 ID 获取该新闻的评论的条数，返回数据集。自定义方法 GetCindexByNewsID()的代码如下所示。

```
public DataSet GetCindexByNewsID(int NewsID)
{
    return DAL_C.GetCindexByNewsID(NewsID);
}
```

2.4.3 任务 3：后台用户管理模块

后台用户管理实现是本系统的重要功能之一。本系统采用标准的三层架构。在该任务中MODEL 类库中的 UserInfo 类主要完成对数据库中的用户表 User 中字段的定义。DAL 类库中UserAccess 类主要是对用户操作的各种功能的具体实现。BLL 类库中 UserLogic 类则是对 DAL类库中类的逻辑调用。因此要实现后台用户管理，就要对此任务功能进行分析，完成各个类库中类的实现。

在本系统中采用标准的三层架构，这三层架构是完成系统前台后台功能的基础。

后台用户管理实现需要完成实体层 MODEL 类库中 UserInfo 类、数据访问层 DAL 类库中UserAccess 类、逻辑层 BLL 类库中的 UserLogic 类。其中，UserInfo 类中定义的属性对应用户表 User 中的字段。UserAccess 类用于实现用户操作的基本方法。UserLogic 类则用于完成对UserAccess 类的逻辑调用从而实现用户操作的功能。

1．MODEL 层

UserInfo.cs 类的访问修饰符设为 public，可以被其他层的类访问。定义 UserInfo.cs 类的形式如下所示。

```
public class UserInfo
{
}
```

UserInfo 类中主要进行属性的设置。各个属性对应数据库 User 表中的相应字段。主要程序代码包含 5 个内部变量。

设置用户 ID 的内部变量为整型的_u_id；用户姓名的内部变量为字符串类型的_username；用户密码的内部变量为字符串类型的_password；用户邮箱的内部变量为字符串类型的_useremail；用户权限的内部变量为字符串类型的_Lever，用户权限为普通用户或管理员。其定义的代码如下所示。

```
private int _u_id;
private string _username;
private string _password;
private string _useremail;
private string _Lever;
```

定义 5 个公共属性，分别是 int 类型的 U_id、string 类型的 UserName、string 类型的Password、string 类型的 UserEmail 和 string 类型的 Lever。使用 get 访问器来返回所对应的内部变量的值，使用 set 访问器来设置所对应的内部变量的值。其代码如下所示。

```
public string UserName
{
   get { return _username; }
   set { _username = value; }
}
public int U_id
```

```
{
    get { return _u_id; }
    set { _u_id = value; }
}
public string Password
{
    get { return _password; }
    set { _password = value; }
}
public string UserEmail
{
    get { return _useremail; }
    set { _useremail = value; }
}
public string Lever
{
    get { return _Lever; }
    set { _Lever = value; }
}
```

2. DAL 层

UserAccess.cs 类的访问修饰符为 public，可以被其他层的类访问。在定义 UserAccess.cs 类之前，需要引用命名空间，如下所示。

```
using System.Data;
```

UserAccess.cs 类主要通过构造 SQL 语句及调用 DBbase 类中的方法，实现关于用户的管理。定义 UserAccess.cs 类的形式如下所示。

```
public class UserAccess
{
}
```

在 UserAccess.cs 类中首先实例化基类 DBbase 的对象，用于调用其内部方法来执行不同的操作。其代码如下所示。

```
DBbase db = new DBbase();
```

（1）自定义方法 AdminLogin()，返回值为整型变量，有两个字符型参数。在该方法中，使用 SQL 语句的 select 语法，查询 User 表中的记录，条件是 UserName 字段的值为第一个参数的值，Password 字段的值为第二个参数的值，并且 Lever 字段的值为管理员，将 SQL 语句作为参数传递给 DBbase 类的 ReturnRowCount()方法，验证管理员登录的方法，登录成功返回 1，否则返回 0。自定义方法 AdminLogin()的代码如下所示。

```
public int AdminLogin(string UserName,string Password)
{
    string strSQL = "select * from User where UserName='" + UserName + "' and
Password='" + Password + "' and Lever='管理员'";
    return db.ReturnRowCount(strSQL);
}
```

（2）自定义方法 AddUser()，返回值为 bool 类型，只有一个参数，是实体层 MODEL 的 UserInfo

类的对象。在该方法中，使用 SQL 语句的 insert 语法，插入记录到 User 表中，将 UserInfo 类的 del_ad 对象的 UserName、Password、UserEmail 和 Level 属性的值作为字段的值进行插入操作，将 SQL 语句作为参数传递给 DBbase 类的 ExecuteNonQuery()方法，添加管理员用户，添加成功返回 true，添加失败返回 false。自定义方法 AddUser()的代码如下所示。

```
public bool AddUser(MODEL.UserInfo del_ad)
{
    string strSQL = "insert into User(UserName,Password,Email,Lever) values('" +
    del_ad.UserName + "','" + del_ad.Password + "','" + del_ad.UserEmail + "','" +
    del_ad.Lever + "')";
    return db.ExecuteNonQuery(false, strSQL);
}
```

（3）自定义方法 DeleteAdmin()，返回值为 bool 类型，方法中只有一个参数，是实体层 MODEL 的 UserInfo 类的对象。在该方法中，使用 SQL 语句的 delete 语法，删除 User 表中的记录，条件是 U_id 字段的值为 UserInfo 类的 ma 对象的 U_id 属性的值，将 false 和 SQL 语句作为参数传递给 DBbase 类的 ExecuteNonQuery()方法，删除用户信息，删除成功返回 true，删除失败返回 false。自定义方法 DeleteAdmin()的代码如下所示。

```
public bool DeleteAdmin(MODEL.UserInfo ma)
{
    string strSQL = "delete from User where U_id=" + ma.U_id;
    return db.ExecuteNonQuery(false, strSQL);
}
```

（4）自定义方法 UpdateAdminPassword()，返回值为 bool 类型，方法中只有一个参数，是实体层 MODEL 的 UserInfo 类的对象。在该方法中，使用 SQL 语句的 update 语法，修改 User 表中的记录，条件是 Password 字段的值为 UserInfo 类的 del_ad 对象的 Password 属性的值，并且 U_id 字段的值为 UserInfo 类的 del_ad 对象的 U_id 属性的值，将 false 和 SQL 语句作为参数传递给 DBbase 类的 ExecuteNonQuery()方法，修改管理员密码，修改成功返回 true，修改失败返回 false。自定义方法 UpdateAdminPassword()的代码如下所示。

```
public bool UpdateAdminPassword(MODEL.UserInfo del_ad)
{
    string strSQL = "update User set Password='" + del_ad.Password + "' where
U_id=" + del_ad.U_id;
    return db.ExecuteNonQuery(false, strSQL);
}
```

（5）自定义方法 UpdateAdminAleave()，返回值为 bool 类型，方法中只有一个参数，是实体层 MODEL 的 UserInfo 类的对象。在该方法中，使用 SQL 语句的 update 语法，修改 User 表中的记录，条件是 Lever 字段的值为 UserInfo 类的 del_ad 对象的 Level 属性的值，并且 U_id 字段的值为 UserInfo 类的 del_ad 对象的 U_id 属性的值，将 false 和 SQL 语句作为参数传递给 DBbase 类的 ExecuteNonQuery()方法，修改管理员用户权限，修改成功返回 true，修改失败返回 false。自定义方法 UpdateAdminAleave()的代码如下所示。

```
public bool UpdateAdminAleave(MODEL.UserInfo del_ad)
{
    string strSQL = "update User set Lever='" + del_ad.Lever + "' where U_id=" +
```

```
del_ad.U_id;
    return db.ExecuteNonQuery(false, strSQL);
}
```

（6）自定义方法 GetDataAdmin()，返回值为数据集 DataSet，无参数。在该方法中，使用 SQL 语句的 select 语法，查询 User 表中的所有记录，将 SQL 语句作为参数传递给 DBbase 类的 ReturnDataSet()方法，获得 User 表格里的数据集合，返回数据集类型。自定义方法 GetDataAdmin()的代码如下所示。

```
public DataSet GetDataAdmin()
{
    string strSQL = "select * from User";
    return db.ReturnDataSet(strSQL);
}
```

（7）自定义方法 QueryUserInfoByID()，返回值为数据集 DataSet，有一个整型参数。在该方法中，使用 SQL 语句的 select 语法，查询 User 表中的所有记录，条件是 U_id 字段的值为参数的值，将 SQL 语句作为参数传递给 DBbase 类的 ReturnDataSet()方法，根据用户 ID 查询相关信息，返回数据集类型。自定义方法 QueryUserInfoByID()的代码如下所示。

```
public DataSet QueryUserInfoByID(int id)
{
    string strSQL = "select * from User where U_id=" + id;
    return db.ReturnDataSet(strSQL);
}
```

（8）自定义方法 QueryUserInfoByName()，返回值为数据集 DataSet，有一个字符型参数。在该方法中，使用 SQL 语句的 select 语法，查询 User 表中的所有记录，条件是 UserName 属性的值为参数的值，将 SQL 语句作为参数传递给 DBbase 类的 ReturnDataSet()方法，根据用户名查询相关信息，返回数据集类型。自定义方法 QueryUserInfoByName()的代码如下所示。

```
public DataSet QueryUserInfoByName(string name)
{
    string strSQL = "select * from User where UserName='" + name + "'";
    return db.ReturnDataSet(strSQL);
}
```

（9）自定义方法 UpdateUserInfoByName()，返回值为 bool 类型，有三个字符型参数。在该方法中，使用 SQL 语句的 update 语法，更新 User 表中的记录的 Password 字段和 Email 字段的值为第二个和第三个参数的值，条件是 UserName 字段的值为第一个参数的值，将 false 和 SQL 语句作为参数传递给 DBbase 类的 ExecuteNonQuery()方法，根据用户名修改用户数据，修改成功返回 true，修改失败返回 false。自定义方法 UpdateUserInfoByName()的代码如下所示。

```
public bool UpdateUserInfoByName(string name, string pwd, string email)
{
    string strSQL = "update User set Password='" + pwd + "',Email='" + email +
"' where UserName='" + name + "'";
    return db.ExecuteNonQuery(false, strSQL);
}
```

（10）自定义方法 UpdateUserInfo()，返回值为 bool 类型，方法中有一个参数，是 MODEL

实体层的 UserInfo 类的对象。在该方法中，使用 SQL 语句的 update 语法，更新 User 表中的记录的 UserName 字段、Password 字段、Email 字段和 Lever 字段的值为 UserInfo 类的 ma 对象的 UserName 属性、Password 属性、UserEmail 属性和 Lever 属性的值，条件是 U_id 字段的值为 UserInfo 类的 ma 对象的 U_id 属性的值，将 false 和 SQL 语句作为参数传递给 DBbase 类的 ExecuteNonQuery()方法，根据用户 ID 更新相关信息，更新成功返回 true，更新失败返回 false。自定义方法 UpdateUserInfo()的代码如下所示。

```
public bool UpdateUserInfo(MODEL.UserInfo ma)
{
    string strSQL = "update User set UserName='" + ma.UserName + "',
Password='" + ma.Password + "',Email='" + ma.UserEmail + "',Lever='" + ma. Lever
+ "' where U_id=" + ma.U_id;
    return db.ExecuteNonQuery(false, strSQL);
}
```

(11) 自定义方法 CheckUser()，返回值为整数类型，有一个字符型参数。在该方法中，使用 SQL 语句的 select 语法，查询 User 表中的所有记录，条件是 UserName 字段的值为参数的值，将 SQL 语句作为参数传递给 DBbase 类的 ReturnRowCount()方法，检测用户名是否存在，如果用户存在返回 1，如果用户不存在返回 0。自定义方法 CheckUser()的代码如下所示。

```
public int CheckUser(string UserName)
{
    string strSQL = "select * from User where UserName='" + UserName + "'";
    return db.ReturnRowCount(strSQL);
}
```

(12) 自定义方法 UserLogin()，返回值为整数类型，有两个字符型参数。在该方法中，使用 SQL 语句的 select 语法，查询 User 表中的所有记录，条件是 UserName 字段的值为第一个参数的值，Password 字段的值为第二个参数的值，并且 Lever 字段的值为普通用户。将 SQL 语句作为参数传递给 DBbase 类的 ReturnRowCount()方法，验证普通用户登录的方法，如果用户登录成功返回 1，如果用户没成功返回 0。自定义方法 UserLogin()的代码如下所示。

```
public int UserLogin(string UserName, string PassWord)
{
    string strSQL = "select * from User where UserName='" + UserName + "' and
Password='" + PassWord + "' and Lever='普通用户'";
    return db.ReturnRowCount(strSQL);
}
```

3. BLL 层

UserLogic.cs 类的访问修饰符为 public，可以被其他层的类访问。在定义 UserLogic.cs 类之前，需要引用命名空间，如下所示。

```
using System.Data;
using System.Data.SqlClient;
```

UserLogic.cs 类的访问修饰符设为 public。UserLogic.cs 类主要实现对 DAL 类库中的 UserAccess 类方法的逻辑调用，从而实现关于用户管理的功能。定义 UserLogic.cs 类的形式如下所示。

```
public class UserLogic
{
}
```

在 UserLogic.cs 类中首先实例化业务逻辑层 DAL 层 UserAccess 的对象，实例化实体层 MODEL 层 UserInfo 的对象，用于调用其内部方法来执行不同的操作。其代码如下所示。

```
DAL.UserAccess DALad = new DAL.UserAccess();
MODEL.UserInfo M_ad = new MODEL.UserInfo();
```

（1）自定义方法 AdminLogin()，返回值是整数类型，方法中有一个参数，是实体层 MODEL 的 UserInfo 类的对象。在该方法中，调用业务逻辑层 DAL 的 UserAccess 类的 AdminLogin()方法，并将 UserInfo 类的对象的 UserName 属性和 Password 属性的值作为参数传递，检验管理员登录的方法，返回记录总数。自定义方法 AdminLogin()的代码如下所示。

```
public int AdminLogin(MODEL.UserInfo Ma)
{
    return DALad.AdminLogin(Ma.UserName, Ma.Password);
}
```

（2）自定义方法 AddUser()，返回值是 bool 类型，方法中有一个参数，是实体层 MODEL 的 UserInfo 类的对象。在该方法中，调用业务逻辑层 DAL 的 UserAccess 类的 AddUser()方法，并将 UserInfo 类的对象 M_ad 作为参数传递，添加用户，添加成功返回 true，添加失败返回 false。自定义方法 AddUser()的代码如下所示。

```
public bool AddUser(MODEL.UserInfo M_ad)
{
    return DALad.AddUser(M_ad);
}
```

（3）自定义方法 DeleteAdmin()，返回值是 bool 类型，方法中有一个参数，是实体层 MODEL 的 UserInfo 类的对象。在该方法中，调用业务逻辑层 DAL 的 UserAccess 类的 DeleteAdmin()方法，并将 UserInfo 类的对象 ma 作为参数传递，删除用户信息，删除成功返回 true，删除失败返回 false。自定义方法 DeleteAdmin()的代码如下所示。

```
public bool DeleteAdmin(MODEL.UserInfo ma)
{
    return DALad.DeleteAdmin(ma);
}
```

（4）自定义方法 UpdateAdminPassword()，返回值是 bool 类型，无参数。在该方法中，调用业务逻辑层 DAL 的 UserAccess 类的 UpdateAdminPassword()方法，并将 UserInfo 类的对象 M_ad 作为参数传递，修改管理员密码，修改成功返回 true，修改失败返回 false。自定义方法 UpdateAdminPassword()的代码如下所示。

```
public bool UpdateAdminPassword()
{
    return DALad.UpdateAdminPassword(M_ad);
}
```

（5）自定义方法 UpdateAdminAleave()，返回值是 bool 类型，无参数。在该方法中，调用业务逻辑层 DAL 的 UserAccess 类的 UpdateAdminAleave()方法，并将 UserInfo 类的对象 M_ad 作为参数传递，修改管理员权限，修改成功返回 true，修改失败返回 false。自定义方法 UpdateAdminAleave()的代码如下所示。

```
public bool UpdateAdminAleave()
{
    return DALad.UpdateAdminAleave(M_ad);
}
```

（6）自定义方法 GetDataAdmin()，返回值是数据集 DataSet，无参数。在该方法中，调用业务逻辑层 DAL 的 UserAccess 类的 GetDataAdmin()方法，获取表里的全部数据，返回数据集。自定义方法 GetDataAdmin()的代码如下所示。

```
public DataSet GetDataAdmin()
{
    return DALad.GetDataAdmin();
}
```

（7）自定义方法 QueryUserInfoByID()，返回值是数据集 DataSet，有一个整型参数。在该方法中，调用业务逻辑层 DAL 的 UserAccess 类的 QueryUserInfoByID()方法，将 id 作为参数进行传递，根据用户 ID 查询相关信息，返回数据集。自定义方法 QueryUserInfoByID()的代码如下所示。

```
public DataSet QueryUserInfoByID(int id)
{
    return DALad.QueryUserInfoByID(id);
}
```

（8）自定义方法 QueryUserInfoByName()，返回值是数据集 DataSet，有一个参数，是实体层 MODEL 的 UserInfo 类的对象。在该方法中，调用业务逻辑层 DAL 的 UserAccess 类的 QueryUserInfoByName()方法，将 UserInfo 类的对象 Ma 的 UserName 属性作为参数进行传递，根据用户名查询相关信息，返回数据集。自定义方法 QueryUserInfoByName()的代码如下所示。

```
public DataSet QueryUserInfoByName(MODEL.UserInfo Ma)
{
    return DALad.QueryUserInfoByName(Ma.UserName);
}
```

（9）自定义方法 UpdateUserInfoByName()，返回值是 bool 类型，有一个参数，是实体层 MODEL 的 UserInfo 类的对象。在该方法中，调用业务逻辑层 DAL 的 UserAccess 类的 UpdateUserInfoByName()方法，将 UserInfo 类的对象 Ma 的 UserName 属性、Password 属性和 UserEmail 属性作为参数进行传递，根据用户名修改用户数据，修改成功返回 true，修改失败返回 false。自定义方法 UpdateUserInfoByName()的代码如下所示。

```
public bool UpdateUserInfoByName(MODEL.UserInfo Ma)
{
    return DALad.UpdateUserInfoByName(Ma.UserName, Ma.Password, Ma.User
Email);
}
```

（10）自定义方法 UpdateUserInfo()，返回值是 bool 类型，有一个参数，是实体层 MODEL 的 UserInfo 类的对象。在该方法中，调用业务逻辑层 DAL 的 UserAccess 类的 UpdateUserInfo()方法，将 UserInfo 类的对象 Ma 作为参数进行传递，根据用户 ID 修改相关信息，修改成功返回 true，修改失败返回 false。自定义方法 UpdateUserInfo()的代码如下所示。

```
public bool UpdateUserInfo(MODEL.UserInfo ma)
{
    return DALad.UpdateUserInfo(ma);
}
```

(11) 自定义方法 CheckUser()，返回值是整数类型，有一个参数，是实体层 MODEL 的 UserInfo 类的对象。在该方法中，调用业务逻辑层 DAL 的 UserAccess 类的 CheckUser()方法，将 UserInfo 类的对象 Ma 的 UserName 属性作为参数进行传递，检测用户名是否存在，若用户存在返回 1，若用户不存在返回 0。自定义方法 CheckUser()的代码如下所示。

```
public int CheckUser(MODEL.UserInfo Ma)
{
    return DALad.CheckUser(Ma.UserName);
}
```

(12) 自定义方法 UserLogin()，返回值是整数类型，有一个参数，是实体层 MODEL 的 UserInfo 类的对象。在该方法中，调用业务逻辑层 DAL 的 UserAccess 类的 UserLogin()方法，将 UserInfo 类的对象 Ma 的 UserName 属性和 Password 属性作为参数进行传递，检验普通用户登录的方法，若登录成功返回 1，若登录失败返回 0。自定义方法 UserLogin()的代码如下所示。

```
public int UserLogin(MODEL.UserInfo Ma)
{
    return DALad.UserLogin(Ma.UserName, Ma.Password);
}
```

2.5 本项目实施中可能出现的问题

本项目的实施内容，主要是创建三层架构体系结构，分别是实体层 MODEL 类库、数据访问层 DAL 类库、业务逻辑层 BLL 类库；创建 MODEL 类库、DAL 类库和 BLL 类库中的所有要使用的类；创建各层之间的引用。但是在项目实施过程中，或多或少会存在问题。主要问题总结如下。

(1) 各层之间的调用问题。

各个层次之间的调用关系是：DAL 类库引用 MODEL 类库；BLL 类库引用 MODEL 类库和 DAL 类库。但是在实施过程中，可能添加了引用之后，由于修改了部分代码，有时会出现错误，如出现某一层的类库缺少 using 指令等错误消息。这些错误的产生都是在类库进行了修改后，没有进行引用更新。因此需要的实施方式是依次重新生成 MODEL 类、DAL 类和 BLL 类，然后分别重新引用。这样可以避免错误的发生。

(2) 类引用时找不到的问题。

因为项目中是要对各层之间的类进行调用的，因此需要把每一个类进行公开设置，即设为 public。很多人会在编写过程中，疏忽类的公开，所以在后续引用的过程中，会有找不到某一个类的情况发生。

(3) 私有成员变量和公共属性的定义问题。

在 MODEL 类库中定义的类中都是私有成员变量和公共属性的定义。但是在实施过程中，会出现私有成员变量名和公共属性名雷同的情况，因此会出现调用时候的问题，需要在开发过程中特别注意。

（4）在类库中 SQL 语句的使用问题。

在项目的实施过程中，需要在.NET 环境下创建数据库访问的 SQL 语句，在 SQL 语句中，如果字段是字符串类型，那么字段的值应该用单引号括起来，因此在.NET 的类中定义时，有时会看到 3 个单引号在一起的情况，这种时候都是一个单引号和一个双引号结合在一起。单引号表示的是字段的值，双引号是.NET 中用来标注是一个字符串的符号。在实施过程中，会有单引号和双引号用颠倒的情况发生，需要注意。

2.6 后续项目

对信息发布网站的三层架构设计完成之后，已经确定了该系统中所有实现的功能、三层调用的方法。接下来要完成的子项目是表现层的创建和信息发布网站的 Web 网站的创建项目。

子项目 3：信息发布网站的创建

3.1 项目任务

1. 在本子项目中要完成的任务

创建信息发布网站的表现层。

2. 具体任务指标

(1) 创建信息发布网站的 UI 表现层。

(2) 表现层添加 BLL 类库、DAL 类库和 MODEL 类库的引用。

3.2 项目的提出

信息发布网站的三层架构的模式设计完之后，已经确定了所要实现的功能模块中所使用的方法。目前，已经确定了业务逻辑层、数据访问层和实体层。因此，接下来要开发信息发布网站的表现层，创建网站。

在三层架构中，对于所有使用本网站的用户来说，表现层是所有用户所能看到的，也是大家所使用的网站页面。因此表现层的设计是非常必要的，首先需要创建信息发布网站的表现层。

3.3 实施项目的预备知识

1. 预备知识的重点内容

(1) 理解 VS 2005 创建网站的文件系统。

(2) 掌握创建 Web 网站的过程。

(3) 掌握 VS 2005 网站系统的文件、文件夹的区别和用途。

2. 关键术语

(1) VS 2005：Visual Studio 2005，复杂的应用程序需要多支训练有素的开发团队来实现。对于开发团队作出的任何承诺来说，信息交流都是成功的基本元素之一。新的 Visual Studio Team System 扩展了 Microsoft 的优秀功能，即，可为用户提供与业务紧密集成的、可扩展的、能够增加成功率的高效的生命周期工具。

(2) IIS：互联网信息服务，Internet Information Services，是由微软公司提供的基于运行 Microsoft Windows 的互联网基本服务。

（3）FTP：File Transfer Protocol，是 TCP/IP 网络上两台计算机传送文件的协议，FTP 是在 TCP/IP 网络和 Internet 上最早使用的协议之一，它属于网络协议组的应用层。FTP 客户机可以给服务器发出命令来下载文件、上载文件、创建或改变服务器上的目录。

（4）文件系统站点：用户使用 VS 2005 可以将网站的文件放在本地硬盘上的一个文件夹中，或放在局域网上的一个共享位置，这样的站点称为文件系统站点。

3．预备知识的内容结构

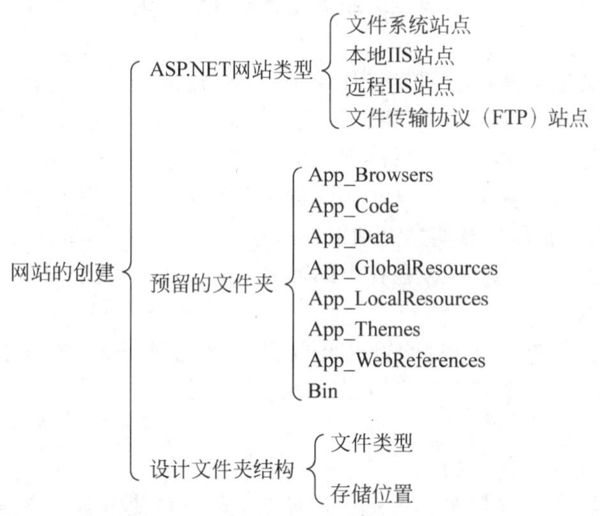

4．预备知识

VS 2005（Visual Studio 2005）是一套完整的开发工具集，用于生成 ASP.NET Web 应用程序、XML Web Services、桌面应用程序和移动应用程序。它提供统一的集成开发环境（IDE），使用多种开发语言（Visual Basic、Visual C++、Visual C#和 Visual J#），这些语言利用了.NET Framework 的功能，通过此框架可以简化 ASP.NET Web 应用程序和 XML Web Services 开发的关键技术。

通过 VS 2005 可以创建和配置以下几种类型的 Web 应用程序（也称 ASP.NET 网站）：文件系统站点、本地 IIS 站点、远程 IIS 站点和文件传输协议（FTP）站点。

（1）文件系统站点。

VS 2005 使用户可以将网站的文件放在本地硬盘上的一个文件夹中，或放在局域网上的一个共享位置。这样的站点称为文件系统站点。使用这种文件系统站点意味着用户无须将网站作为 Internet 信息服务（IIS）应用程序来创建，就可以对其进行开发或测试。

使用该类型站点的优点是：用户无须在自己的计算机上安装 IIS；文件夹中已有一组 Web 文件，用户可以将这些文件作为项目打开；在教室设置中，学生可将文件存储在中心服务器上特定的文件夹中；在工作组设置中，工作组成员可访问中心服务器上的公共网站。

使用该类型站点的缺点是：不能使用基于 HTTP 的身份验证、应用程序池和 ISAPI 筛选器等 IIS 功能测试文件系统网站。

对于文件系统的站点，要运行测试网页，其实是通过一个附加工具（ASP.NET Development Server）来完成的，它专门用于构建在本地主机方案中（从 Web 服务器所在的计算机中浏览）提供或运行的 ASP.NET 网页。换句话说，ASP.NET Development Server 会根据本地计算机上的浏览器请求提供网页，但不会为其他计算机提供网页。此外，它也不会提供应用程序范围外的文件。ASP.NET Development Server 提供了在向运行 IIS 的成品服务器发布网页之前在本地测试网页的有效方式，但它只接受本地计算机上通过身份验证的请求，这就要求服务器可以支持 NTLM 或基本身份验证。

(2) 本地 IIS 站点。

一个本地 IIS 站点就是本地计算机上的一个 IIS Web 应用程序，VS 2005 通过使用 HTTP 协议可与该站点通信。

使用该类型站点的优点是：可以用 IIS 测试网站，可以模拟网站在正式服务器中如何运行。相对于使用文件系统网站，使用本地 IIS 站点更具有优势，因为路径将按照其在正式服务器上的方式解析。

使用该类型站点的缺点是：必须装有 IIS；必须具有管理员权限才能创建或调试 IIS 网站；一次只有一个计算机用户可以调试 IIS 网站；默认情况下，为本地 IIS 网站启用了远程访问。

(3) 远程 IIS 站点。

当要通过使用在远程计算机上运行的 IIS 创建网站时，可使用远程站点。远程计算机必须配置有 FrontPage 服务器扩展且在网站级别上启用它。

使用该类型站点的优点是：可以在其中部署网站的服务器上测试该网站；多个开发人员可以同时使用同一远程网站。

使用该类型站点的缺点是：远程计算机上的 IIS 版本必须是 5.0 或以上；调试远程网站的配置可能很复杂；一次只有一个开发人员可以调试远程网站，且当开发人员单步调试代码时，其他所有请求将被挂起。

(4) 文件传输协议（FTP）站点。

当站点已位于配置为 FTP 服务器的远程计算机上时，可使用 FTP 部署的站点。

使用该类型站点的优点是：可以在其中部署 FTP 站点的服务器上测试该站点。

使用该类型站点的缺点是：没有 FTP 部署的站点文件的本地副本，除非自行复制这些文件产生副本；不能自己创建 FTP 部署的站点，只能打开一个这样的站点。

在 Microsoft Visual Studio 2005 的集成环境里，新建项目或新建网站后，在默认的情况下，系统会创建一个空文件夹 App_Data 和 Default 页面。

(1) 创建文件夹。

ASP.NET 识别用户可以用于特定类型的内容的某些文件夹名称，以下列出了保留的文件夹名称以及文件夹中通常包含的文件类型。

① App_Browsers：包含 ASP.NET 用户标识个别浏览器并确定其功能的浏览器定义（.browser）文件。

② App_Code：包含希望作为应用程序一部分进行编译的实用工具类和业务对象（例如.cs 文件）的源代码或子文件夹。在应用程序中将自动引用 App_Code 文件夹中的代码。在动态编译的应用程序中，当对应用程序发出首次请求时，ASP.NET 将编译 App_Code 文件夹中的代码，以后如果检测到任何更改则重新编译该文件夹中的项。

③ App_Data：包含应用程序数据文件，包括 MDF 文件、XML 文件和其他数据存储文件。ASP.NET 2.0 使用 App_Data 文件夹来存储应用程序的本地数据库，该数据库可用于维护成员资格和角色信息。

④ App_GlobalResources：包含编译到具有全局范围的程序集中的资源（.resx 和.resources 文件）。App_GlobalResources 文件夹中的资源是强类型的，可以通过编程方式进行访问。

⑤ App_LocalResources：包含与应用程序中的特定页、用户控件或母版页相关联的资源（.resx 和.resources 文件）。

⑥ App_Themes：包含用于定义 ASP.NET 网页和控件外观的文件集合（.skin 和.css 文件以

及图像文件和一般资源）。

⑦ App_WebReferences：包含用于定义在应用程序中使用的 Web 引用的引用协定文件（.wsdl 文件）、架构（.xsd 文件）和发现文档文件（.disco 和.discomap 文件）。

⑧ Bin：包含要在应用程序中引用的控件、组件或其他代码的已编译程序集（.dll 文件）。在应用程序中将自动引用 Bin 文件夹中的代码所表示的任何类。

默认创建 Web 应用并不会产生以上所有文件夹，可根据需要手动添加。

（2）设计文件夹结构。

如果要完成一个网站的开发，则需要制作大量的页面，伴随而来的是大量的文件，如图片、数据、声音、帮助文件、临时文件等。为了便于管理和维护，需要开发者将这些文件按照窗体文件的功能分类存放。较常用的文件夹结构如图 3.1 所示。

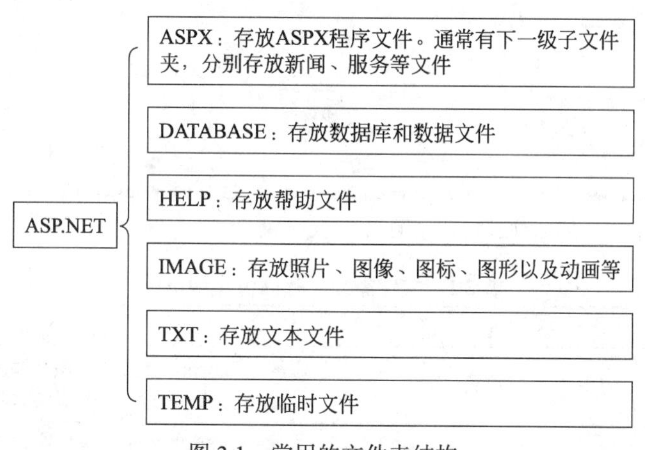

图 3.1　常用的文件夹结构

开发者可以根据所开发网站的实际情况设计自己的文件结构。无论什么样的文件结构，一个重要的原则就是方便网站的管理和维护。自定义文件夹的建立可以通过在解决方案资源管理器中新建文件夹的方法实现。

（3）创建新文件。

创建 Web 项目后，项目文件夹下的默认文件列举如下。

① Default.aspx：默认 Web 窗体页包含用户界面元素的部分。

② Default.aspx.cs：包含默认 Web 窗体页的类文件（称为代码隐藏类文件），该文件包含该页的系统生成代码和用户代码。

③ Web.config：包含站点的配置信息，如一个指定的标准错误页面、数据源的连接字符串、用于编译的调试程序、安全设置、处理错误设置等。

④ Global.asax：包含整个站点的代码，以及当站点作为一个整体启动或关闭时运行的代码。其他代码块可以在每个用户开始或停止使用站点时执行。Global.asax 还包含了可以在所有页面上执行的代码。

其他文件必须通过在解决方案资源管理器中添加新项的方式实现。添加新项时，通过选择合适的文件类型，并定义其名称，单击“添加”按钮就可完成创建文件的工作。所有 ASP.NET 2.0 的文件类型都展示在模板中，如图 3.2 所示。

站点应用程序中可以包含很多文件类型，某些文件类型由 ASP.NET 支持和管理（如.aspx、.ascx 等），而其他文件类型则由 IIS 服务器支持和管理（如.html、.gif 等文件）。

ASP.NET 2.0 应用中的文件类型及存储位置和说明如表 3.1 所示。

图 3.2　文件模板

表 3.1　文件类型及存储位置和说明

文 件 类 型	存 储 位 置	说　　明
.asax	应用程序根目录	通常是 Global.asax 文件，该文件包含从 HttpApplication 类派生并表示该应用程序的代码
.ascx	应用程序根目录或子目录	Web 用户控件文件，该文件定义自定义、可重复使用的用户控件
.ashx	应用程序根目录或子目录	一般处理程序文件，该文件包含实现 IHttpHandler 接口以处理所有传入请求的代码
.asmx	应用程序根目录或子目录	XML Web Services 文件，该文件包含通过 SOAP 方式可用于其他 Web 应用程序的类和方法
.aspx	应用程序根目录或子目录	ASP.NET Web 窗体文件，该文件可包含 Web 控件和其他业务逻辑
.axd	应用程序根目录	跟踪查看器文件，通常是 Trace.axd
.browser	App_Browsers 子目录	浏览器定义文件，用于标识客户端浏览器的启用功能
.cd	应用程序根目录或子目录	类关系图文件
.compile	Bin 子目录	预编译的 stub（存根）文件，该文件指向相应的程序集
.config	应用程序根目录或子目录	通常是 Web.config 配置文件，该文件包含其配置各种 ASP.NET 功能的 XML 元素
.cs、.jsl、.vb	App_Code 子目录；但如果是 ASP.NET 页的代码隐藏文件，则与网页位于同一目录	运行时要编译的类源代码文件，类可以是 HTTP 模块、HTTP 处理程序，或者是 ASP.NET 页 HTTP 处理程序介绍的代码隐藏文件

续表

文件类型	存储位置	说明
.csproj、.vbproj、.vjsproj	Visual Studio 项目目录	Visual Studio 客户端应用程序项目的项目文件
.disco、.vsdisco	App_WebReferences 子目录	XML Web services 发现文件，用于帮助定位可用的 Web services
.dsdgm、.dsprototype	应用程序根目录或子目录	分布式服务关系图（DSD）文件，该文件可以添加到任何提供或使用 Web services 的 Visual Studio 解决方案，以便对 Web services 交互的结构视图进行方向工程处理
.dll	Bin 子目录	已编译的类库文件，也可以将类的源代码放在 App_Code 子目录下
.licx、.webinfo	应用程序根目录或子目录	许可证文件，控件创作者可以通过授权方法来检查用户是否得到使用控件的授权，从而有助于保护知识产权
.master	应用程序根目录或子目录	母版页，它定义应用程序中引用母版页的其他网页的布局
.mdb、.ldb	App_Data 子目录	Access 数据库文件
.mdf	App_Data 子目录	SQL 数据库文件
.msgx、.svc	应用程序根目录或子目录	Indigo Messaging Framework（MFx）、service 文件
.rem	应用程序根目录或子目录	远程处理程序文件
.resources、.resx	App_GlobalResources 或 App_LocalResources 子目录	资源文件，该文件包含指向图像、可本地化文本或其他数据的资源字符串
.sdm、.sdmDocument	应用程序根目录或子目录	系统定义模型（SDM）文件
.sitemap	应用程序根目录	站点地图文件，该文件包含站点的结构。ASP.NET 中附带了一个默认的站点地图提供程序，它使用站点地图文件可以很方便地在网页上显示导航控件
.skin	App_Themes 子目录	用于确定显示格式的外观文件
.sln	Visual Web Developer 项目目录	Visual Web Developer 项目的解决方案文件
.soap	应用程序根目录或子目录	SOAP 扩展文件

3.4 项目实施

选择“开始”→“程序”→Microsoft Visual Studio 2005 命令，打开 Visual Studio 2005 集成开发环境。

在集成开发环境里，选择“文件”→“新建”→“新建项目”命令，在弹出的“新建项目”对话框中选择“Visual Studio 解决方案”，单击“浏览”按钮设定路径，并在名称中填入内容，如图 3.3 所示。

在图 3.3 所示的对话框中单击“确定”按钮后，如图 3.4 所示选中解决方案，单击鼠标右键，选择“添加”→“新建网站”后单击“确定”按钮，进入如图 3.5 所示的“添加新网站”对话框。

图 3.3 “新建项目”对话框

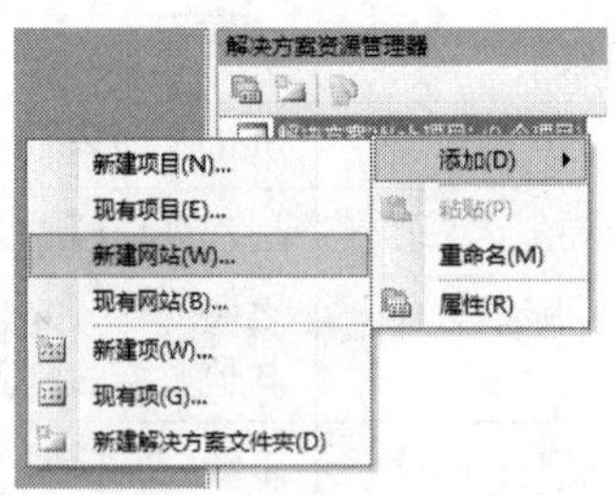

图 3.4 添加新建网站

图 3.5 “添加新网站”对话框

在图 3.6 所示的“网站已存在”对话框中选择“在现有位置创建新网站”后单击“确定”按钮，显示如图 3.7 所示的窗口。在 D:\Web 项目\网站下添加 IMAGE 文件夹，用来保存图片文件。

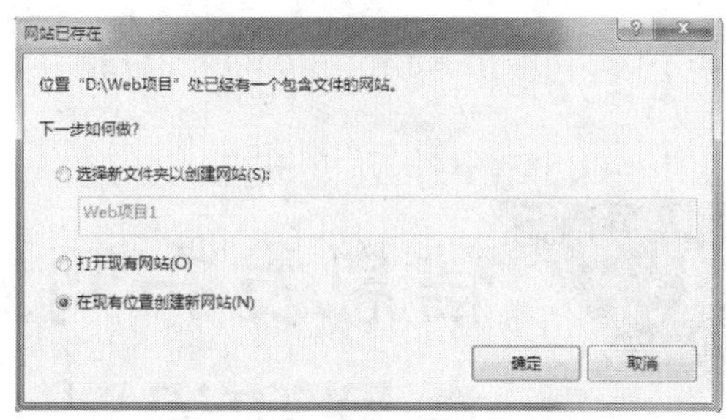

图 3.6 “网站已存在”对话框

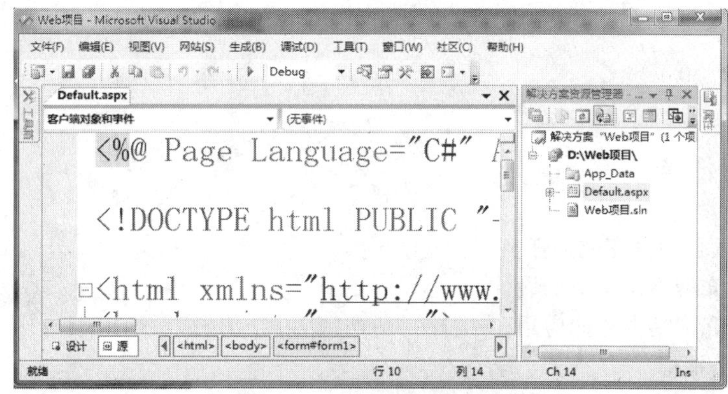

图 3.7　程序设计窗口

3.5　本项目实施过程中可能出现的问题

本项目的实施内容，主要是创建信息发布网站的表现层 UI 以及给 UI 添加对 MODEL 实体层、DAL 数据访问层和 BLL 业务逻辑层的引用。但是在项目实施过程中，或多或少会存在一些问题。主要问题如下所述。

(1) 表现层所存在的位置问题。

在项目的实施过程中，相当于是创建了 4 个层次，分别是 MODEL、DAL、BLL 和 UI。UI 所存的位置实际上是在什么位置都可以，主要是在一个解决方案下添加的网站和项目即可。但是如果为了管理方便，可以将 UI 创建的位置和其他三个层次存在同一个文件夹中。

(2) 表现层添加引用的问题。

在项目的实施过程中，需要给表现层“添加引用”，将 MODEL、DAL 和 BLL 层的引用添加进来。但是需要注意的问题是，一旦添加了之后，如果 MODEL、DAL 和 BLL 层的内容被修改，并且重新生成之后，很多人会试图在 UI 层再添加一遍引用，其实这种操作是没有必要的，因为 UI 层所添加的引用会自动进行更新，而无须重新添加。

3.6　后续项目

信息发布网站的表现层创建之后，首先要设计信息发布网站中所要使用的母版页、表格、DIV 等，来设计信息发布网站中所有网页要使用的模板，目的是保证整个网站的布局的统一。

子项目 4：信息发布网站的页面布局和设计

4.1 项目任务

1. 在本子项目中要完成的任务

(1) 信息发布网站母版页的设计。

(2) 信息发布网站主题的应用。

2. 具体任务指标

(1) 创建普通用户所使用的母版页 MasterPage.master。

(2) 创建普通用户所使用的母版页 Top.master。

(3) 创建管理员所使用的母版页 admin.master。

(4) 创建信息发布网站的主题文件夹 Blue。

(5) 创建主题文件夹中的一个外观文件。

(6) 创建主题文件夹中的 CSS 级联样式表。

4.2 项目的提出

信息发布网站的表现层创建之后，接下来首先要创建网站中所有页面所要使用的布局和模式。因此，下面来设计信息发布网站的母版页。

网页设计中比较烦琐的工作之一就是样式控制和页面布局。样式是否美观，布局是否合理，会直接影响网站的质量。设计精美的网站，往往具有优秀的版式设计，学习如何布局页面以及如何定位页面中的元素也是网页设计的基本功。CSS 是为了简化 Web 页面的更新工作而诞生的。它的功能非常强大，而且让网页变得更加美观，维护更加方便。可采用传统的表格（TABLE）布局和新型的 DIV+CSS 层布局。使用母版页创建布局可提高站点的可维护性，避免对共享站点结构或行为的代码进行不必要的复制。使用 ASP.NET 2.0 的“皮肤和主题”功能，通过更改主题即可轻松地维护对站点样式的更改，而无须对站点各页面进行编辑，轻松地实现对网站美观的控制。

4.3 实施项目的预备知识

1．预备知识的重点内容

（1）掌握运用 DIV+CSS 进行布局的方法。

（2）掌握母版页的运用。

（3）灵活运用主题控制页面效果。

（4）掌握 DIV 的嵌套使用。

2．关键术语

（1）DIV+CSS：是网站标准（或称“Web 标准”）中常用术语之一，DIV+CSS 是一种网页的布局方法，这种网页布局方法有别于传统的 HTML 网页设计语言中的表格（table）定位方式，可实现网页页面内容与表现相分离。

（2）母版页：其使用与普通页面类似，可以在其中放置文件、图形、任何的 HTML 控件和 Web 控件，后置代码等。母版页的扩展名以.master 结尾，不能被浏览器直接查看。母版页必须在被其他页面使用后才能进行显示。

3．预备知识的内容结构

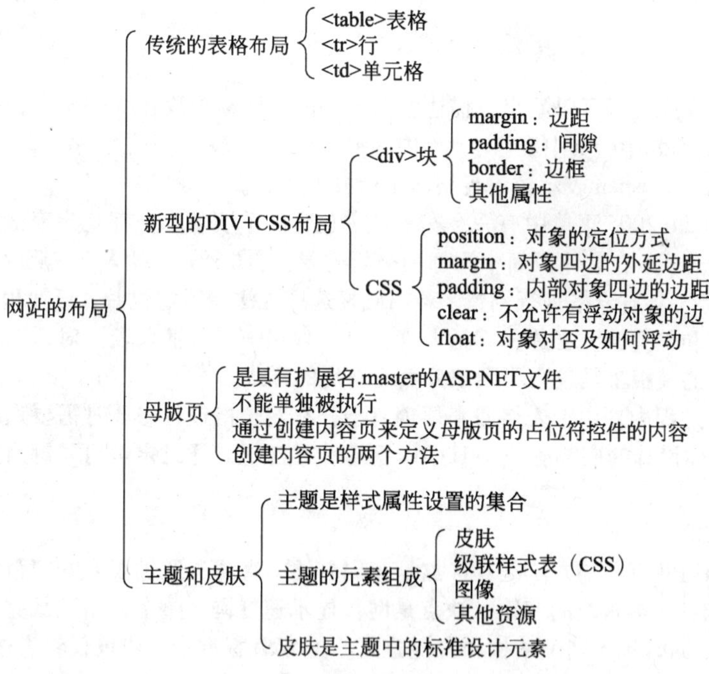

4．预备知识

1）表格

网页布局主要有两种方法，传统的表格（TABLE）布局和新型的 DIV+CSS 层布局。这两种布局方法各有优势，用 TABLE 开发快，容易控制，浏览器兼容也好些。使用 DIV+CSS 层布局，可加快网页浏览速度。

在 HTML 中，表格用<table>表示，一个表由<table>开始，至</table>结束，每个表格均由行和列组成，<tr>表示行，<td>表示列，行、列交叉构成单元格。通过表格设计如图 4.1 所示的布局。

<table>
<tr><td colspan="3">上</td></tr>
<tr><td>左 1</td><td rowspan="2">中间</td><td>右 1</td></tr>
<tr><td>左 2</td><td>右 2</td></tr>
</table>

图 4.1　表格设计布局

源程序代码如下：

```
<table width="300px">
  <tr>
    <td colspan="3">上</td>
  </tr>
  <tr>
    <td>左 1</td>
    <td rowspan="2">中间</td>
    <td>右 1</td>
  </tr>
  <tr>
    <td>左 2</td>
    <td>右 2</td>
  </tr>
</table>
```

从上面的源程序代码可以看出，描述整个表格的属性标记放在<table>中，描述单元格的属性标记放在<tr>、<td>中。其中表格中<tr>内的每一个<td>表示一个单元格，colspan 表示单元格向右合并的栏数，rowspan 表示该单元格向下合并的栏数。

在 Visual Studio 2005 菜单中有一个布局项，包含的子项基本上都是为表格布局服务的。可以通过插入表的方式，在窗体页面中添加一个新的表格，并通过“插入”、“删除”、“调整大小”、“合并单元格”等工具对表格进行调整，若用鼠标选择无法灵活定位时，可使用“选择”工具选择表格、行、列和单元格。当选择“插入表”时，弹出一个“插入表”对话框，利用它可进行表格设置，其中的模板工具包含了大部分页面布局的样式。

在布局设计过程中，由于表格嵌套烦琐复杂，在对表格进行修改时需要直观地了解表格的层次关系。在窗体设计的底部有一个 HTML 元素定位工具，通过定位可了解当前表格对象的位置和嵌套关系。

2）DIV+CSS

表格是早期的网页布局方法，其优点是布局方便、直观，通过表格的间距或者无色透明的 GIF 图片来控制各布局板块的间距，缺点是网页显示速度慢（整个表格下载完毕后才开始显示表格内的元素），同时也不利于结构和表现分离。在 Web 标准中，建议仅将表格用于显示数据。但是，在不是布局整个网页的情况下，也可以使用表格定位。

与表格不同的是，采用 DIV+CSS 定义的网页，通常运用 DIV（层）来定位元素，通过设置层的 margin（边距）、padding（间隙）、border（边框）等属性来控制各板块的间距，使浏览器解读网页速度相对加快，即边解析边显示。实际上，DIV 布局和 CSS 布局的最大优点是体现了结构和表现分离的思想。

布局基本元素包括内联元素（Inline Element）和块元素（Block Element）。内联元素一般都是基于语义级（Semantic）的基本元素。内联元素只能容纳文本或者其他内联元素，常见的有内联元素“a”、图片元素“img”。块元素一般是其他元素的容器元素，块元素一般都从新行开始，它可以容纳内联元素和其他块元素，div 即是常见块元素，其他如段落标签“p”、标题“h”。如果没有 CSS 的作用，块元素会顺序以每次另起一行的方式一直往下排。而有了 CSS 以后，可以改变这种 HTML 的默认布局模式，把块元素摆放到想要的位置上。常见的块元素如表 4.1 所示。

表 4.1　块元素列表

元　　素	说　　明
div	层
ol	排序表单
ul	非排序列表
p	段落
center	居中对齐块
h	h1——大标题 h2——副标题 h3——3 级标题 …
hr	水平分隔线

其中，ol 和 ul 是常见的排序列表，为避免 div 嵌套，经常取代 div。ol 和 ul 与 li 嵌套使用可实现导航条作用。

（1）ol 有序列表。通过 ol，将在列表前自动显示数字 1、2、3。例如，在网页中嵌套一个 ol 有序列表，代码如下。

```
<ol>
  <li>首页</li>
  <li>产品</li>
  <li>论坛</li>
</ol>
```

（2）ul 无序列表。ul 无序列表表现为 li 前面是大圆点而不是 1、2、3。例如，在网页中嵌套一个 ul 无序列表代码如下。

```
<ul>
  <li>首页</li>
  <li>产品</li>
  <li>论坛</li>
</ul>
```

3）级联样式表（CSS）

引入 CSS 的主要目的是为了实现网页结构和表现的分离。对于块元素主要通过 CSS 实现其位置、背景、边缘及其内联元素统一样式的设置。对于内联元素通过 CSS 实现尺寸、颜色等显示样式的设置。对于块元素，与定位有关的 CSS 如表 4.2 所示。

表 4.2　与定位有关的 CSS 属性

CSS	说　　明
position	对象的定位方式，包括 static、absolute、relative，默认情况下 position 属性为 static
margin	设置对象四边的外延边距，包括 margin-top、margin-right、margin-bottom 和 margin-left

续表

CSS	说　明
padding	设置内部对象四边的边距，包括 padding-top、padding-right、padding-bottom 和 padding-left
clear	指出不允许有浮动对象的边，包括 none、left、right、both，与 float 配合使用
float	指出对象对否及如何浮动，包括 none、left、right

其他 CSS 属性与样式有关，如背景 Background、边框 Borders、字体 Font 和文本 Text。

Visual Studio 2005 中有样式生成工具，可以通过样式生成器定义生成样式代码，实现的效果和代码是一致的。

4）DIV+CSS 布局原则

DIV+CSS 是采用盒子模式进行布局的，即由 DIV 定义的大小不一的盒子和盒子嵌套来编排网页。首先用 DIV 来定义语义结构，然后用 CSS 来美化网页，如加入背景、线条边框、对齐属性等；最后在这个 CSS 定义的盒子内加上内容，如文字、图片等（没有表现属性的标签）。

（1）首先定义良好的结构，布局的第一步是考虑网页的结构，也就是先考虑应该将网页分为哪几块，并为其分配意义、名字，而不是如何使用图片、字体、颜色以及块内的布局等。

（2）布局要遵循由大到小的原则。根据容器关系先划分出大的区域，所谓大的区域是指容器宽度为网站宽度的区域。图 4.2 是一个典型的层嵌套布局网页。我们的经验是先划分出网站头部、横向广告区、栏目导航区、主体区、底部工具栏区、版权信息区几个大区，然后在各个大区中再划出各自的小容器。小容器包含于各自的上级大容器。典型层嵌套布局网页层间关系如图 4.2 所示。

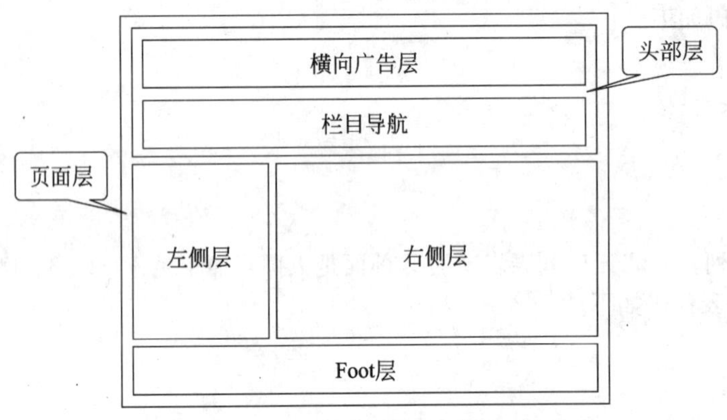

图 4.2　典型层嵌套布局网页层间关系

（3）布局的关键块元素（如 div、ul、ol）必须有 ID，且 ID 值有意义，并且在整个网页中唯一。

（4）可以通过 Visual Studio 2005 菜单中的“布局”→“插入层”等命令，在当前光标所在位置插入一个新的层。由于 Visual Studio 2005 层布局工具设置烦琐，所以建议在实际设计中不使用集成开发环境提供的布局工具，而是直接通过 HTML 源代码编写。

5）什么是母版页

ASP.NET 2.0 提供的母版页为应用程序的页创建一致的布局，可以为应用程序中的所有页定义所需的外观和标准行为，然后创建要显示内容的各个内容页，并将内容页与母版页关联起来。因此，当用户请求内容页时，这些内容页与母版页合并，并将母版页的布局与内容页的内容组合在一起输出并呈现到浏览器。

在站点设计和制作中要牢记以下三点。

（1）站点中网页的外观设计和内容应相互独立。这样，如果一个网页的外观设计（标题、布局或格式）要修改，或内容要修改，就不会相互影响。

（2）站点要有统一的风格和布局。整个站点可以有同样的颜色、图标和布局，给访问者一致的感觉。

（3）站点要为用户提供方便的站点导航。

设计这个词有两个含义。第一是颜色和布局的选择，这是由网站设计人员决定的；第二是网站要有统一的风格和布局。

网站应该有统一的风格和布局。例如，整个网站有相同的网页头尾、导航栏和功能条等，这样可以给访问者一致性的感受。ASP.NET 2.0 提供了母版页和内容页功能来帮助开发人员创建页面模板，实现网站一致性要求。这个过程可总结为“两个包含，一个结合”。“两个包含”是指将页面内容分为公共部分和非公共部分，且两者分别包含在两个文件中，公共部分包含在母版页中，非公共部分包含在内容页中。“一个结合”是指通过控件应用和属性设置等行为，将母版页和内容页结合起来，最后将结果发给客户端浏览器。

母版页是具有扩展名.master 的 ASP.NET 文件，它可以包括静态文本、HTML 元素和服务器控件。母版页通常是用于布局，即定义网站中不同网页的相同部分。例如整个网站都包括同样的格局、同样的页头和页脚、同样的导航栏，或在同样的位置放置同样的标志等。可以将这些一致共用元素定义在一个母版页中，其他网页只需继承这个母版页即可，这样其他网页就包含母版页中公有的部分了。

母版页不能单独被执行，即不能在浏览器中直接请求母版页。

母版页代码和普通的.aspx 文件代码格式很相近，最关键的不同是母版页由特殊的@Master 指令识别，该指令替换了用于普通.aspx 页的@Page 指令。

每个网页中不同的部分都可以在母版设计中体现出来。母版中可以包含一个或多个 ContentPlaceHolder 控件，这个控件起到一个占位符的作用，能够在母版页中标识出某个区域，该区域可以被其他页面继承，用来摆放其他页面自己的控件。

通过创建内容页来定义母版页的占位符控件的内容，这些内容页为绑定到特定母版页的 ASP.NET 页。内容页实际上就是普通的.aspx 文件，包含除母版页外的其他非公共部分。

内容页是以母版页为基础，可以在内容页中添加网站中的每个网页的不同部分，即内容页中包含了页面中的非公共部分。对于页面的非公共部分，在母版页中使用一个或多个 ContentPlace Holder 控件来占位，而具体内容则放在内容页中。

母版页的运行过程，在运行时，母版页是按照下面的步骤处理的。

（1）用户通过输入内容页的 URL 来请求该页。

（2）获取该页后，读取@Page 指令。如果该指令引用一个母版页，则也读取该母版页。如果这是第一次请求这两个页，则这两个页都要进行编译。

（3）将包含更新的内容的母版页合并到内容页的控件树中。

（4）将各个 Content 控件的内容合并到母版页中相应的 ContentPlaceHolder 控件中。

（5）在浏览器中呈现得到的合并页。

从用户角度来看，合并后的母版页和内容页是一个完整的页面，并且其 URL 访问路径与内容页的路径相同。从编程的角度来看，这两个页用作其各自控件的独立容器。

6）创建母版页

新建一个 MasterPage.master 文件，里边有一个 ContentPlaceHolder 控件，注意不要在这个控件中写任何东西。保存后就可以用它来做其他页面的母版页了。

母版页的代码主要有以下三部分。

（1）基本的网页标记。这部分内容在母版页里只出现一次。<!DOCTYPE>和 xmlns 标记用于告知服务器页面文档类型复合的定义标准。这些标记不会在内容页中出现。这部分可以看做是代码头。母版页文件代码头声明的是<%@ Master%>，而不是@Page。

（2）在网页上运行的脚本代码，代码隐藏页。

（3）ContentPlaceHolder 控件，在母版页中可以包括一个或多个 ContentPlaceHolder 控件，用于在母版页中占位，控件本身不包含任何具体内容，仅是一个控件声明，具体内容放置在内容页中，两者通过 ContentPlaceHolder 控件的 ID 属性来绑定。

简单地说，每个母版页必须包含以下元素。基本的 HTML 和 XML 等 Web 标记；代码的第一行是<%@ Master%>；ContentPlaceHolder 控件和它的 ID 属性。

创建母版页后，创建内容页。内容页实际上是普通的.aspx 文件，包含除母版页外的其他非公共部分。对于内容页有两个概念，一是内容页中所有内容必须包含在 Content 控件中，而是内容页必须绑定到母版页上。

母版页具有下面的优点。

（1）使用母版页可以集中处理页的通用功能，以便只在一个位置上进行更新。

（2）使用母版页可以方便地创建一组控件和代码，并将结果应用于一组页。例如，可以在母版页上使用控件来创建一个应用于所有页的菜单。

（3）通过允许控制占位符控件的呈现方式，母版页可以在细节上控制最终页的布局。

（4）母版页提供一个对象模型，使用该对象模型可以从各个内容页自定义母版页。

7）实现内容页

创建内容页有两个方法：一是在母版页的任意位置单击右键添加内容页；二是在解决方案资源管理器上新建项目，生成.aspx 页面时选择“选择母版页”。

内容页代码主要分成两个部分，代码头声明和 Content 控件。代码头中声明所绑定的母版页，利用@Page 指令将内容页绑定到特定的母版页，属性 MasterPageFile 用来设定该内容页所绑定的母版页的路径，属性 Title 用于设置要绑定到母版页中的页定义标题。代码中还包括一个或多个 Content 控件，页面中所有非公共部分的具体内容就包含在 Content 控件中。通过此控件属性 ContentPlaceHolderID 和母版页中的 ContentPlaceHolder 控件相连接。

内容页应具有以下三个特点。

（1）内容页中没有<!DOCTYPE HTML…>和<html xmlns…>标记，也没有<html>、<body>等这些 Web 元素，这些元素都被放置在母版页。

（2）在代码的第一行应声明所绑定的母版页。

（3）包含<content>控件。

8）实现母版页的嵌套

母版页可以嵌套，让一个母版页引用另外的页作为其母版页。利用嵌套的母版页可以创建组件化的母版页。例如，大型网站可能包含一个用于定义站点外观的总体母版页，然后，不同的网站内容合作伙伴又可以定义各自的子母版页，这些子母版页引用网站母版页，并相应定义合作伙伴的内容的外观。

与任何母版页一样，子母版页也包含文件扩展名.master。子母版页通常会包含一些内容控件，这些控件将映射到父母版页上的内容占位符。就这方面而言，子母版页的布局方式与所有内容页类似。但是，子母版页还有自己的内容占位符，可用于显示其子页提供的内容。

9）设置应用级的母版页

通过在配置文件（Web.config）中进行设置应用程序级的母版页，网站的页面就可以引用该母版页。通过这种方式，当网站正式发布后，可以通过修改配置文件即可更改整个网站的布局外观。可以在 Web.config 文件的<system.web>节点下添加<pages>元素。

```
<configuration>
    <system.web>
        <pages masterPageFile="~/Parent.master" />
    </system.web>
</configuration>
```

在应用的时候，在页面的@Page 指令中并没有指定 MasterPageFile，而直接在<asp:Content>控件中引用它。因此，可以为一个站点添加多个母版页，每个母版页设置的风格和内容可各不相同，只要修改一下配置文件，就可以很方便地改变整个站点的布局外观了。

10）在程序中引用母版页

对于母版页的引用，可以在设计页面时进行引用，也可以在网页已经运行的情况下动态更换母版页。例如，站点需要提供一个允许用户自动更改页面布局的功能。这种情况下，可以通过编程来实现。

在页面的 Page_PreInit 事件中通过修改 Page 类的 MasterPageFile 属性，来动态引用母版页。代码示例如下。

```
protected void Page_PreInit(object sender, EventArgs e)
{
    Page.MasterPageFile="parent.master";
}
```

通过编程来动态地引用母版页具有一定的限制，主要有以下几点。

（1）MasterPage 的设置必须在页面生命周期事件 Page_PreInit 之中或之前的事件中进行。

（2）动态引用的母版页必须拥有页面中<asp:Content>控件所引用的所有<asp:ContentPlace Holder>控件，否则，ASP.NET 将引发异常。

11）主题和皮肤

自.NET Framework 出现以来，对网站外观进行控制一直是 ASP.NET 开发者的期待。ASP.NET 2.0 使之得以现实，应用它的主题与皮肤，可以对外观进行控制。

开发者经常将主题与母版页混淆，但这两个元素存在很大的不同。母版页面允许控制一个网站的总体布局，或网站内的一组页面；但主题主要关注网站的外观与感觉。

（1）主题。

主题是样式属性设置的集合，使用这些设置可以定义页面和控件的外观，然后在某个 Web 应用程序中的所有页、整个 Web 应用程序或服务器上的所有 Web 应用程序中一致地应用此外观。主题由一组元素组成：皮肤、级联样式表（CSS）、图像和其他资源。每个主题都是\App_Themes 文件夹的一个不同的子文件夹。

页面主题是一个主题文件夹，其中包含控件外观、样式表、图形文件和其他资源，该文件夹是作为网站中的\App_Themes 文件夹的子文件夹创建的。每个主题都是\App_Themes 文件夹的一个不同的子文件夹。

（2）皮肤。

皮肤是主题中的标准设计元素，提供了一种管理网络控件外观的方法，可以用它来批量设置一个控件的某些特性。皮肤的定义包含在皮肤文件（以.skin 为文件扩展名）中。在 Visual Studio 的解决方案资源管理器中选择“添加新项”→“外观文件”来增加皮肤文件。

在默认情况下，主题存储在网站中的 App_Themes 目录下，皮肤则存储于相应的 Theme 文件夹中，是以.skin 为后缀的文件。皮肤文件中包含一些控件和它们所应用的属性。

主题与级联样式表类似，因为主题和样式表均定义一组可以应用于任何页的公共属性。但是，主题与样式表在下列方面不同。

① 主题可以定义控件或页的许多属性，而不仅是样式属性。例如，使用主题可以指定 TreeView 控件的图形、GridView 控件的模板布局等。

② 每页只能应用一个主题。这与样式表不同，样式表可以向一页应用多个样式表。

4.4 项目实施

4.4.1 任务 1：信息发布网站母版页设计

在信息发布网站中，设计 3 个母版页，第一个是 MasterPage.master，作为主母版页；第二个是 Top.master，作为其他页面的母版页；第三个是管理员使用的母版页 admin.master。

1. MasterPage.master

在界面设计中设计母版页可以保证网站的整体风格。在母版页中需要完成以下功能。

(1) 用户注册功能。

(2) 用户修改注册信息功能。

(3) 新闻搜索功能。

(4) 各新闻类别中的新闻统计功能。

设计本系统的前台功能模块时，使用了母版页，应用了母版页及自定义控件的相关知识。在设计过程中，将每个页面都包含的页头、页尾、登录、新闻统计、搜索及热点新闻封装到模板页面中。母版页的设计布局如图 4.3 所示。

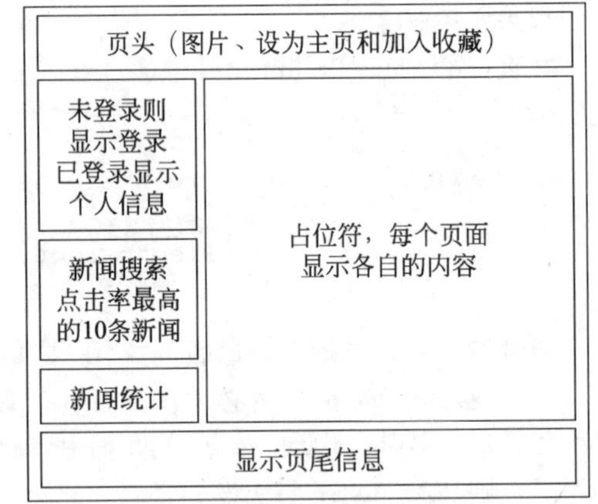

图 4.3 母版页 MasterPage.master 的设计布局

创建 MasterPage.master 母版页，母版页的源视图下的主要代码如下：

```
<form id="form1" runat="server">
   <div id="total" style="background-color:White; width:778px; height:auto;">
      <div id="top" style="height:auto; width:100%">
      <table style="width:778px; background-image: url(images/新闻发布系统首页
1.jpg); height:188px"> <tr style ="width :778px; height :10px"><td align= "center"
valign="top" >
   <a href="#" onclick="this.style.behavior='url(#default#homepage)';
   this.sethomepage('http://www.syyyy.com.cn')" style=" color:Black; font-size:
9pt; font-family: 宋体;  text-decoration:none;" >设为主页</a>
     <span onclick="window.external.addFavorite('http://www.baidu.com',
'新闻发布系统')" style=" color:Black; font-size: 9pt; font-family: 宋体;text-decoration:
none;  " >加入收藏</span></td></tr>  </table>  </div><table style="width:100%;
height:auto;">
   <tr><td><div id="left" style="width:178px; float:left; height:auto;">
   <table style="width:178px;"><tr style="width:178px; height:100px"><td style=
"width:178px; height:100px"></td></tr><tr style="width:178px; height:100px">
<td style="width:178px; height:100px"></td></tr><tr style="width:178px; height:
100px"><td style="width:178px; height:100px"></td></tr></table></div></td><td>
<div id="right" style="width:600px; float:right;"><asp:ContentPlaceHolder ID=
```

```
"ContentPlaceHolder1" runat="server">
    </asp:ContentPlaceHolder> </div></td> </tr> </table><div id="footer" style="height:auto; clear:both;"><table style="width:778px; height:80px" ><tr style="width:778px; height:80px">
    <td style="width:778px; height:80px; font-size: 9pt;" align="center" valign="middle">
    沈阳理工大学应用技术学院电话：18741379118 <br />
    邮箱：1111@163.com<br /></td> </tr> </table></div> </div></form>
```

母版页 MasterPage.master 的设计效果如图 4.4 所示。

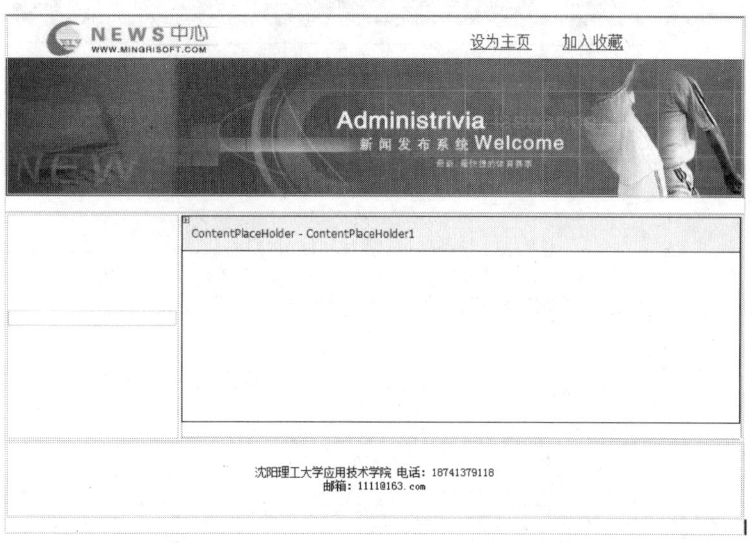

图 4.4　母版页 MasterPage.master 的设计效果图

2. Top.master

创建 Top.master 母版页，母版页的源视图下的主要代码如下：

```
    <form id="form1" runat="server"><div style="width:778px;">
     <table id="t1" style="width:778px; height:188px; background-image: url(images/新闻发布系统首页 1.jpg);"><tr><td></td></tr></table><div style="width:100%; height:auto;">
    菜单项</div><div style="width:100%; height:auto;">
        <asp:contentplaceholder id="ContentPlaceHolder1" runat="server">
        </asp:contentplaceholder></div><div style="width:100%; height:80px"><table style="width:778px; height:80px" ><tr style="width:778px; height:80px"><td style="width:778px; height:80px; font-size: 9pt;" align="center" valign="middle">沈阳理工大学应用技术学院  电话：18741379118 <br />邮箱：moon1202@yahoo.cn<br /></td></tr></table></div></div></form>
```

Top.master 母版页的设计效果如图 4.5 所示。

3. admin.master

创建 admin.master 母版页，母版页的源视图下的主要代码如下。

```
    <form id="form1" runat="server"><div><table style="text-align:center; width: 780px">
     <tr><td colspan="3"><asp:Image ImageUrl="~/images/新闻发布系统首页 1.jpg" ID="Image1" runat="server" /></td></tr>
```

```
<tr><td colspan="1" style="width:30%">  </td>
<td colspan="2" style="width:70%"><asp:ContentPlaceHolder ID="Content PlaceHolder1"
runat="server"></asp:ContentPlaceHolder></td></tr>
<tr><td colspan="3">欢迎光临！ </td></tr></table></div></form>
```

图 4.5　Top.master 母版页设计效果图

admin.master 母版页的设计效果如图 4.6 所示。

图 4.6　admin.master 母版页设计效果图

4.4.2　任务 2：信息发布网站主题应用

主题中主要包含 2 个部分，一个是外观文件的应用，一个是 CSS 级联样式表的应用。

(1) 主题的应用。

在表现层中，单击右键，添加 ASP.NET 文件夹，选中主题项，即可以在本项目中添加主题文件。添加主题如图 4.7 所示。

在本项目中添加主题文件名为 Blue，如图 4.8 所示。

图 4.7　添加主题界面

图 4.8　Blue 主题

一个主题文件中可以包含：外观文件、CSS 和图片等，但是至少要包含一个外观文件。在本主题中添加一个外观文件和一个级联样式表。

主题的应用可以分为只在一个窗体上应用和在本网站中应用两种情况。

第一种情况，只在一个窗体上应用。这种情况的主题应用，可以在窗体的@Page 指令中添加 Theme="blue"，即可以应用主题。

第二种情况，在本网站中应用主题。这种情况的主题应用，需要在 web.config 文件中添加 <pages theme="blue"></pages>。

(2) 外观文件的应用。

在 Blue 主题中添加一个名为 blue.skin 的外观文件，添加如下内容。

```
    <asp:TextBox SkinId="t1" runat="server" Style="font-weight: bold; color: #0000ff;font-family: 幼圆; background-color: #ffffcc"></asp:TextBox>
    <asp:TextBox runat="server" Style="color: #660066; font-family: 微软雅黑;
                background-color: #ccffff"></asp:TextBox>
```

在一个外观文件中，一种控件的外观样式如果有多种，那么只能有一种是默认外观，其他的样式都是命名外观，即只有一种样式的标记中无 SkinId 属性，其他样式的标记中必须有 SkinId 属性，且属性值不能相同。

在应用时，如果所有的 TextBox 文本框都不设置 SkinId 属性的话，那么所有的文本框都将采用默认外观的样式，如果要选择 t1 的样式，那么需要设置 TextBox 的属性 SkinId 的值为 t1。

(3) CSS 的应用。

在主题中添加一个名为 blue.css 的级联样式表，CSS 中添加的内容如下所示。

```
body
{
    background-color: #cccccc;
}
.text
{
    font-style: italic;
    font-weight: bold;
}
```

在 CSS 中可以对已有的 HTML 标记进行样式设置，也可以自己定义类来设计新的样式。

如果想要选中 text 类的样式，那么可以在控件的属性中选择 CssClass 属性，设置为 text 即可采用 CSS 中设置 text 类的样式。

4.5 本项目实施过程中可能出现的问题

本项目的实施内容，主要是创建三个母版页，其中两个是针对普通用户所使用的，另外一个是为管理员所设计的母版页。并且为普通用户应用的界面设计了主题、外观文件和 CSS 级联样式表。在本项目实施的过程中，或多或少会存在一些问题。主要问题如下所述。

(1) 母版页中的占位符问题。

在项目的实施过程中，很多人对母版页的应用不是很好。主要问题是，大家忽略了母版页中占位符控件的含义。在母版页中，占位符以外的所有设计部分都会在应用了该母版页的所有内容页中显示出来，而且会变成灰色的内容，是不允许在内容页中修改的。还有一个需要注意的问题就是，在母版页中占位符里是什么都不可以设计的，否则添加了内容页以后，在占位符中设计的内容都不会再显示了。

(2) 外观文件中的 HTML 标记的问题。

在项目的实施过程中，在外观文件中会存在一些问题。例如在外观文件中，任何控件都不允许有 ID 属性，很多时候大家会忽视这个属性的设置。另外，在外观文件中不可以存在 HTML 标记，比如<html>、
、 ；等标记，这样都会出错。因此在设计的过程中，一定要仔细，避免出错。

(3) CSS 级联样式表的设计问题。

在设计级联样式表的时候，很多人会对 CSS 中的很多属性不理解，其实可以采用“样式生成器”，通过选择的方式来添加 CSS 中的属性值。这种做法第一可以避免很多人对 CSS 中属性设置的概念模糊，第二可以避免出现属性名错误的问题。

4.6 后续项目

信息发布网站的母版页、表格、DIV 和主题设计完成之后，要设计应用在母版页上的常用的功能模块，这些模块的设计和实现可以使用用户控件来完成。

子项目 5：网站用户控件的创建

5.1 项目任务

1. 在本子项目中要完成的任务

(1) 用户登录和显示模块。

(2) 新闻统计模块。

(3) 热门新闻和新闻搜索模块。

(4) 后台功能模块。

2. 具体任务指标

(1) 创建 Login.ascx 用户控件，可以实现用户登录和用户信息显示。

(2) 创建 Count.ascx 用户控件，用来统计信息发布网站中新闻栏目的名称，以及每个栏目下的新闻个数。

(3) 创建 HotNews.ascx 用户控件，可以根据“新闻标题”和“新闻内容”进行模糊查询新闻内容，以及显示点击率最高的 *N* 条新闻标题和点击率。

(4) 创建 Left.ascx 用户控件，列出管理员可以操作的各项功能，每个功能都链接相应的界面。

5.2 项目的提出

信息发布网站的母版页设计完成之后，需要设计一些在很多窗体中经常使用的功能模块，可以将这些模块应用在母版页上，因此可以将这些在多个窗体上使用的功能模块设计为用户控件。

除了在 ASP.NET 网页中使用 Web 服务器控件外，还可以像创建 ASP.NET 网页一样创建自定义控件，然后在不同网页中重复使用。这些控件称作用户控件。

用户控件是一种复合控件，工作原理非常类似于 ASP.NET 网页。可以向用户控件添加现有的 Web 服务器控件和标记，并定义控件的属性和方法。然后将控件嵌入 ASP.NET 网页中充当一个单元，并且可以在多个网页上重复使用。

用户控件与完整的 ASP.NET 网页（.aspx 文件）很相似，同时具有用户界面页（.ascx）和代码，为 Web 开发人员提供捕获常用 Web UI 的简便方法。因此，可以采取与创建网页相似的方式创建用户控件：首先添加所需的标记和子控件，然后添加对控件所包含内容进行操作（包括执行数据绑定等任务）的代码。

5.3 实施项目的预备知识

1．预备知识的重点内容

(1) 理解自定义控件的使用方法。

(2) 掌握用户控件的定义、特征、创建方法和应用方式。

2．关键术语

(1) 虚拟路径：当使用 Dreamweaver 将文件上传到远程服务器后，这些文件驻留在服务器本地目录树中的某一个文件夹中。例如，在运行 MicrosoftIIS 的服务器上，主页的路径可能是 C:\Inetpub\wwwroot\accounts\users\jsmith\index2.htm，此路径通常称为文件的物理路径。但是，用来打开文件的 URL 并不使用物理路径。它使用服务器名称或域名，后接虚拟路径。在为服务器端组件编程时，很可能要从相对于 Web 根的路径来取得某个文件的真实路径，但此文件实际上在站点的一个虚拟路径上。

(2) 继承：是指一个对象直接使用另一对象的属性和方法。

3．预备知识的内容结构

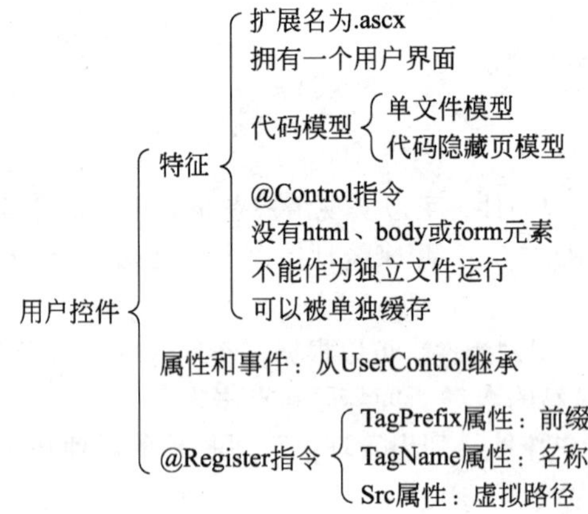

5.3.1 用户控件概述

用户控件（User Control）使用编写 Web Form 页面的技术来进行开发。事实上，普通的 Web Form 程序稍加修改就可以成为用户控件，当一个 Web Form 程序被当作 Server 控件使用时，这个 Web Form 程序便称为“用户控件”。用户控件的扩展名为 ascx，这样可以保证用户控件不会被误认为独立的 Web Form 页面。用户控件的类型是 System.Web.UI.UserControl，它直接从 System.Web.UI.Control 继承而来。

如果需要个性化的控件，除了用户控件外，ASP.NET 还提供了一种方法，即自定义控件（Custom Control）。编写自定义控件实际上是编写一个新的 Server 控件，这需要很多的编程知识。

用户控件一般具有以下特征。

(1) 用户控件的文件扩展名为.ascx，可以和网页扩展名（.aspx）很好地区别。

(2) 用户控件拥有一个用户界面，它通常是由 Web 服务器控件和包含在其中的 HTML 控件构成。

(3) 用户控件的代码模型和网页的一致，包括单文件模型和代码隐藏页模型。

(4) 用户控件中没有@Page 指令，而是包含@Control 指令，该指令对配置及其他属性进行定义。

(5) 用户控件中没有 html、body 或 form 元素，这些元素必须位于宿主页中。

(6) 当使用代码隐藏页模型时，用户控件从 System.Web.UI.UserControl 类派生，并继承一些属性和方法。

(7) 用户控件不能作为独立文件运行，而必须将其添加到 ASP.NET 页中。

(8) 用户控件可以被单独缓存，从而提高性能。

5.3.2 UserControl 类

UserControl 类与具有.ascx 扩展名的文件相关联，这些文件在运行时被编译为 UserControl 对象，并被缓存在服务器内存中。如果要使用代码隐藏技术创建用户控件，将从该类派生。

用户控件派生自 System.Web.UI.UserControl 类，所以用户控件将继承 UserControl 的属性和方法。

5.3.3 用户控件的属性和事件

1. 属性

用户控件将从 UserControl 继承一些属性，具体如表 5.1 所示。

表 5.1 用户控件的属性

属 性 名 称	说 明
Application	获取当前 Web 请求的 System.Web.HttpContext.Application 对象
Attributes	获取在.aspx 文件中的用户控件标记中声明的所有属性名和值对的集合
Cache	获取与包含用户控件的应用程序关联的 System.Web.Caching.Cache 对象
CachePolicy	获取对该用户控件的缓存参数集合的引用
IsPostBack	获取一个值，该值指示是正在响应客户端回发而加载用户控件，还是在第一次加载和访问用户控件
Request	获取当前 Web 请求的 System.Web.HttpRequest 对象
Response	获取当前 Web 请求的 System.Web.HttpResponse 对象
Server	获取当前 Web 请求的 System.Web.HttpServerUtility 对象
Session	获取当前 Web 请求的 System.Web.SessionState.HttpSessionState 对象
Trace	获取当前 Web 请求的 System.Web.TraceContext 对象
EnableTheming	获取或设置一个布尔值，该值指示主题是否应用于派生自 TemplateControl 类的控件
EnableViewState	获取或设置一个值，该值指示服务器控件是否向发出请求的客户端保持自己的视图状态以及它所包含的子控件的视图状态
ClientID	获取由 ASP.NET 生成的服务器控件标识符
Controls	获取 ControlCollection 对象，该对象表示 UI 层次结构中指定服务器控件的子控件
ID	获取或设置分配给服务器控件的编程标识符
Page	获取对包含服务器控件的 Page 实例的引用
Visible	获取或设置一个值，该值指示服务器控件是否作为 UI 呈现的页上
UniqueID	获取服务器控件的唯一的、以分层形式限定的标识符

另外，还可以为用户控件添加一个或多个自定义属性。

2. 事件

用户控件将从 UserControl 继承一些事件。具体如表 5.2 所示。

表 5.2 用户控件的事件

事 件 名 称	说　明
AbortTransaction	当用户中止事务时发生
CommitTransaction	当事务完成时发生
DataBinding	当服务器控件绑定到数据源时发生
Disposed	当从内存释放服务器控件时发生，这是请求 ASP.NET 页时服务器控件生存期的最后阶段
Error	当引发未处理的异常时发生
Init	当服务器控件初始化时发生；初始化是控件生存期的第一步
Load	当服务器控件加载到 Page 对象中时发生
PreRender	在加载 Control 对象之后、呈现之前发生
Unload	当服务器控件从内存中卸载时发生

另外，用户控件包含 Web 服务器控件时，可以在用户控件中编写代码来处理其子控件触发的事件。例如，如果用户控件包含一个 Button 控件，则可以在用户控件中为该按钮的 Click 事件创建处理程序。

默认情况下，用户控件中的子控件触发的事件对于宿主页不可用。但是，可以为用户控件定义事件并触发这些事件，以便将子控件触发的事件通知宿主页。进行此操作的方式与定义任何类的事件一样。

5.3.4 创建用户控件

在 VS 2005 的 IDE 中，创建用户控件的步骤与创建 Web 窗体页的步骤非常相似。通过在设计视图上添加 ASP.NET 服务器控件、HTML 和静态文本、绑定数据以及编写代码来处理控件触发的事件，以可视的方式设计 UI。

下面将创建一个完整的用户控件，该控件显示一个文本框和两个带箭头的按钮，用户可以单击这两个按钮来增加或减少文本框中的值。

(1) 首先，打开“添加新项”对话框，以代码隐藏页模型新增一个用户控件 WebUser Control.ascx。在 WebUserControl.ascx 文件中，相应代码如下。

```
<%@ Control Language="C#" AutoEventWireup="true" CodeFile="WebUserControl.ascx.cs"
Inherits="WebUserControl" %>
```

从上面的代码可以看出，该语法结构和网页的@Page 指令十分相似，不过此处用的指令是@Control。很显然，这时控件还没有任何内容，下面将像给网页添加控件一样为控件添加一个文本框控件和两个按钮，并分别简单地设置它们的一些属性。代码如下。

```
<asp:TextBox ID="TextBox1" runat="server" Height="23px" Width="67px"
Enabled="False" ReadOnly="True"></asp:TextBox>
<asp:Button ID="Button1" runat="server" Text="^" OnClick="Button1_Click" />
<asp:Button ID="Button2" runat="server" Text="v" OnClick="Button2_Click" />
```

需要注意的是，该文件和网页文件最大的不同是它没有<head/>、<body/>和<form/>等元素。

切换到设计视图，查看该控件的 UI 呈现。界面呈现效果如图 5.1 所示。

(2) 在 VS 2005 的 IDE 中，用户控件的设计是可视化的。切换到代码隐藏页 WebUserControl.ascx.cs 文件，添加功能代码。

图 5.1　用户控件的 UI 界面

与页面一样，用户控件会在每次回发时被重新初始化。因此，在先后进行的回发之间，属性值必须存储在一个持久性的位置，而属性值通常是存储在视图状态下的 currentNumber 变量中。代码如下所示。

```
protected void Page_Load(object sender, EventArgs e)
{
    if (IsPostBack)
         m_currentNumber = Int16.Parse(ViewState["currentNumber"]. ToString());
    else
         m_currentNumber = this.MinValue;
    DisplayNumber();
}
```

(3) 定义三个私有成员，分别代表微调控件可表示的最小值、最大值和当前值，并设置三个私有变量的初值。代码如下所示。

```
private int m_minValue = 0;
private int m_maxValue = 100;
private int m_currentNumber = 0;
```

(4) 添加三个公共属性，CurrentNumber 只有 get 访问器，而 MinValue 和 MaxValue 都具有 set 和 get 访问器，表明在设计时可以修改 MinValue 和 MaxValue 属性，而 CurrentNumber 只能在运行时访问。用户控件中的属性必须是公共的。在此示例中，三个属性都是使用 get 或 set 访问器创建的，旨在使控件能检查是否存在超出可接受范围的值。但是，也可以通过简单声明一个公共成员来创建属性。代码如下所示。

```
public int MinValue
{
     get
     {
         return m_minValue;
     }
     set
     {
         if (value >= this.MaxValue)
              throw new Exception("MinValue 必须小于 MaxValue");
         else
              m_minValue = value;
     }
 }
 public int MaxValue
 {
      get
      {
```

```
            return m_maxValue;
        }
        set
        {
            if (value <= this.MinValue)
                throw new Exception("MaxValue 必须大于 MinValue");
            else
                m_maxValue = value;
        }
    }
    public int CurrentNumber
    {
        get
        {
            return m_currentNumber;
        }
    }
```

（5）添加 DisplayNumber()函数用于显示当前数值，使用 ViewState 属性将 CurrentNumber 保存在状态字典的 currentNumber 项中，可以在同一页的多个请求间保存和还原服务器控件的视图状态。代码如下所示。

```
protected void DisplayNumber()
{
    TextBox1.Text = this.CurrentNumber.ToString();
    ViewState["currentNumber"] = this.CurrentNumber.ToString();
}
```

在“^”按钮的单击事件中，如果当前的值等于最大值，那么再单击此按钮时，最大值再加 1 就返回最小值，否则，每次数值都执行加 1 操作。然后调用 DisplayNumber()方法，显示数值。代码如下所示。

```
protected void Button1_Click(object sender, EventArgs e)
{
    if (m_currentNumber == this.MaxValue)
        m_currentNumber = this.MinValue;
    else
        m_currentNumber += 1;
    DisplayNumber();
}
```

在“V”按钮的单击事件中，如果当前的值等于最小值，那么再单击此按钮时，最小值再减 1 就返回最大值，否则，每次数值都执行减 1 操作。然后调用 DisplayNumber()方法，显示数值。代码如下所示。

```
protected void Button2_Click(object sender, EventArgs e)
{
    if (m_currentNumber == this.MinValue)
        m_currentNumber = this.MaxValue;
    else
        m_currentNumber -= 1;
```

```
        DisplayNumber();
    }
```

从上面的代码可以看出，用户控件中的控件服务器端事件和网页中的控件事件声明完全一样。需要注意的是，这两个事件将不会引发到宿主页面，也就是说，这两个事件不会被使用该控件的页面所使用。

5.3.5 在页面上使用用户控件

若要使用用户控件，将其包括在 ASP.NET 网页中。当请求某个包含用户控件的页面时，在任何 ASP.NET 服务器控件所要执行的所有处理阶段中，该用户控件都将存在。因此，用户可以直接访问用户控件的属性和方法。在页面上使用用户控件，必须注意以下几点。

(1) 首先在网页中创建@Register 指令，该指令必须包含以下属性。

一个 TagPrefix 属性，该属性将前缀与用户控件相关联。此前缀将包括在用户控件元素的开始标记中。

一个 TagName 属性，该属性将名称与用户控件相关联。此名称将包括在用户控件元素的开始标记中。

一个 Src 属性，该属性定义包括的用户控件文件的虚拟路径。

(2) 在网页主体中，在 form 元素内部声明用户控件元素。

(3)（可选）如果用户控件公开公共属性，以声明方式设置这些属性。

可以直接将用户控件文件拖动到窗体上。拖动之后可以看到在窗体的源视图中产生如下代码。

```
    <%@ Register Src="WebUserControl.ascx" TagName="WebUserControl" TagPrefix="uc1"
%>  <uc1:WebUserControl  ID="WebUserControl1"  runat="server"  MaxValue="100"
MinValue="1" />
```

设置用户控件的属性 MaxValue 和 MinValue 的值。文本框的初始值为 1，当单击“^”按钮时，页面被提交，文本框的内容自动累加后变成了 2，单击“V”按钮，文本框内容递减变成 0。

5.4 项目实施

5.4.1 任务 1：用户登录和显示模块

用户登录控件 Login.ascx，是使用用户控件来实现的。Login.ascx 用户控件的界面如图 5.2 所示，设计界面中的代码如下所示。

```
    <%@  Control  Language="C#"  AutoEventWireup="true"  CodeFile="Login.ascx.cs"
Inherits="Login" %><table id="login1" style="width:173px" runat="server"><tr>
    <td  style="height: 208px"><asp:Label  ID="Label1"  runat="server"  BackColor=
"#8080FF"  Font-Bold="True"  Height="20px"  Text="用户登录"  Width="173px"  style=
"text-align: center"></asp:Label> <br /> <br />
    用户：<asp:TextBox ID="TextBox1" runat="server" Width="118px"> </asp:TextBox>
<br />
    密码：<asp:TextBox  ID="TextBox2"  runat="server"  Width="118px"  TextMode=
"Password">
    </asp:TextBox><br /> <br /><asp:Button ID="Button1" runat="server" Text=
"登录" OnClick="Button1_Click" />  <asp:Button ID="Button2" runat="server"
```

```
Text="取消" OnClick="Button2_Click" /><br /><br />     
    <asp:LinkButton ID="LinkButton1" runat="server">新用户注册</asp:LinkButton> <br />
    </td></tr></table><br /><table id="login2" style="width:173px" runat="server">
<tr><td>
    <asp:Label ID="Label2" runat="server" BackColor="#8080FF" Height="20px"
Style="font-weight: bold;text-align: center" Text="用户信息" Width="173px">
</asp:Label><br /><br /> 用户：<asp:Label ID="Label3" runat="server">
</asp:Label>您好！<br />
       欢迎您来到本站！<br />   
    <asp:LinkButton ID="LinkButton2" runat="server">发布新闻信息</asp:LinkButton>
<br />
    <br />   <asp:LinkButton ID="LinkButton3" runat="server">个人管
理中心</asp:LinkButton><br /><br />     
    <asp:LinkButton ID="LinkButton4" runat="server" OnClick="LinkButton4_Click">
退出登录</asp:LinkButton><br /><br /></td></tr></table>
```

用户登录控件 Login.ascx 界面中，包含了两个部分，对于没有登录的用户看到的是用户登录部分，对于已经登录的用户看到的是用户信息部分，并且显示登录的用户名字。

用户登录控件 Login.ascx 的代码隐藏页中，首先实例化 MODEL 的 UserInfo 类的对象，实例化 BLL 的 UserLogic 类的对象，代码如下所示。

```
MODEL.UserInfo M_userinfo = new MODEL.UserInfo();
BLL.UserLogic B_userlogic = new BLL.UserLogic();
```

定义两个变量，一个是开关变量，为静态的整型变量，初值为 0；另一个是静态的字符型变量，用来存储用户姓名。代码如下所示。

```
static int KKK = 0;
static string KKName = "";
```

在窗体上有两个 table 控件，如果开关变量为 0 时，那么 login1 的 table 控件显示，login2 的 table 控件不显示。否则进行相反操作，并且将用户姓名保存在 Session 中，以及显示在 Label3 标签中。代码如下所示。

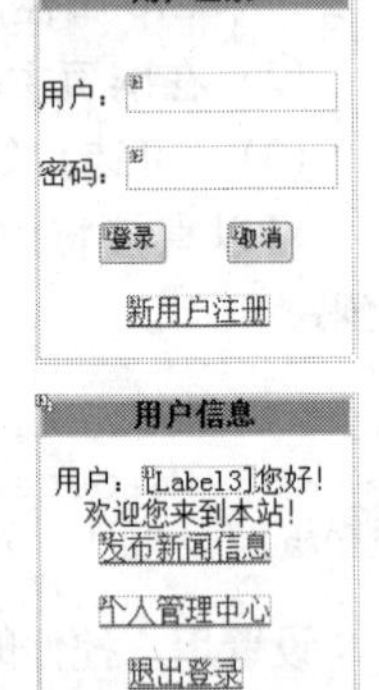

图 5.2　用户登录控件 Login.ascx

```
protected void Page_Load(object sender, EventArgs e)
{
    if (!Page.IsPostBack)
    {
        if (KKK == 0)
        {
            this.login1.Visible = true;
            this.login2.Visible = false;
        }
        else
        {
            this.login1.Visible = false;
            this.login2.Visible = true;
            Session["username"] = KKName;
            Label3.Text = KKName;
        }
    }
}
```

“登录”按钮的单击事件中，首先获取 TextBox1 的内容赋值给 MODEL 的 UserInfo 类的对象的 UserName 属性，获取 TextBox2 的值进行 MD5 加密之后赋值给 MODEL 的 UserInfo 类的对象的 Password 属性。如果两个文本框中有一个为空的话，那么利用 Response.Write() 方法弹出错误消息。否则，通过调用 BLL 的 UserLogic 类的 AdminLogin()方法，当前用户存在且 Lever='管理员'时执行该语句，跳转到管理页面；通过调用 BLL 的 UserLogic 类的 UserLogin()方法，当前用户存在且 Lever ='普通用户'时执行该语句，并将 id=login1 的 table 的 Visible 属性设置为 false，在代码中添加如下设置：login1.Visible=false;login2.Visible=true。代码如下所示。

```
protected void Button1_Click(object sender, EventArgs e)
{
    M_userinfo.UserName = TextBox1.Text.Trim();
    M_userinfo.Password = FormsAuthentication.HashPasswordForStoringInConfigFile
    (TextBox2.Text.Trim(), "MD5");
    if (TextBox1.Text == "" || TextBox2.Text == "")
    {
       Response.Write("<script language=javascript>alert('请输入必要信息! ');
    history.back();</script>");
    }
    else
    {
       if (TextBox1.Text != "" && TextBox2.Text != "")
       {
           if (B_userlogic.AdminLogin(M_userinfo) > 0)
           {
                Session["admin"] = M_userinfo.UserName.ToString();
                Response.Redirect("Default.aspx");
           }
           else if (B_userlogic.UserLogin(M_userinfo) > 0)
           {
                login1.Visible = false;
                login2.Visible = true;
                KKK = 1;
                KKName = TextBox1.Text.ToString();
                Label3.Text = KKName;
                Session["username"] = KKName;
                Response.Redirect("Default2.aspx");
           }
           else
           {
                Response.Write("<script language=javascript>alert('账号错
误! ');history.back();</script>");
           }
       }
    }
}
```

“取消”按钮的单击事件中，清空 TextBox1 和 TextBox2 中的内容，并且设置开关变量为 0，然后调用 Session 的 Clear()方法，可以清空系统中 Session 会话状态中保存的内容。代码如下所示。

```
protected void Button2_Click(object sender, EventArgs e)
{
    TextBox1.Text = "";
    TextBox2.Text = "";
    KKK = 0;
    TextBox1.Focus();
    Session.Clear();
}
```

“退出登录”按钮的单击事件中，清空 TextBox1 和 TextBox2 中的内容，并且设置开关变量为 0，然后调用 Session 的 Clear()方法，可以清空系统中 Session 会话状态中保存的内容，并且设置名为 login1 的 table 表显示，名为 login2 的 table 表不显示。代码如下所示。

```
protected void LinkButton4_Click(object sender, EventArgs e)
{
    login1.Visible = true;
    login2.Visible = false;
    KKK = 0;
    TextBox1.Text = "";
    TextBox2.Text = "";
    KKName = "";
    TextBox1.Focus();
    Session.Clear();
}
```

“新用户注册”的按钮的单击事件中，利用 Response.Redirect()方法跳转到 UserReg.aspx 窗体。代码如下所示。

```
protected void LinkButton1_Click(object sender, EventArgs e)
{
    Response.Redirect("UserReg.aspx");
}
```

“个人管理中心”的按钮的单击事件中，利用 Response.Redirect()方法跳转到 UserCenter.aspx 窗体。代码如下所示。

```
protected void LinkButton3_Click(object sender, EventArgs e)
{
    Response.Redirect("UserCenter.aspx");
}
```

5.4.2 任务 2：新闻统计模块

前台新闻统计 Count.ascx，是使用用户控件来实现的。Count.ascx 用户控件的界面如图 5.3 所示，设计界面中的代码如下所示。

图 5.3 新闻统计 Count.ascx

```
    <table style="width:177px"><tr><td colspan="2" style= "text-align:center">
    <asp:Label ID="Label1" runat="server" Height="13px" Text="新闻统计" Width=
"170px" BackColor="Blue" Font- Bold="True"> </asp:Label> </td></tr> <tr style=
"width:177px">
    <td colspan="2"><asp:Label ID="Label2" runat="server" Font-Bold="True" Text=
"栏目名称" Width="80px"> </asp:Label>  <asp:Label ID="Label3" runat="server"
Font-Bold="True" Text="新闻条数" Width="80px"></asp:Label></td></tr><tr> <td
style="width:78px">
    <asp:Repeater ID="Repeater1" runat="server"><ItemTemplate><table style=
"width:78px"><tr>
    <td style="font-size:12pt"><%# DataBinder.Eval(Container.DataItem,"Name")
%></td></tr>
    </table></ItemTemplate></asp:Repeater></td><td>
    <asp:Repeater ID="Repeater2" runat="server"><ItemTemplate><table style=
"width:95px"><tr>
    <td style="font-size:12pt">共<%# DataBinder.Eval(Container.DataItem, "NewsCount")
%>条</td></tr></table></ItemTemplate></asp:Repeater></td></tr></table>
```

前台新闻统计 Count.ascx 界面中，使用了两个 Repeater 控件，第一个 Repeater 控件利用 DataBinder.Eval(Container.DataItem,"Name") 语句，用来绑定 Name 字段的值；第二个 Repeater 控件利用 DataBinder.Eval(Container.DataItem,"NewsCount")语句，用来绑定 NewsCount 字段的值。

实例化 BLL 的 BigClassLogic 类的对象，代码如下所示。

```
BLL.BigClassLogic B_bigclass = new BLL.BigClassLogic();
```

在用户控件加载的过程中，调用自定义方法 GetBigClass()和 GetNewsCount()。代码如下所示。

```
protected void Page_Load(object sender, EventArgs e)
{
    if (!Page.IsPostBack)
    {
          GetBigClass();
          GetNewsCount();
    }
}
```

自定义 GetBigClass()方法，通过调用 BLL 的 BigClassLogic 类的 GetBigClass()方法来获取栏目的名称，作为 Repeater1 控件的数据源，并且利用 DataBind()方法将获取的栏目名称绑定到 Repeater1 控件上。自定义 GetBigClass()方法的代码如下所示。

```
public void GetBigClass()
{
    Repeater1.DataSource = B_bigclass.GetBigClass();
    Repeater1.DataBind();
}
```

自定义 GetNewsCount()方法，通过调用 BLL 的 BigClassLogic 类的 GetNewsCount()方法来获取栏目下的新闻总条数，作为 Repeater2 控件的数据源，并且利用 DataBind()方法将获取栏目下的新闻总数绑定到 Repeater2 控件上。自定义 GetNewsCount()方法的代码如下所示。

```
public void GetNewsCount()
{
```

```
        Repeater2.DataSource = B_bigclass.GetNewsCount();
        Repeater2.DataBind();
    }
```

5.4.3 任务 3：热门新闻和新闻搜索模块

前台热门新闻和新闻搜索 HotNews.ascx，是使用用户控件来完成的。HotNews.ascx 用户控件的界面设计如图 5.4 所示，界面的源视图中的代码如下所示。

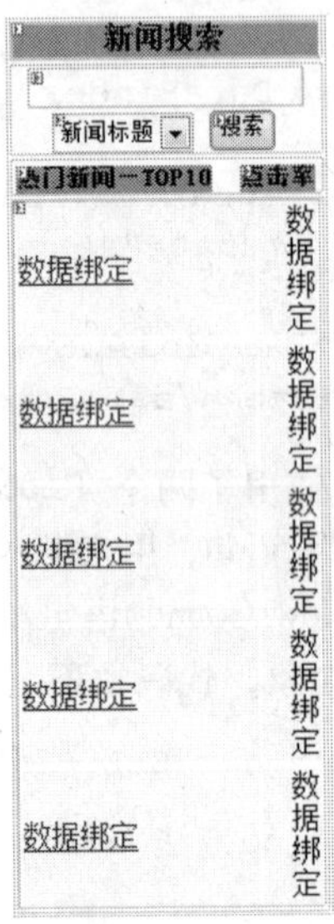

图 5.4 热门新闻和新闻搜索 HotNews.ascx

```
    <table id="new1" style="width:178px; height:auto;"> <tr><td align="center"
valign="middle">
    <asp:Label ID="Label1" runat="server" BackColor= "#8080FF" Font-Bold="True"
Height="20px" Text="新闻搜索" Width="173px" ></asp:Label> </td> </tr><tr><td
align="center" valign="middle"> <asp: TextBox ID= "TextBox1" runat="server"> </asp:
TextBox> <br />
    <asp:DropDownList ID="DropDownList1" runat="server"> <asp:ListItem
Selected="True" Value="title">新闻标题</asp:ListItem><asp:ListItem Value=
"newinfo">新闻内容</asp:ListItem> </asp:DropDownList>  <asp:Button ID=
"Button1" runat="server" Text="搜索" OnClick= "Button1_Click" /></td></tr> <tr><td
align="center">
    <asp:Label ID="Label2" runat="server" BackColor="#8080FF" Font-Bold="True"
Font-Size="10pt" Text="热门新闻-TOP10"> </asp:Label> <asp:Label ID="Label3"
runat="server" BackColor="#8080FF" Font-Bold="True" Font-Size="10pt" Text="点
击率"></asp:Label></td></tr><tr><td style="font-size:12pt">
    <asp:Repeater ID="Repeater1" runat="server"><ItemTemplate><table>
    <tr style="background-color: #ffffcc; font-size:12pt"><td style="width:80%;"
align="left" onmouseover="style.backgroundColor='Yellow'" onmouseout= "style.
backgroundColor='#ffffcc'">
    <a href='ListView.aspx?cid=<%# DataBinder.Eval(Container.DataItem,"N_id")
%>' title="<%# DataBinder.Eval(Container.DataItem,"Title") %>" target= "_blank"><%#
cutString(DataBinder.Eval(Container.DataItem,"Title").ToString(),10) %></a> </td>
<td style="width:20%; height:22px" align="right"><%# DataBinder. Eval (Container.
```

```
DataItem,"Hit")  %></td></tr></table></ItemTemplate>  </asp:  Repeater>  </td>
</tr></table>
```

前台热门新闻和新闻搜索 HotNews.ascx 界面中，使用了一个 Repeater 控件，控件中绑定了 2 个字段的值，分别利用<%# DataBinder.Eval(Container.DataItem,"Title") %>和<%# DataBinder.Eval(Container.DataItem,"Hit") %>语句绑定 Title 和 Hit 字段的值，并且利用<%# DataBinder.Eval(Container.DataItem,"N_id") %>语句绑定 N_id 的值进行窗体变量的传递。

前台热门新闻和新闻搜索 HotNews.ascx 代码隐藏页中，首先实例化 BLL 的 NewsLogic 类的对象，以及 DAL 的 FormatString 类的对象，代码如下所示。

```
BLL.NewsLogic B_news = new BLL.NewsLogic();
DAL.FormatString D_fstring = new DAL.FormatString();
```

在用户控件的页面加载事件中，通过调用 BLL 的 NewsLogic 类的 GetDataTopNHits(10)方法来获取点击率最高点的前 10 条新闻，并且将获取的数据作为 Repeater1 控件的数据源，利用 DataBind()方法绑定到 Repeater1 控件上。代码如下所示。

```
protected void Page_Load(object sender, EventArgs e)
{
    if (!Page.IsPostBack)
    {
         this.Repeater1.DataSource = B_news.GetDataTopNHits(10);
         this.Repeater1.DataBind();
    }
}
```

自定义方法 cutString()，方法的返回值为字符串类型，方法中有 2 个参数，一个是字符串类型参数，一个是整型参数。通过调用 DAL 的 FormatString 类的 CutString()来截取第一个参数 str 字符串中前 len 个数的字符串，代码如下所示。

```
public string cutString(string str, int len)
{
    return D_fstring.CutString(str, len);
}
```

“搜索”按钮的单击事件中，如果文本控件中的内容为空时，那么利用 Response.Write()方法弹出错误消息。否则可以利用 Response.Redirect()方法跳转到 Search.aspx 窗体，并且将文本框 TextBox1 的内容作为第一个传递值，将下拉列表框 DropDownList1 的选中的值作为第二个传递值，利用查询字符串的形式传递给 Search.aspx 窗体 2 个变量的值。代码如下所示。

```
protected void Button1_Click(object sender, EventArgs e)
{
    if (this.TextBox1.Text.Equals(""))
    {
         Response.Write("<script language=javascript>alert('请输入关键字！');
</script>");
    }
    else
{Response.Redirect("Search.aspx?key="+TextBox1.Text.ToString()+"&type="+
DropDownList1.SelectedValue.ToString());
    }
}
```

5.4.4 任务 4：后台功能控件

在后台功能用户控件 Left.ascx 中，主要列出了管理员可以操作的各项功能，每个功能都链接相应的界面。Left.ascx 中的源视图内容如下所示，设计的效果如图 5.5 所示。

新闻发布后台管理系统
菜单栏
新闻管理
管理现有新闻
发布新闻内容
审核最新新闻
管理新闻评论

类别管理
管理新闻类别

用户管理
管理系统用户

其他操作
返回管理主页
返回系统主页

图 5.5　后台功能用户控件

```
<div><table style="width:240px"><tr><td align="center">新闻发布后台管理系统
<br  /> 菜 单 栏 </td></tr><tr><td  align="center"> 新 闻 管 理 </td></tr><tr><td
style="height:  21px;  background-color:#42bd0b"onmouseover="style.background
Color='#d0dc0a' " onmouseout="style.backgroundColor='#42bd0b'">
    <div style="text-align:center; vertical-align:middle"><a href="admin_ NewsList.
aspx" target="_parent">管理现有新闻</a></div></td></tr><tr><td style= "height:21px;
background-color:#42bd0b"onmouseover="style. backgroundColor= '#d0dc0a'"
    onmouseout="style.backgroundColor='#42bd0b'">
    <div style="text-align:center; vertical-align:middle">
    <a href="admin_AddNews.aspx" target="_parent">发布新闻内容</a></div></td>
</tr><tr>
    <td style="height:21px; background-color:#42bd0b" onmouseover= "style.
backgroundColor='#d0dc0a'"
    onmouseout="style.backgroundColor='#42bd0b'">
    <div style="text-align:center; vertical-align:middle">
    <a href="admin_CheckNews.aspx" target="_parent">审核最新新闻</a></div></td>
</tr><tr>
    <td style="height:21px; background-color:#42bd0b"
    onmouseover= "style. backgroundColor='#d0dc0a'"
    onmouseout="style.backgroundColor='#42bd0b'">
    <div style="text-align:center; vertical-align:middle">
    <a href="admin_Comments.aspx" target="_parent">管理新闻评论</a></div> </td>
</tr><tr><td align="center"><br />类别管理</td></tr><tr>
    <td style="height:21px; background-color:#42bd0b" onmouseover= "style.
backgroundColor='#d0dc0a'"
    onmouseout="style.backgroundColor='#42bd0b'">
    <div style="text-align:center; vertical-align:middle">
    <a href="admin_BigClass.aspx" target="_parent">管理新闻类别</a></div></td>
</tr><tr><td align="center"><br />用户管理</td></tr><tr>
    <td style="height:21px; background-color:#42bd0b"
    onmouseover= "style. backgroundColor='#d0dc0a'"
```

```
    onmouseout="style.backgroundColor='#42bd0b'">
    <div style="text-align:center; vertical-align:middle">
    <a href="admin_AllUsers.aspx" target="_parent">管理系统用户</a></div></td>
</tr><tr>
    <td align="center"><br />其他操作</td></tr><tr>
    <td style="height:21px; background-color:#42bd0b"
    onmouseover="style. backgroundColor='#d0dc0a'"
    onmouseout="style.backgroundColor='#42bd0b'">
    <div style="text-align:center; vertical-align:middle"><a href="admin_ Default.
aspx" target="_parent">返回管理主页</a></div></td></tr><tr>
    <td style="height:21px; background-color:#42bd0b"
    onmouseover="style. backgroundColor='#d0dc0a'"
    onmouseout="style.backgroundColor='#42bd0b'">
    <div style="text-align:center; vertical-align:middle">
    <a href="../Default2.aspx" target="_parent">返回系统主页</a></div></td></tr>
</table></div>
```

后台功能用户控件 Left.ascx 中，每一个内容都作为超链接使用，链接到不同的模块窗体中，并且每一个内容都做了颜色的变化。

5.5 本项目实施过程中可能出现的问题

本项目的实施内容，主要是创建 4 个用户控件，分别实现用户登录、新闻统计、新闻搜索和管理员管理功能。但是在创建用户控件的过程中，或多或少会出现一些问题。主要问题如下所述。

（1）用户控件的应用问题。

用户控件创建完成功能之后，因为用户控件本身不能作为单独的文件浏览，因此需要将用户控件应用到窗体或者母版页中。在应用中，很多时候会出现程序循环引用，原因是将用户控件拖拽到用户控件中，这会产生一个循环，导致错误的引用。

（2）会话状态变量的意义。

会话状态 Session 在本项目中主要用来保存登录用户的用户名，Session 是一个局部变量，针对每一个客户端都会产生一个 Session 会话状态。但是需要注意的问题是，保存在 Session 中的变量名，在不同的页面之间要保证统一。

5.6 后续项目

信息发布网站所有的用户控件设计完成之后，接下来要设计的是用户注册，在这个功能模块中，用户输入的内容必须符合一定的要求，可以利用验证控件来进行验证。

子项目 6：网站信息验证功能

6.1 项目任务

1. 本子项目完成的任务

(1) 用户注册模块。

(2) 用户修改信息模块。

2. 具体任务指标

(1) 设计用户注册界面，其中要应用验证控件保证用户注册信息的合理性。

(2) 设计用户修改信息界面，其中要保证密码和确认密码保持一致。

6.2 项目的提出

信息发布网站的用户模块，要完成用户注册和用户修改个人信息的功能。在这两个模块中，系统要求用户输入的信息内容必须符合规则，而这些规则的限定可以采用 ASP.NET 中的验证控件来完成。

输入验证是检验 Web 窗体中用户的输入是否和期望的数据值、范围或格式相匹配的过程。它可以减少等待错误信息的时间，降低发生错误的可能性，从而改善用户访问 Web 站点的体验。因此，概括起来，验证具有以下作用。

(1) 验证控件的值。

在很多情况下，我们期望用户输入的值应该符合某种类型、在一定范围内或符合一定的格式等。对于这些要求，通过能够验证控件将能很容易地实现。

(2) 错误阻塞处理。

当页面验证没有通过时，页面将不会被提交或不会被处理，直到验证通过，页面才可能被提交处理。

(3) 对欺骗和恶意代码的处理。

验证还会保护 Web 页面避免两种威胁：欺骗和恶意代码。当恶意用户修改收到的 HTML 页面，并返回一个看起来输入有效或已通过授权检查的值时，就发生了欺骗。由此可以看出，欺骗往往是通过绕过客户端验证来达到目的的，因此，总是运行 ASP.NET 服务器端验证将能有效地阻止欺骗。

6.3 实施项目的预备知识

1．预备知识的重点内容

（1）理解验证过程的作用。

（2）掌握验证控件的概念和作用。

（3）掌握验证控件的使用方法。

2．关键术语

（1）缓冲区：buffer，这个中文译意源自当计算机的高速部件与低速部件通信时，必须将高速部件的输出暂存到某处，以保证高速部件与低速部件的速度相吻合，后来这个意思被扩展了，成为“临时存储区”的意思。

（2）SQL 注入：就是通过把 SQL 命令插入到 Web 表单递交或输入域名或页面请求的查询字符串，最终达到欺骗服务器执行恶意的 SQL 命令的目的的行为。比如先前的很多影视网站泄露 VIP 会员密码大多就是通过 Web 表单递交查询字符暴露出来的，这类表单特别容易受到 SQL 注入式攻击。

（3）正则表达式：在计算机科学中，正则表达式是指一个用来描述或者匹配一系列符合某个句法规则的字符串的单个字符串。在很多文本编辑器或其他工具里，正则表达式通常被用来检索或替换那些符合某个模式的文本内容。许多程序设计语言支持利用正则表达式进行字符串操作。

3．预备知识的内容结构

6.3.1 验证控件的过程

当恶意用户向Web页的无输入验证的控件添加无限制的文本时，就有可能输入了恶意代码。当这个用户向服务器发送下一个请求时，已添加的代码可能对 Web 服务器或任何与之连接的应用程序造成破坏。这类问题大致包括以下两种情况。

（1）通过输入一个包含几千个字符的名字，造成缓冲区溢出从而使服务器崩溃。

（2）通过发送一个 SQL 注入脚本，来获取一些敏感信息。

验证总是运行在服务器端，但是如果客户端浏览器支持 ECMAScript（JavaScript），它也可以在客户端运行，那么在数据发送到服务器端之前，验证控件会在浏览器内执行错误检查，并立即给出错误提示，如果发生错误，则不能提交网页。出于安全考虑，任何在客户端进行的输入验证都会在服务器端再次进行验证。

在服务器端处理请求之前，验证控件会对该请求中输入控件的数据合法性进行验证，行使一个类似数据过滤器的角色，在处理 Web 页或服务器逻辑之前对数据进行验证。如果有不符合验证逻辑的数据，则中断执行并返回错误信息。图 6.1 说明了验证控件的过程。

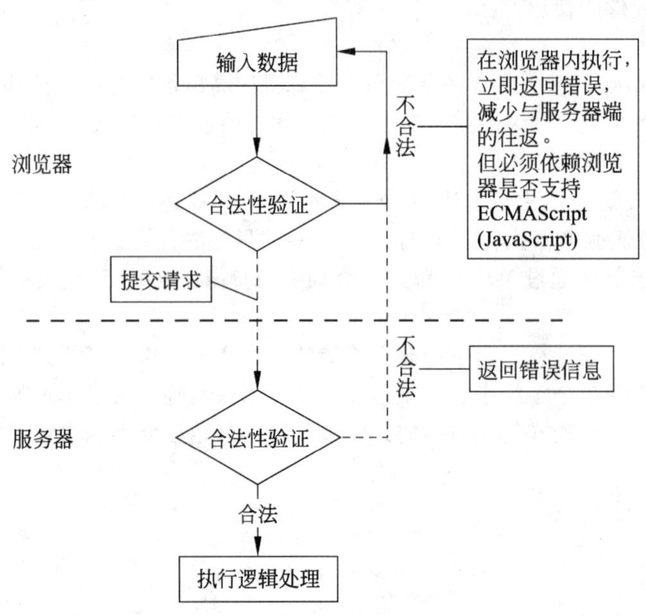

图 6.1　验证控件的过程

6.3.2　验证对象的模型

验证控件在客户端上呈现的对象模型与在服务器上呈现的对象模型几乎完全相同，但是，在页级别上公开的验证信息有所不同。比如：在服务器上，对象模型的类型为页属性；在客户端上，对象模型的类型为页全局变量。客户端和服务器端对象模型如表 6.1 所示。

表 6.1　客户端和服务器端对象模型

客户端页变量	服务器端页属性
Page_IsValid	IsValid
Page_Validators（数组），包含对页上所有验证控件的引用	Validators（集合），包含对所有验证控件的引用
Page_ValidationActive，表示是否应进行验证的布尔值。通过编程方式将此变量设置为 false 以关闭客户端验证	无等效项

在服务器端，通过使用由各个验证控件和页面公开的对象模型，可以与验证控件进行交互。每个验证控件都会公开自己的 IsValid 属性，可以测试该属性以确定该控件是否通过验证测试。页面也公开一个 IsValid 属性，该属性总结页面上所有验证控件的 IsValid 状态，该属性允许用户执行单个测试，以确定是否可以继续执行处理。在服务器端，页面还公开一个包含页面上所

有验证控件的列表 Validators 集合，用户可以依次通过这一集合来检查单个验证控件的状态。在客户端，网页将包含对执行客户端验证所用的脚本库的引用，除此之外还包含客户端方法，以便在网页提交前截获并处理 Click 事件。

6.3.3 ASP.NET 的验证类型

在 ASP.NET 中，输入验证是通过向 ASP.NET 网页添加验证控件来完成的。验证控件为所有常用的标准验证类型（如测试某范围内的有效日期或值）提供了一种易于使用的机制，以及自定义验证的方法。此外，验证控件还允许自定义向用户显示错误消息的方法。验证控件可与 ASP.NET 网页上的任何控件（包括 HTML 和 Web 服务器控件）一起使用。ASP.NET 的常规验证类型如表 6.2 所示。

表 6.2 ASP.NET 的常规验证类型

验证类型	使用的控件	说　明
必需项	RequiredFieldValidator	要求用户必需输入某一项
与某值的比较	CompareValidator	将用户输入与一个常数值、另一个控件或特定数据类型的值进行比较（使用小于、等于或大于等比较运算符）
范围检查	RangeValidator	检查用户的输入是否在指定的上下限之内，可以检查数字对、字母对和日期对限定的范围
模式匹配	RegularExpressionValidator	检查项与正则表达式定义的模式是否匹配。此类验证能够检查可预知的字符序列，如电子邮件地址、电话号码、邮政编码等内容中的字符序列
用户定义	CustomValidator	使用自己编写的验证逻辑检查用户输入。此类验证能够检查在运行时派生的值
总结控件	ValidationSummary	总结窗体上所有验证控件的错误消息

6.3.4 验证控件的对象模型

所有验证控件的对象模型基本一致，并且它们都具有一些用于验证的常见属性，验证控件的常见属性如表 6.3 所示。

表 6.3 验证控件的常见属性

属　性	说　明
Display	获取或设置验证控件中错误信息的显示行为
ErrorMessage	获取或设置验证失败时 ValidationSummary 控件中显示的错误信息的文本
Text	获取或设置验证失败时验证控件中显示的文本
ControlToValidate	获取或设置要验证的输入控件
EnableClientScript	获取或设置一个值，该值指示是否启用客户端验证
SetFocusOnError	获取或设置一个值，该值指示在验证失败时是否将焦点设置到 ControlToValidate 属性指定的控件上
ValidationGroup	获取或设置此验证控件所属的验证组的名称
IsValid	获取或设置一个值，该值指示关联的输入控件是否通过验证

6.3.5 错误信息的布局与显示

当错误信息出现在页上时，它成为页布局的一部分。因此，需要设计页的布局以放置可能出现的任何错误文本。可以通过设置验证控件的 Display 属性来控制布局，该属性的选项如表 6.4 所示。

表 6.4 Display 属性的选项

布局选项	说明
Static	即使没有可见错误信息文本，每个验证控件也将占用控件，这允许用户为页定义固定的布局。多个验证控件无法在页上占用同一空间，因此用户必须在页上给每个控件留出单独的位置。这一设置只在 Internet Explorer 4.0 或更高版本中有效，在其他浏览器中该布局将变成 Dynamic
Dynamic	除非显示错误信息，否则验证控件将不会占用空间，这允许控件共用同一个位置（例如表的单元格）。但在显示错误信息时，页的布局将会更改，有时将导致控件更改位置
None	验证控件不在页上出现

在显示错误信息时，可以通过表 6.5 的几种方式来控制显示。

表 6.5 显示错误信息的方式

显示方法	说明
内联	在控件旁边验证控件所在的位置显示错误信息
摘要	在一个涵盖所有错误的单独摘要中显示错误信息，该方式只在用户提交页时可用。或者，可以在消息框中显示错误信息，但是此选项仅在支持动态 HTML 的浏览器中可用
内联和摘要	同一个错误信息的摘要显示和内联显示可能会有所不同。用户可以使用此选项在内联显示较为简短的错误信息，而在摘要中显示较为详细的信息，也可以在输入字段旁显示错误标志符号，而在摘要中显示错误信息
自定义	用户可以创建自己的错误信息显示

如果要显示错误信息的摘要，需要将 ValidationSummary 控件添加到页面中需要显示错误信息摘要的地方，并且设置单个验证控件的 ErrorMessage 和 Display 属性。如果将单个验证控件与验证组关联，则需要对每个验证组使用一个 ValidationSummary 控件。

6.3.6 使用验证控件

1. RequiredFieldValidator 控件

在没有提交之前默认情况下验证控件并不会显示，但是，在文本输入框和按钮之间会空一段距离，这是因为验证控件的 Display 属性为 Static，验证控件占用了一定的空间。如果将属性值设置为 Dynamic，文本输入框和按钮之间就不会有距离，而是动态地改变控件的显示布局。这种显示错误信息的方式就是内联的方式。再使用一个 ValidationSummary 控件，可以看到在输入框的右边和 ValidationSummary 控件中都显示错误信息，这是以内联和摘要一起显示的方式。这种显示方式在实际应用中比较常用，通常是将验证控件的 Text 属性设置为简要信息或标记（如*），而在 ErrorMessage 中设置详细的错误信息，发生错误时在被验证控件旁边显示简要信息或标记，并在摘要中显示详细信息。RequiredFieldValidator 控件还具有一个属性（InitialValue），用来获取或设置关联的输入控件的初始值，仅当关联的输入控件在失去焦点时的值与此 InitialValue 匹配时，验证才失败。

2. CompareValidator 控件

该验证控件有几个重要属性：ControlToCompare、Operator、ValueToCompare 和 Type。ControlToCompare 用来指定需要和该验证控件所验证的空间的内容进行比较的控件。该属性可选，比如，当指定和某个常数进行比较或对验证数据进行数据类型检查时就不用设置该属性。Operator 用来指定比较规则，包括：等于、不等于、大于、大于等于、小于、小于等于和数据类型检查。ValueToCompare 用来指定将输入控件的值同某个常数值相比较，而不是比较两个输入控件的值。Type 用来指定比较值的数据类型，包括 String、Integer、Double、Date 和 Currency。

3. RangeValidator 控件

该控件有几个关键属性：MaximumValue、MinimumValue 和 type。type 属性用来指定被验证控件中的值的范围类型（包括字符串、整数、双精度、日期和货币）；MaximumValue 和 MinimumValue 两个属性则用来指定被验证控件中的值的范围。

RangeValidator 控件可检测日期。要检查的日期范围是动态指定的，所以在 Page_Load 事件中通过编程给 MaximumValue 和 MinimumValue 属性赋值。

例：用户从 Calendar 控件中选择一个日期，再填充到 TextBox 中。用户单击窗体的按钮时，系统会通知用户所选的日期是否有效。若有效，就在 Label 中显示。各事件中具体代码如下。

(1) Page_Load 事件中：

```
RangeValidator1.MinimumValue=DateTime.Now.ToShortDateString();
RangeValidator1.MaximumValue=DateTime.Now.AddDays(14).ToShortDateString();
```

(2) Calendar1_SelectionChanged 事件中：

```
TextBox1.Text=Calendar1.SelectedDate.ToShortDateString();
```

(3) Botton1_Click 事件中：

```
if(Page.IsValid)
{
    Label1.EnableViewState=false;
    Label1.Text= "你到达的日期是：" + TextBox1.Text.ToString();
}
```

4. RegularExpressionValidator 控件

通常要求用户输入值要匹配预定义的模式，比如电话号码、邮编、电子邮件地址等。要进行这一验证，需要通过正则表达式和 RegularExpressionValidator 控件结合起来实施验证。设置 ValidationExpression 属性，即验证的表达式，该属性通过使用正则表达式来设置要比较的模式。

正则表达式提供了功能强大、灵活而又高效的方法来处理文本。正则表达式的全面模式匹配表示法使用户可以快速分析大量文本以找到特定的字符模式；提取、编辑、替换或删除文本子字符串；或将提取的字符串添加到集合以生成报告。对于处理字符串的许多应用程序而言，正则表达式是不可缺少的工具。正则表达式语言由两种基本字符类型组成：原义（正常）文本字符和元字符。元字符使正则表达式具有处理能力。

表 6.6 列出了常用的控制字符集，以供用户创建自定义的正则表达式。

表 6.6　常用的控制字符集

字　符	定　义
a	必须使用小写字母 a。任何之前没有“\”或不作为某个范围表达式的一部分的字母，都是符合要求的字面值
1	必须使用数字 1。任何之前没有“\”或不作为某个范围表达式的一部分的数字，都是符合要求的字面值
?	零次或一次匹配前面的字符或子表达式
*	零次或多次匹配前面的字符或子表达式
+	一次或多次匹配前面的字符或子表达式
[0～*n*]	零到 *n* 之间的整数值
{*n*}	长度是 *n* 的字符串
|	分隔多个有效的模式
\	后面是一个命令字符
\w	匹配任何单词字符
\d	匹配数字字符
\.	匹配点字符

例如：要求用户输入一个以 1 个大写字母开头，再加 5 位阿拉伯数字的格式化数据，该表达式应该为“[A-Z]\d{5}”。

5. ValidationSummary 控件

ValidationSummary 是一个总结控件，直接放在窗体上的任意位置即可，该控件会自动显示窗体上所有其他验证控件所显示的错误消息。

6. CustomValidator 控件

通过使用 CustomValidator 控件来完成自定义验证。当用户在服务器端自定义一个验证函数，然后使用该控件来调用它从而完成服务器端验证；还可以通过编写函数，重复服务器端验证函数的逻辑，在客户端进行验证，即在提交页面之前检查用户输入内容。代码如下。

```
protected void ValidationFunctionName(object source, ServerValidateEventArgs args)
{    }
```

其中，参数 source 是对引发此事件的自定义验证控件的引用。args 的 Value 属性将包含要验证的用户输入内容，如果值是有效的，则将 args.IsValid 设置为 true；否则设置为 false。

例子：事件处理程序确定用户输入是否为 8 个字符或更长。程序运行结果如图 6.2 所示。

```
<asp:TextBox ID="TextBox1" runat="server"></asp:TextBox>
<asp:CustomValidator ID="CustomValidator1" runat="server" ControlToValidate=
"TextBox1" ErrorMessage="输入是否为 8 个字符或更长"
OnServerValidate= "Custom Validator1_ServerValidate">*</asp:CustomValidator>
<br />
<asp:Button ID="Button1" runat="server" OnClick="Button1_Click" Text="Button"
/><br />
<asp:Label ID="Label1" runat="server" Height="44px" Width="208px"></asp:Label>
protected void CustomValidator1_ServerValidate(object source,
ServerValidate EventArgs args)
```

```
{
    args.IsValid = (args.Value.Length >= 8);
}
protected void Button1_Click(object sender, EventArgs e)
{
    if (Page.IsValid)
        Label1.Text = "输入的字符大于 8 个字符！";
}
```

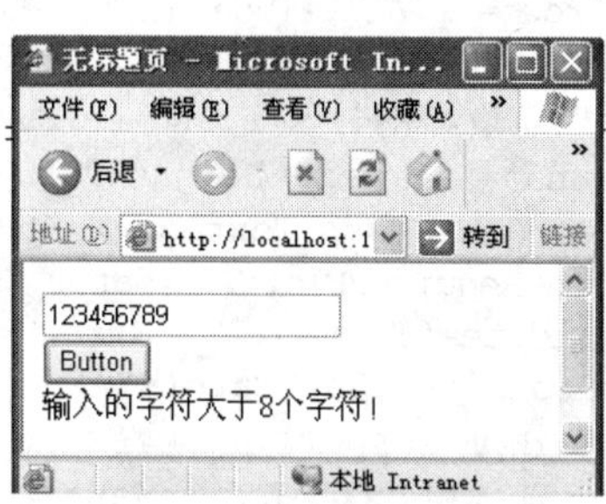

图 6.2　CustomValidator 控件的应用

6.3.7　验证控件的综合应用

例子：5 个验证控件的综合应用，用户注册成功时如图 6.3 所示。具体代码如下。

图 6.3　验证控件的综合应用

```
    <body background="images/15.JPG" bgproperties="fixed"><form id="form1"
runat="server">
    <div><table style="width: 100%; height: 100%"><tr style="width: 100%"><td
style="width:22%"></td><td style="width: 41%"><marquee direction="left" style=
"font-size:16pt; color:Red ">请先注册成为会员！！！</marquee></td><td style="width:
19%"> </td></tr><tr style="width: 100%; text-align:center"> <td style="width:
22%"></td><td style="width: 41%"><h1 style="text-align: center">用户注册信息
```

```
</h1></td><td style="width: 19%"></td></tr>
    <tr style="width: 100%"><td style="width: 22%; text-align: left;"><a
style="text-align:left; font-size:18pt ">请输入用户名：</a></td><td style=
"width: 41%"><asp:TextBox ID="TextBox1" runat="server" Height="26px" Width=
"502px"
    BackColor="Transparent"></asp:TextBox></td>
    <td style="width: 19%"><asp:RequiredFieldValidator ID="RequiredFieldValidator1"
runat="server" ControlToValidate="TextBox1" ErrorMessage="此项为必填项"
Display="Dynamic" ValidationGroup= "AllValidators"> *</asp:RequiredFieldValidator>
</td></tr><tr style="width: 100%"><td style="width: 22%;"><a style="text- align:right;">
<span style="font-size: 18pt">请输入密码：</span></a></td><td style="width: 41%;">
<asp:TextBox ID="TextBox2" runat="server" Height="26px" Width="502px" BackColor=
"Transparent" TextMode="Password"> </asp:TextBox> </td>
    <td style="width: 19%;"><asp:RequiredFieldValidator ID= "RequiredFieldValidator2"
 runat="server" ControlToValidate="TextBox2" ErrorMessage="此项为必填项"
Display="Dynamic" ValidationGroup="AllValidators">* </asp:RequiredFieldValidator>
<asp:Regular ExpressionValidator ID="RegularExpressionValidator1" runat=
"server" ControlToValidate="TextBox2" ErrorMessage="密码必须为 6～12 位的字符"
Validation Expression="\w{6,12}" Display="Dynamic" ValidationGroup= "AllValidators"> *</asp:
Regular ExpressionValidator></td></tr><tr>
    <td style="width: 22%"><a style="text-align:right "><span style="font-size:
18pt">请输入确认密码：</span></a> </td><td style="width: 41%"> <asp:TextBox
ID="TextBox3" runat="server" Height="26px" Width="502px" BackColor="Transparent"
    TextMode="Password"></asp:TextBox></td>
    <td style="width: 19%"><asp:RequiredFieldValidator ID="RequiredFieldValidator3"
runat="server" ControlToValidate="TextBox3"  ErrorMessage="此项为必填项"
Display="Dynamic" ValidationGroup="AllValidators">* </asp:RequiredFieldValidator>
    <asp:CompareValidator ID="CompareValidator1" runat="server" ControlToCompare=
"TextBox2" ControlToValidate="TextBox3" ErrorMessage="密码不一致" Display=
"Dynamic" ValidationGroup="AllValidators">*</asp:CompareValidator></td></tr>
    <tr><td style="width:22%"><a style="text-align:right "><span style="font-
size: 18pt">请输入您的年龄：</span></a></td><td style="width:41%"> <asp:TextBox
ID="TextBox4" runat="server" Height="26px" Width="502px" BackColor= "Transparent">
</asp:TextBox></td>
    <td style="width: 19%"><asp:RequiredFieldValidator ID="RequiredFieldValidator4"
runat="server" ControlToValidate="TextBox4" ErrorMessage="此项为必填项"
Display="Dynamic" ValidationGroup="AllValidators">* </asp:RequiredFieldValidator>
<asp:RangeValidator ID="RangeValidator1" runat="server" ControlToValidate=
"TextBox4" ErrorMessage="年龄必须在18～100岁" Display="Dynamic" MaximumValue= "100"
MinimumValue="18" Type="Integer" ValidationGroup= "AllValidators"> *</asp:RangeValidator>
</td></tr><tr>
    <td style="width:22%"><a style="text-align:right "><span style="font-size:
18pt">请输入电子邮箱：</span></a> </td><td style="width:41%"><asp:TextBox ID="TextBox5"
runat="server" Height="26px" Width="502px" BackColor= "Transparent"> </asp:TextBox>
</td>
    <td style="width: 19%"><asp:RequiredFieldValidator ID="RequiredFieldValidator5"
runat="server" ControlToValidate="TextBox5" ErrorMessage="此项为必填项"
Display="Dynamic" ValidationGroup="AllValidators">*</asp:RequiredFieldValidator>
    <asp:RegularExpressionValidator ID="RegularExpressionValidator2" runat= "server"
ControlToValidate="TextBox5" ErrorMessage="邮箱的地址不正确" ValidationExpression=
"\w+([-+.']\w+)*@\w+([-.]\w+)*\.\w+([-.]\w+)*" Display="Dynamic" ValidationGroup=
"AllValidators">*</asp:RegularExpressionValidator></td></tr>
```

```
<tr><td style="width:22%; height: 49px;"> </td>
<td  style="width:41%;  height:  49px;">   <asp:Button  ID="Button1"
runat="server"  Height="26px"  Width="100px"  Text=" 注 册 "  OnClick="Button1_
Click"></asp:Button>
<asp:Button ID="Button2" runat="server" Height="26px" Width="100px" Text=
"放弃" OnClick="Button2_Click"></asp:Button></td>
<td style="width: 19%; height: 49px;"></td></tr><tr>
<td style="width:22%; height: 49px;"></td>
<td style="width:41%; height: 49px;">
<asp:ValidationSummary ID="ValidationSummary1" runat="server" BackColor=
"Transparent" ShowMessageBox="True" ValidationGroup="AllValidators" />
<asp:Label ID="Label1" runat="server" Height="26px" Width="322px"> </asp:Label>
</td>
<td style="width: 19%; height: 49px;"></td></tr></table></div></form> </body>
```

注册页面的代码隐藏页中的代码如下所示。

```
protected void Button1_Click(object sender, EventArgs e)
{
    if (Page.IsValid)
    {
        Label1.Text = "用户"+TextBox1.Text +"，您已经注册成功！";
        Label1.Text += "<br>您的密码为" + TextBox2.Text;
        Label1.Text += "<br>您的注册邮箱为" + TextBox5.Text;

    }
}
protected void Button2_Click(object sender, EventArgs e)
{
    Response.Write("<script>window.close();</script>");
}
```

6.3.8 使用验证组

由于在页面上控件比较多，可以将不同的控件归为一组，ASP.NET 在对每个验证组进行验证时，与网页的其他组无关。通过将要分在同一组的所有控件的 ValidationGroup 设置为同一个名称（字符串）即可创建验证组。

在回发过程中，只根据当前验证组中的验证控件来设置 Page 类的 IsValid 属性。当前验证组则是由导致验证发生的控件确定的。例如，单击验证组为 LoginForm 的按钮，并且 ValidationGroup 属性设置为 LoginForm 的所有验证控件都有效，则 IsValid 属性将返回 true。对于其他控件，如果控件的 CausesValidation 属性设置为 true，并且 AutoPostBack 属性设置为 true，则也可以触发验证。

若要以编程方式进行验证，可以调用 Validate 方法重载，使其采用 ValidationGroup 参数来强制只为该验证组进行验证。请注意，在调用 Validate 方法时，IsValid 属性反映到目前为止已验证的所有组的有效性。这可能包括作为回发结果验证的组以及以编程方式验证的组。如果任一组中的任何控件无效，则 IsValid 属性返回 false，也就是说验证未通过。

6.3.9 禁用验证

在特定条件下，可能需要禁用验证。例如，可能有一个页面，即使用户没有正确填写所有验证字段，也应该可以提交。

在实际应用中，禁用验证大致有以下几种情况。

(1) 可以设置 ASP.NET 服务器控件的属性（CausesValidation="false"）来禁止客户端和服务器的验证，而不只是客户端验证。示例代码如下。

```
<asp:Button ID="Button1" runat="server" Text="Cancel" CausesValidation= "false">
</asp:Button>
```

(2) 禁用验证控件，即将控件的属性 Enabled 设置为 false，使它根本不在页面上呈现并且不进行使用该控件的验证。

(3) 如果要执行服务器上的验证，而不执行客户端的验证，则可以将单独验证控件设置为不生成客户端脚本，即将其属性 EnableClientScript 设为 false。

6.4 项目实施

6.4.1 任务 1：用户注册模块

用户注册页面 UserCenter.aspx，应用了母版页 Top.master，用户注册页面的源视图中的内容如下所示，页面的设计效果图如图 6.4 所示。

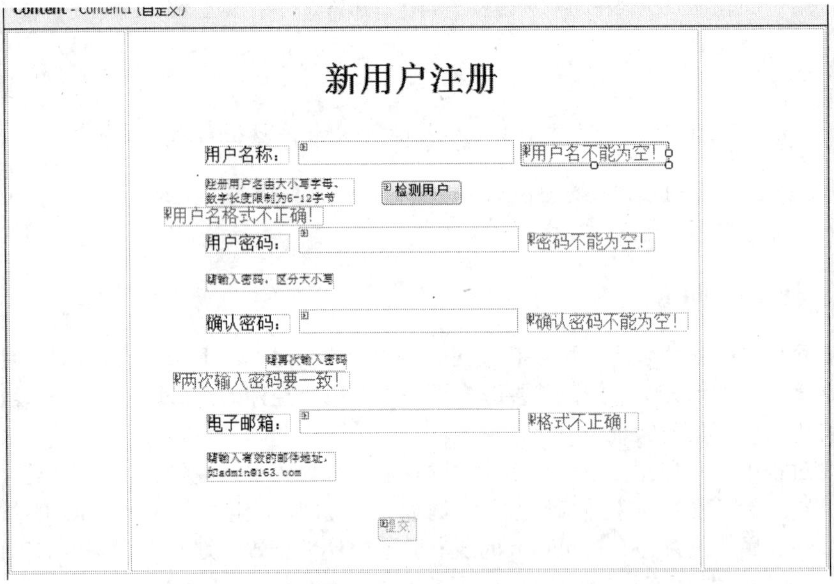

图 6.4 用户注册页面

用户注册页面中使用了多个验证控件，有 RequiredFieldValidator、RegularExpressionValidator、CompareValidator，分别表示必填项验证、正则表达式验证和比较验证。用户注册页面的所有内容都必须填写，并且用户密码和确认密码要一致，电子邮箱的格式要符合要求，因此使用了这 3 个验证控件。

```
<%@ Page Language="C#" MasterPageFile="~/Top.master" AutoEventWireup=
"true" CodeFile="UserReg.aspx.cs" Inherits="UserReg" Title="Untitled Page" %>
```

```
<asp:Content  ID="Content1"  ContentPlaceHolderID="ContentPlaceHolder1"
Runat="Server">
    <table style="width:778px; height:auto; " ><tr style="width:100%"><td
style="width:15%; float:left; height: 495px;"></td><td style="width:70%;
text-align: left; height: 495px;"><br />
    <h1 style="text-align:center">新用户注册</h1> <br />
    <asp:Label ID="Label1" runat="server" Text="用户名称："></asp:Label> <asp:
TextBox ID="TextBox1" runat="server" Width="198px"></asp:TextBox>
    <asp:RequiredFieldValidator ID="RequiredFieldValidator1" runat="server"
ErrorMessage="*用户名不能为空！" ControlToValidate= "TextBox1"> </asp:
RequiredFieldValidator><br />
    <span style="font-size: 8pt"> <br /></span>       
 
    <asp:Label ID="Label2" runat="server" Font-Size="8pt" Height="26px" Text=
"注册用户名由大小写字母、数字长度限制为 6～12 字节" Width="141px"></asp:Label>
  
    <asp:Button ID="Button1" runat="server" Text="检测用户" OnClick="Button1_
Click" CausesValidation="False" /><asp:RegularExpressionValidator ID=
"Regular ExpressionValidator1"
          runat="server" ErrorMessage="*用户名格式不正确！" ControlToValidate=
"TextBox1" ValidationExpression="\w{6,12}"></asp:RegularExpressionValidator>
    <asp:Label ID="Label3" runat="server" Text="用户密码："></asp:Label><asp:
TextBox  ID="TextBox2"  runat="server"  TextMode="Password"  Width="202px">
</asp:TextBox>
    <asp:RequiredFieldValidator ID="RequiredFieldValidator2" runat="server"
ControlToValidate="TextBox2" ErrorMessage="*密码不能为空！"></asp:
Required FieldValidator> <br /><br /><asp:Label ID="Label4" runat="server" Font-Size=
"8pt" Text="请输入密码，区分大小写"></asp:Label><br /> <br />
      <asp:Label ID="Label5" runat="server" Text="确认密码："></asp:Label>
      <asp:TextBox ID="TextBox3" runat="server" Width="201px"></asp:TextBox>
    <asp:RequiredFieldValidator ID="RequiredFieldValidator3" runat="server"
ControlToValidate="TextBox3" ErrorMessage="*确认密码不能为空！"></asp:
Required FieldValidator><br /><br /><asp:Label ID="Label6" runat="server" Font-
Size="8pt" Text="请再次输入密码"></asp:Label>
    <asp:CompareValidator ID="CompareValidator1" runat="server" ControlToCompare=
"TextBox2" ControlToValidate="TextBox3" ErrorMessage="*两次输入密码要一致！">
    </asp:CompareValidator><br /><br /><asp:Label ID="Label7" runat="server"
Text="电子邮箱："></asp:Label><asp:TextBox ID="TextBox4" runat="server"
Width="202px"></asp:TextBox>
    <asp:RegularExpressionValidator ID="RegularExpressionValidator2" runat="server"
ControlToValidate="TextBox4" ErrorMessage="*格式不正确！" ValidationExpression=
"\w+([-+.']\w+)*@\w+([-.]\w+)*\.\w+([-.]\w+)*"></asp:RegularExpressionValidator>
<br /><br /><asp:Label ID="Label8" runat="server" Font-Size="8pt" Height="27px"
Text="请输入有效的邮件地址，如 admin@163.com" Width="122px"> </asp:Label><br />
<br /><br /><asp:Button ID="Button2" runat="server" Enabled="False" OnClick=
"Button2_Click" Text="提交" /><br /></td><td style= "width:15%; float:right;
height: 495px;"> </td></tr></table>
    </asp:Content>
```

用户注册页面 UserCenter.aspx，首先实例化 MODEL 的 UserInfo 类的对象和 BLL 的 UserLogic 类的对象，代码如下所示。

```
MODEL.UserInfo Ma = new MODEL.UserInfo();
BLL.UserLogic Ba = new BLL.UserLogic();
```

“检测用户”按钮的单击事件中，获取文本框 TextBox1 的内容赋值给 MODEL 的 UserInfo 类的对象的 UserName 属性，添加用户之前，需要验证用户是否存在，通过调用 BLL 的 UserLogic 类的 CheckUser()方法来判断用户是否已经注册。代码如下所示。

```
protected void Button1_Click(object sender, EventArgs e)
{
    Ma.UserName = TextBox1.Text.Trim();
    if (Ba.CheckUser(Ma) > 0)
    {
        Response.Write("<script language=javascript>alert('该用户已存在！')
</script>");
        TextBox1.Text = "";
        Button2.Enabled = false;
    }
    else
    {
        Response.Write("<script language=javascript>alert('该用户可以注
册！')</script>");
        Button2.Enabled = true;
    }
}
```

“提交”按钮的单击事件中，获取文本框 TextBox1 的内容赋值给 MODEL 的 UserInfo 类的对象的 UserName 属性，获取文本框 TextBox2 的内容进行 MD5 加密后赋值给 MODEL 的 UserInfo 类的对象的 Password 属性，获取文本框 TextBox4 的内容赋值给 MODEL 的 UserInfo 类的对象的 UserEmail 属性，MODEL 的 UserInfo 类的对象的 Lever 属性的值为普通用户，通过调用 BLL 的 UserLogic 类的 AddUser()方法将用户添加到数据库中，添加成功则弹出“注册成功”对话框，然后获取 MODEL 的 UserInfo 类的对象的 UserName 属性的值保存在 Session 中，利用 Response.Redirect()跳转到 UserCenter.aspx 窗体上。代码如下所示。

```
protected void Button2_Click(object sender, EventArgs e)
{
    Ma.UserName = TextBox1.Text.Trim();
    Ma.Password = FormsAuthentication.HashPasswordForStoringInConfigFile
(TextBox2.Text.Trim(), "MD5");
    Ma.UserEmail = TextBox4.Text.Trim();
    Ma.Lever = "普通用户";
    if (Ba.AddUser(Ma))
    {
        Response.Write("<script language=javascript>alert('注册成功！')
</script>");
    }
    Session["username"] = Ma.UserName.ToString();
    Response.Redirect("UserCenter.aspx");
}
```

6.4.2 任务 2：用户修改信息模块

个人管理中心 UserCenter.aspx 中，应用了母版页 Top.master，页面中主要实现了用户修改信息的功能。页面中的源视图内容如下所示，设计的效果图如图 6.5 所示。

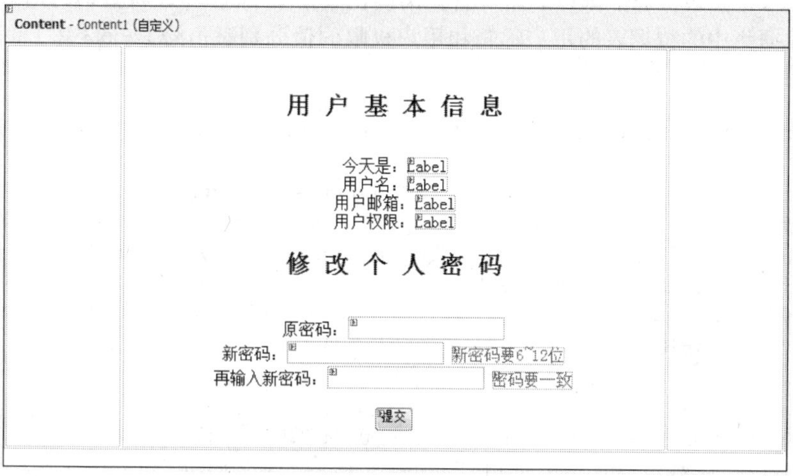

Content - Content1 (自定义)

用 户 基 本 信 息

今天是：Label
用户名：Label
用户邮箱：Label
用户权限：Label

修 改 个 人 密 码

原密码：
新密码： 新密码要6~12位
再输入新密码： 密码要一致

提交

图 6.5 个人管理中心界面

```
<%@ Page Language="C#" MasterPageFile="~/Top.master" AutoEventWireup="true"
CodeFile="UserCenter.aspx.cs" Inherits="UserCenter" Title="Untitled Page" %>
    <asp:Content  ID="Content1"  ContentPlaceHolderID="ContentPlaceHolder1"
Runat="Server">
    <table style="width:778px; height:auto"><tr style="width:100%; height:auto">
    <td style="width:15%; height:auto"></td><td style="width:70%; height:auto"
align="center">
    <h2 style="text-align: center">用 户 基 本 信 息</h2>
    <br />今天是：<asp:Label ID="Label2" runat="server" Text="Label"></asp:Label>
    <br />用户名：<asp:Label ID="Label1" runat="server" Text="Label"></asp:Label>
    <br />用户邮箱：<asp:Label ID="Label3" runat="server" Text="Label"></asp:Label>
    <br />用户权限：<asp:Label ID="Label4" runat="server" Text="Label"></asp:Label>
    <br /><h2 style="text-align:center">修 改 个 人 密 码</h2>
    <br />原密码：<asp:TextBox ID="TextBox1" runat="server"></asp:TextBox>
    <br />新密码：<asp:TextBox ID="TextBox2" runat="server"></asp:TextBox>
    <asp:RequiredFieldValidator  ID="RequiredFieldValidator1"  runat="server"
ControlToValidate="TextBox2" ErrorMessage="新密码要 6~12 位"></asp:
Required FieldValidator><br />
    再输入新密码：<asp:TextBox ID="TextBox3" runat="server"></asp:TextBox>
    <asp:CompareValidator ID="CompareValidator1" runat="server" ControlToCompare=
"TextBox2"
     ControlToValidate="TextBox3" ErrorMessage="密码要一致"></asp:CompareValidator>
<br /><br /><asp:Button ID="Button1" runat="server" Text="提 交 " OnClick=
"Button1_Click" /><br /></td><td style="width:15%; height:auto"> </td></tr>
</table></asp:Content>
```

个人管理中心 UserCenter.aspx 中，主要是用户用来修改个人信息，因此需要修改数据库中的内容，需要引入命名控件，代码如下所示。

```
using System.Data.SqlClient;
```

在页面加载的事件中，获取当前系统的时间赋值给 Label2 标签中，获取 Session 会话状态中的用户名赋值给 Label1 标签中。创建 SqlConnection 类的对象，连接数据库 news2008。实例化 SqlDataAdapter 类的对象，使用 select 语法查询 User 表中所有的记录，条件是 UserName 字段的值为 Session 会话状态中保存的用户名。实例化数据集 DataSet，将查询的内容填充到数据集中。获取数据集中的数据表的用户邮箱和用户权限的值分别赋值给 Label3 和 Label4 标签。代码如下所示。

```
protected void Page_Load(object sender, EventArgs e)
{
    Label2.Text = DateTime.Now.ToShortDateString();
    Label1.Text = Session["username"].ToString();
    SqlConnection conn = new SqlConnection("data source=.; integrated
security=true; database=news2008");
    SqlDataAdapter da = new SqlDataAdapter("select * from [User] where
UserName='" + Session["username"].ToString() + "'", conn);
    DataSet ds = new DataSet();
    da.Fill(ds);
    Label3.Text = ds.Tables[0].Rows[0][3].ToString();
    Label4.Text = ds.Tables[0].Rows[0][4].ToString();
}
```

“提交”按钮的单击事件中，创建 SqlConnection 类的对象，连接数据库 news2008。实例化 SqlDataAdapter 类的对象，使用 select 语法查询 User 表中所有的记录，条件是 UserName 字段的值为 Session 会话状态中保存的用户名。实例化数据集 DataSet，将查询的内容填充到数据集中。使用 Update 语法修改 User 表中 Password 字段的值，然后调用 SqlCommand 类的对象的 ExecuteNonQuery()方法，执行更新操作。代码如下所示。

```
protected void Button1_Click(object sender, EventArgs e)
{
    SqlConnection conn = new SqlConnection("data source=.; integrated
security=true; database=news2008");
    conn.Open();
    SqlDataAdapter da = new SqlDataAdapter("select * from [User] where
UserName='" + Session["username"].ToString() + "'", conn);
    DataSet ds = new DataSet();
    da.Fill(ds);
    string pwd = FormsAuthentication. HashPasswordForStoringInConfigFile
(TextBox1.Text.Trim(), "MD5");
    if (pwd == ds.Tables[0].Rows[0][2].ToString())
    {
        string password = FormsAuthentication. HashPasswordForStoringIn
ConfigFile (TextBox2.Text.Trim(), "MD5");
 SqlCommand com = new SqlCommand("update [User] set Password='" +password +
"'", conn);
        com.CommandType = CommandType.Text;
        com.ExecuteNonQuery();
        conn.Close();
        Response.Redirect("Default2.aspx");
    }
```

```
        else
        {
    Response.Write("<script language=javascript>alert('原密码错误！请重新输入！')
</script>");
        }
    }
```

6.5　本项目实施过程中可能出现的问题

本项目的实施内容，主要包括用户注册和用户修改个人信息模块，在这两个模块中主要应用到验证控件的 RequiredFieldValidator 必填项、CompareValidator 比较验证、RegularExpressionValidator 正则表达式验证等。在项目的实施过程中，或多或少会存在一定的问题。主要问题如下。

（1）验证控件的绑定操作。

对于验证控件来说，只有 ValidationSummary 总结控件是绑定窗体的，用来验证窗体是否验证通过。其他的 5 个验证控件都是来绑定另外一个控件的，因此在应用验证控件时，要注意的第一个问题就是验证控件一定要先设置 ControlToValidate 属性，对要验证的控件进行绑定。

（2）验证控件的 Display 属性设置。

对于验证控件来说有一个 Display 属性，其中有两个重要的属性值，分别是 Static 和 Dynamic。Static 表示静态，Dynamic 表示动态。对于验证控件来说，如果有错误消息时会在验证控件中显示错误内容。但是当验证控件中没有错误消息时，验证控件中什么都不显示。当选择 Static 静态表示时，验证控件无论有没有错误消息，都在窗体上占用一块位置。当选择 Dynamic 动态表示时，验证控件有错误消息时，才在窗体上显示验证控件中的错误内容；如果没有错误消息，那么验证控件就不在窗体上显示。

（3）比较验证控件的绑定属性。

对于 CompareValidator 比较验证控件来说，需要绑定两个控件，因此 CompareValidator 验证控件有两个属性 ControlToCompare 和 ControlToValidate，以 ControlToCompare 属性绑定的内容为准，判断 ControlToValidate 属性绑定的控件中的内容是否一致。在这个验证控件的绑定过程中，经常会出现错误，要注意避免。

6.6　后续项目

信息发布网站的验证功能设计完成之后，接下来的子项目是要完成管理员的登录功能，主要目的是通过管理员登录的子项目，介绍 ASP.NET 的登录控件。

子项目 7：网站管理员登录功能

7.1 项目任务

1．本子项目要完成的任务

管理员登录模块。

2．具体任务指标

创建管理员登录界面，保证管理员登录功能的实现。

7.2 项目的提出

信息发布网站的管理员登录模块，可以采用 ASP.NET 中自带的登录控件来设计和创建，但是由于本系统已经创建了数据库中的 User 表，并且表中包含了管理员部分，因此本项目中的管理员登录模块是采用三层架构中的功能来进行调用的。

用户登录模块是每个系统都必须具有的功能。用户登录的时候需要与数据库连接，并且进行判断，然后要对用户的权限进行分配。在 ASP.NET 中，也可以使用登录控件来实现数据库的创建和用户的登录。

7.3 实施项目的预备知识

1．预备知识的重点内容

(1) 掌握 SQL Server 数据库的注册。

(2) 掌握网站管理工具的使用。

(3) 掌握安全验证和角色的使用。

(4) 掌握权限的设置。

2．关键术语

(1) API（Application Programming Interface）：应用程序编程接口，是一些预先定义的函数，目的是提供应用程序与开发人员之间的一组访问接口，而又无须访问源码或理解内部工作机制的细节。

(2) URL：统一资源定位符，Uniform Resource Locator 的缩写，也被称为网页地址，是因特网上标准的资源的地址。它最初是由蒂姆·伯纳斯－李发明用来作为万维网的地址的。现在它已经被万维网联盟编制为因特网标准 RFC1738 了。

(3) Membership：在 ASP.NET 应用程序中，Membership 类用于验证用户凭据并管理用户设置（如密码和电子邮件地址）。Membership 类可以独自使用，或者与 FormsAuthentication 一起使用以创建一个完整的 Web 应用程序或网站的用户身份验证系统。Login 控件封装了 Membership 类，从而提供一种便捷的用户验证机制。

3. 预备知识的内容结构

7.3.1 Web 应用的认证

认证是一个过程，用户可以通过这个过程来验证他们的身份，即解决在应用中“我是谁？”的问题，应用通过系统验证后的标识可以定位到唯一的用户。通常情况下，用户需要输入其用户名与密码，或者根据已有凭据进入登录页面。ASP.NET 2.0 提供了三种不同的认证机制。

(1) Windows 身份验证提供程序：提供有关如何将 Windows 身份验证与 Microsoft Internet 信息服务（IIS）身份验证结合使用以确保 ASP.NET 应用程序安全的信息。

(2) Forms 身份验证提供程序：提供有关如何使用自己的代码创建应用程序特定的登录窗体并执行身份验证的信息。使用 Forms 身份验证的一种简便方法是使用 ASP.NET 成员资格和 ASP.NET 登录控件，它们一起提供了一种只需少量或无需代码就可以收集、验证和管理用户凭据的方法。

(3) Passport 身份验证提供程序：提供有关由 Microsoft 提供的集中身份验证服务的信息，该服务为成员站点提供单一登录和核心配置文件服务。

通过这三种不同的机制，可以使用不同的方式来保存用户登录信息，包括用户密码等敏感信息。

1. 在 Web.config 中配置认证信息

在应用中启用认证后，在 Web.config 文件的<configuration>/<web>/<authentication>节点中进行配置，其配置代码如下。

```
<authentication mode="[Windows|Forms|Passport|None]">
   <forms>…</forms>
   <passport/>
</authentication>
```

其中，mode 是必选的属性。它指定应用程序的默认身份认证模式，可选值为 Windows、Forms、Passport 或 None，默认值为 Windows。身份认证模式如表 7.1 所示。

表 7.1　身份认证模式

值	说　明
Windows	将 Windows 认证指定为默认的身份认证模式。将它与以下任意形式的 Microsoft Internet 信息服务（IIS）身份认证结合起来使用：基本、摘要、集成 Windows 身份认证（NTLM/Kerberos）或证书。在这种情况下，我们的应用程序将身份认证责任委托给基础 IIS
Forms	将 ASP.NET 基于窗体的身份认证指定为默认身份认证模式
Passport	将 Microsoft Passport Network 身份认证指定为默认身份认证模式
None	不指定任何身份认证。我们的应用程序仅期待支持匿名用户，否则它将提供自己的身份认证

2. ASP.NET 中的认证过程

在 ASP.NET 中，认证和授权都可以看作是在管道中处理的一系列模块（Module）。ASP.NET 认证和授权过程如图 7.1 所示。

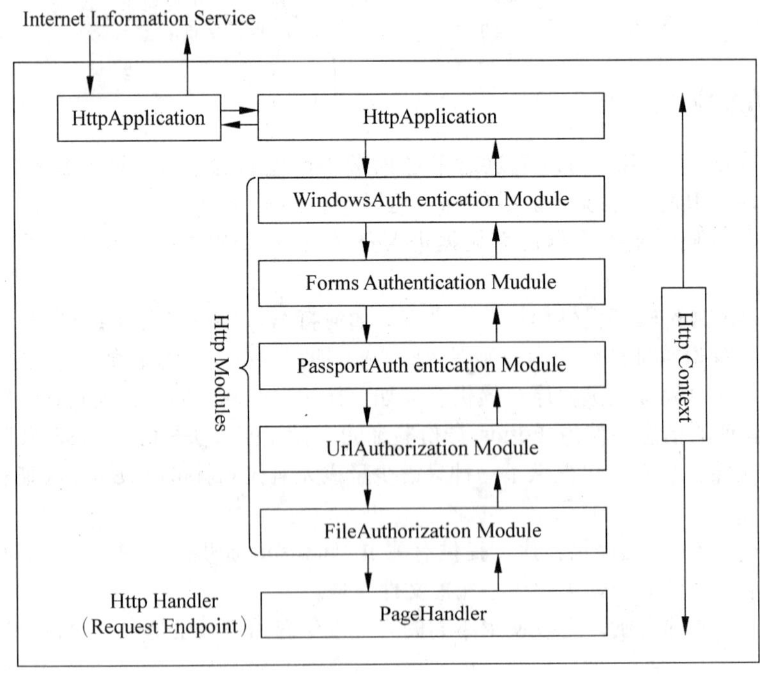

图 7.1　ASP.NET 认证和授权过程

当从 IIS 传递一个请求时，ASP.NET 将初始化 HttpRuntime、HttpApplication、HttpContext 等一系列对象，HttpRuntime 对象用于处理序列的开头，在整个请求生命周期中，HttpContext 对象用于传递有关请求和响应的详细信息。创建 HttpApplication 对象后，系统首先执行认证模块，通过这些模块的执行，将会更改 HttpContext 对象中的 User 属性，当认证模块执行完毕之后，接着是授权模块的执行。

ASP.NET 2.0 在配置文件中定义了一组 HTTP 模块，代码如下所示。

```
<httpModules>
     <add name="WindowsAuthentication"
              type="System.Web.Security.WindowsAuthenticationModule"/>
     <add name="FormsAutentication"
              type="System.Web.Security.FormsAuthenticationModule"/>
     <add name="PassportAuthentication"
              type="System.Web.Security.PassportAuthenticationModule"/>
</httpModules>
```

在执行的过程中，ASP.NET 只加载一个身份验证模块，这取决于该配置文件的 authentication 元素中指定了哪种身份验证模式。该身份验证模块创建一个 IPrincipal 对象并将它存储在 HttpContext.User 属性中。这是很关键的，因为其他授权模块使用该 IPrincipal 对象做出授权决定。

当 IIS 中启用匿名访问且 authentication 元素的 mode 属性设置为 None 时，有一个特殊模块将默认的匿名原则添加到 HttpContext.User 属性中。因此，在进行身份验证之后，HttpContext.User 绝不是一个空引用。

3. Windows 认证

如果应用程序使用 Active Directory 用户存储，那么应该使用集成 Windows 身份验证。在使用 Windows 认证时，IIS 首先向操作系统或者 Active Directory 请求身份验证，通过后，IIS 将向 ASP.NET 传递代表经过身份验证的用户或匿名用户账户的令牌。该令牌在一个包含于 IPrincipal 对象的 IIdentity 对象中维护，IPrincipal 对象进而附加到当前 Web 请求线程，可以通过 HttpContext.User 属性访问 IPrincipal 和 IIdentity 对象。

在配置文件中，如果存在如下的配置，则表示启用了 Windows 认证：<authentication mode="Windows"/>。启用 Windows 认证实质上就是在 ASP.NET 的处理管道中启用了 WindowsAuthenticationModule，这个类主要负责创建 WindowsPrincipal 和 WindowsIdentity 对象来表示通过身份验证的用户，并且负责将这些对象附加到当前 Web 请求。

Windows 认证的主要过程为：WindowsAuthenticationModule 使用从 IIS 传递到 ASP.NET 的 Windows 访问令牌创建一个 WindowsPrincipal 对象，该令牌包含在 HttpContext 类的 WorkerRequest 属性中。引发 AuthenticationRequest 事件时，WindowsAuthenticationModule 从 HttpContext 类中检索该令牌并创建 WindowsPrincipal 对象。HttpContext.User 用该 WindowsPrincipal 对象进行设置，它表示所有通过身份验证的模块和 ASP.NET 页的通过身份验证的用户的安全上下文。WindowsAuthenticationModule 类使用 P/Invoke 调用 Win32 函数并获得该用户所属的 Windows 组的列表，这些组用于填充 WindowsPrincipal 角色列表。WindowsAuthenticationModule 类将 WindowsPrincipal 对象存储在 HttpContext.User 属性中。然后授权模块用它对通过身份验证的用户授权。

4. Forms 认证

Windows 认证仅仅是当用户拥有 Microsoft Windows 账户时才有用。如果正在构建一个基于 Internet 的 Web 应用，使用 Windows 认证就显得不可行、也不合适了。此时，可以在其他地方存储用户账户而不是存储在 Windows 安全系统下。例如，可以选择在运行 Microsoft SQL Server 的计算机所承载的数据库中存储用户凭据，事实上，在大多数情况下，都需要建立自己的用户管理和存储机制。Forms 认证模式就能够让你轻易地创建这样一个自定义的安全机制并安全地执行它。

Forms 身份验证提供了一种方法，可以使用用户创建的登录窗体验证用户的用户名和密码。如果通过了身份验证，会将身份验证标记保留在 Cookie 或页的 URL 中，若未经过身份验证，请求将被重定向到登录页。该登录页既收集用户的凭据，又包括验证这些凭据时所需的代码。

窗体身份验证使用用户登录到站点时创建的身份验证票，然后在整个站点内跟踪该用户。窗体身份验证票通常包含在一个 Cookie 中。然后，ASP.NET 2.0 版支持无 Cookie 窗体身份验证，结果是将票证传入查询字符串中。

如果用户请求一个需要经过身份验证的访问页，且该用户以前没有登录过该站点，则该用户重定向到一个配置好的登录页。该登录页提示用户提供凭据（通常是用户名和密码）。然后将这些凭据传递给服务器并针对用户存储（如 SQL Server 数据库）进行验证。在 ASP.NET 2.0 中，用户存储访问可由成员身份提供程序处理。对用户的凭据进行身份验证后，用户重定向到原来请求的页面。图 7.2 详细地说明了 Forms 认证的过程。

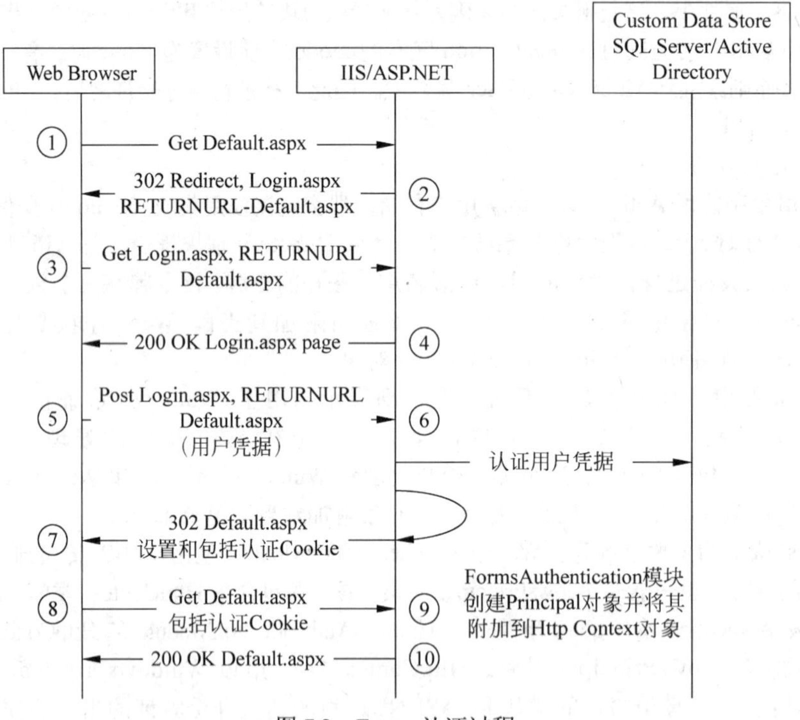

图 7.2　Forms 认证过程

该流程的详细说明如下。

(1) 用户请求应用程序的虚拟目录下的 Default.aspx 文件。因为 IIS 元数据库中启用了匿名访问，因此 IIS 允许该请求。ASP.NET 确认 authorization 元素包括<deny users="?"/>标记。

(2) 服务器查找一个身份验证 Cookie。如果找不到该身份验证 Cookie，则用户重定向到配置好的登录页（Login.aspx），该页由 forms 元素的 LoginUrl 属性指定。用户通过该窗体提供和提交凭据。有关起始页的信息存放在使用 RETURNURL 作为密钥的查询字符串中。

（3）浏览器请求 Login.aspx 页，并在查询字符串中包括 RETURNURL 参数。

（4）服务器返回登录页以及 200 OK HTTP 状态代码。

（5）用户在登录页输入凭据，并将该页（包括来自查询字符串的 RETURNURL 参数）发送回服务器。

（6）服务器根据某个存储（如 SQL Server 数据库或 Active Directory 用户存储）验证用户凭据。登录页中的代码创建一个包含为该会话设置的窗体身份验证票的 Cookie。在 ASP.NET 2.0 中，可以通过成员身份系统执行对用户凭据的验证。

（7）对于经过身份验证的用户，服务器将浏览器重定向到查询字符串中的 RETURNURL 参数指定的原始 URL。

（8）重定向之后，浏览器再次请求 Default.aspx 页。该请求包括身份验证 Cookie。

（9）FormsAuthenticationModule 类检测窗体身份验证 Cookie 并对用户进行身份验证。身份验证成功后，FormsAuthenticationModule 类使用有关经过身份验证的用户的信息填充当前的 User 属性（由 HttpContext 对象公开）。

（10）由于服务器已经验证了身份验证 Cookie，因此它允许访问并返回 Default.aspx 页。

当配置 Forms 认证的时候，可以指定一个登录页面。当用户对应用程序中的页面发出请求时，如果他们没有通过认证，就会被重定向到登录页面，在那里他们能够输入凭据。对于输入的凭据，必须通过编写代码进行相应处理。当用户通过认证后，就被重定向到他们最初所请求的页面。

以下配置文件片段显示了如何在 Web.config 中设置 Forms 认证。文件片段的属性含义如表 7.2 所示。

```
<system.web>
    <authentication mode="Forms">
        <forms loginUrl="Login.aspx"
               protection="All"
               timeout="30"
               name=".ASPXAUTH"
               path="/"
               requireSSL="false"
               slidingExpiration="true"
               defaultUrl="Default.aspx"
               cookieless="UserDeviceProfile"
               enableCrossAppRedirects="false"/>
    </authentication>
</system.web>
```

表 7.2　配置项及说明

配　置　项	配 置 说 明
loginUrl	指向应用程序的自定义登录页。应该将登录页放在需要安全套接字层（SSL）的文件夹中。这有助于确保凭据从浏览器传到 Web 服务器时的完整性
protection	设置为 All，以指定窗体身份验证票的保密性和完整性。配置该项后，将使用 machineKey 元素上指定的算法对身份验证票证进行加密，并且使用同样是 machineKey 元素上指定的哈希算法进行签名
timeout	用于指定窗体身份验证会话的有限生存期。默认值为 30min。如果颁发持久的窗体身份验证 Cookie，timeout 属性还用于设置持久 Cookie 的生存期

续表

配　置　项	配 置 说 明
name	和 path 设置为应用程序的配置文件中定义的值
requireSSL	设置为 false。该配置意味着身份验证 Cookie 被通过未经 SSL 加密的信道进行传输。如果担心会话窃取，应考虑将 requireSSL 设置为 true
slidingExpiration	设置为 true 以执行变化的会话生存期。这意味着只要用户在站点上处于活动状态，会话超时就会定期重置
defaultUrl	设置为应用程序的 Default.aspx 页
cookieless	设置为 UseDeviceProfile，以指定应用程序对所有支持 Cookie 的浏览器都使用 Cookie。如果不支持 Cookie 的浏览器访问该站点，窗体身份验证在 URL 上打包身份验证票
enableCrossAppRedirects	设置为 false，以指明窗体身份验证不支持自动处理在应用程序之间传递的查询字符串上的票证以及作为某个窗体 POST 一部分的传递的票证

如果用户数量很少，可以考虑将凭据存储到 Web.config 文件中。但是，在大多数情况下，推荐使用更加方便和灵活的存储位置，例如数据库。

默认情况下，Forms 认证在用户登录以后会创建一个 Cookie，并把其存储在用户的计算机中。这个 Cookie 会和每次请求一起提交。但是，Forms 认证也可以被配置为使已经禁用 Cookie 的浏览器可以使用查询字符串。

用户利用 Forms 身份验证方式访问受保护页面的过程如下。

（1）用户请求需要身份验证的页面（Default.aspx）。

（2）HTTP 模块调用 Forms 验证，并检查身份验证标记。

（3）如果没有发现身份验证标记，则重定向到用户登录页面（login.aspx），使用 ReturnUrl 将原请求页面 Default.aspx 的信息放在查询字符串中。

（4）如果通过身份验证，则重定向到 ReturnUrl 中指定的原请求页面。默认情况下，身份验证标记以 Cookie 的形式发出。

举例：实现简单的 Forms 身份验证。

```
<system.web>
     <compilation debug="true"/>
   <authentication mode="Forms" >
     <forms name="formauthentication" loginUrl="login.aspx">
        <credentials passwordFormat="Clear">
           <user name="student" password="1234"/>
           <user name="teacher" password="5678"/>
        </credentials>
     </forms>
   </authentication>
   <authorization>
     <deny users="?"/>
   </authorization>
</system.web>
```

authentication 元素的 mode 属性为 Forms，表示是 Forms 验证方式。在 authentication 元素中，定义一个 forms 元素，所有与 Forms 验证有关的设置都放置到此元素中，设置如下属性：

（1）name 表示用于身份验证的 Cookie 的名称，如果一个应用程序中有多个基于 Forms 的验证，其 name 属性的值应不同。

（2）loginUrl 表示在找不到包含请求内容的身份验证 Cookie 的情况下，进行重定向的 URL。

在 forms 元素中，定义一个<credentials>元素，其属性 passwordFormat 规定了对用户密码进行加密的加密算法，属性值有：①Clear 表示不进行加密，密码以明文形式存储。②MD5 表示使用 MD5 哈希算法对密码加密，并将加密后的用户密码值与存储的值进行比较，此算法的性能比 SHA1 好。③SHA1 表示使用 SHA1 哈希算法对密码加密，并将加密后的用户密码值与存储的值进行比较。在<credentials>元素中定义了 student 和 teacher 两个用户，其用户密码分别是 1234 和 5678。在 authorization 元素中，定义一个<deny>元素，并将其 users 属性设置为“?”，表示未通过身份验证的用户都被拒绝访问该应用程序中的资源。当用户没有通过身份验证时，将被重定向到登录页面上。登录页面用于收集用户凭据，并对它们进行身份验证，如果用户通过身份验证，登录页会将用户重定向到用户请求的页面。

创建用户登录页面 login.aspx，编写代码如下。

```
protected void Button1_Click(object sender, EventArgs e)
{
    if(FormsAuthentication.Authenticate(TextBox1.Text, TextBox2.Text))
        FormsAuthentication.RedirectFromLoginPage(TextBox1.Text, true);
    else
         Label1.Text = "用户名和密码有误,请重输";
    }
```

通过 FormsAuthentication 类的 Authenticate 方法，将从用户那里收集来的凭据和应用程序配置文件的 credentials 元素中存储的用户名/密码表进行比较，即身份验证，如果用户名和密码有效，则返回 true，否则返回 false。如果用户名和密码有效即通过身份验证，则调用 FormsAuthentication 的 RedirectFromLoginPage，将已通过身份验证的用户重定向到最初请求的 URL。

创建需要身份验证的页面 Default.aspx，编写代码如下。

```
protected void Page_Load(object sender, EventArgs e)
{
    Label1.Text = "欢迎您" + User.Identity.Name;
}
protected void Button1_Click(object sender, EventArgs e)
{
    FormsAuthentication.SignOut();
    Response.Redirect("login.aspx");
}
```

“退出”功能调用 SignOut 方法清除用户标识并删除身份验证凭据（Cookie），然后将用户重定向到登录页。

5. Passport 认证

Passport 验证是一种 Microsoft 提供的集中认证服务。用户可以使用 Microsoft.NET Passport 来访问服务，如果使用 Passport 服务注册了站点，就可以使用相同的 Passport 访问站点，而不需要记住不同系列的凭据。

要使用 Passport 认证，首先获取.NET Passport Software Development Kit（SDK），它包含于

Windows Server 2003 中，也可以在 Microsoft Passport Network 中下载。然后在 Web.config 文件中配置 Passport 认证，<authentication mode="Passport"/>。最后使用.NET Passport SDK 中的功能来实现认证和授权。

7.3.2 Web 应用的授权

在用户通过认证并能够访问 Web 站点之后，应用程序必须确定用户可以访问的页面和资源，即解决在应用中“我能做什么？”问题，这个过程就是授权。在 ASP.NET 中，针对不同的认证方式，主要包括文件授权和 URL 授权。

WindowsAuthenticationModule 类完成请求处理之后，如果未拒绝请求，则调用授权模块。通过授权模块，将确定用户对系统资源可否访问。

1. 配置授权模块

授权模块也在计算机级别的 Web.config 文件中的 httpModules 元素中定义，如下所示。

```
<httpModules>
    <add name="UrlAuthorization"
              type="System.Web.Security. UrlAuthorizationModule"/>
    <add name=" FileAuthorization"
              type="System.Web.Security. FileAuthorizationModule"/>
    <add name=" AnonymousIdentification"
              type="System.Web.Security. AnonymousIdentificationModule"/>
    </httpModules>
```

2. FileAuthorizationModule

调用 FileAuthorizationModule 类时，它检查 HttpContext.User.Identity 属性中的 IIdentity 对象是否为 WindowsIdentity 类的一个实例。如果 IIdentity 对象不是 WindowsIdentity 类的一个实例，则 FileAuthorizationModule 类停止处理。

如果存在 WindowsIdentity 类的一个实例，则 FileAuthorizationModule 类调用 AccessCheckWin32 函数（通过 P/Invoke）来确定是否授权经过身份验证的客户端访问请求的文件。如果该文件的安全描述符的随机访问控制列表（DACL）中至少包含一个 Read 访问控制项（ACE），则允许该请求继续。否则，FileAuthorizationModule 类调用 HttpApplication.CompleteRequest 方法并将状态码 401 返回到客户端。

3. UrlAuthorizationModule

调用 UrlAuthorizationModule 类时，它在计算机级别或应用程序特定的 Web.config 文件中查找 authorization 元素。如果存在该元素，则 UrlAuthorizationModule 类从 HttpContext.User 属性检索 IPrincipal 对象，然后使用指定的动词（GET、POST 等）来确定是否授权该用户访问请求的资源。

4. 文件授权

Windows 操作系统提供了其授权机制，我们也可以为 NTFS 文件系统格式的盘符中的任意文件或者文件夹设置权限。这些权限存储在访问控制列表（ACL）中，这个列表是跟文件存储在一起的。ASP.NET 文件授权模块让你可以使用这些权限来控制对 Web 应用程序中资源、页面和文件夹的访问。要使用 File 授权，需要首先配置应用程序使其可以使用 Windows 认证，然后为 Web 站点中的文件和文件夹分配权限。

在 Web.config 文件中，将系统配置为 Windows 认证和文件授权，并且在我们的 Web 应用的站点中指定相应目录或文件的权限，那么整个认证和授权的过程 ASP.NET 将自动完成。

5. URL 授权

通过 URL 授权，可以显式允许或拒绝某个用户名或角色对特定目录的访问权限。为此，应在该目录的配置文件中添加一个 authorization 节。若要启用 URL 授权，可在配置文件的 authorization 节中的 allow 或 deny 元素中指定一个用户或角色列表。为目录建立的权限也会应用到其子目录，除非子目录中的配置文件重写这些权限。

authorization 节的语法如下。

```
<authorization>
    <allow|deny users|roles [verbs]/>
</authorization>
```

其中，allow 与 deny 元素必选其一，users 与 roles 必选其一，users 和 roles 也必选其一，verbs 属性为可选项。

allow 和 deny 元素分别授予访问权限和撤销访问权限。每个元素都支持表 7.3 所示的属性。

表 7.3　元素介绍

属　　性	说　　明
users	标识此元素的目标身份（用户账户），用问号（?）标识匿名用户，可以用星号（*）指定所有经过身份验证的用户
roles	为被允许或被拒绝访问资源的当前请求标识一个角色（RolePrincipal 对象）
verbs	定义操作所要应用到的 HTTP 谓词，如 GET、HEAD 和 POST。默认值为“*”，它指定了所有谓词

由于系统中存在多个配置文件，所以在执行时可能要对这些配置项进行合并，合并的规则如下。

(1) 应用程序级别的配置文件中包含的规则优先级高于继承的规则。系统通过构造一个 URL 的所有规则的合并列表，其中最近（层次结构中距离最近）的规则位于列表头，以确定哪条规则优先。

(2) 给定应用程序的一组合并的规则，ASP.NET 从列表头开始，检查规则直至找到第一个匹配项为止。ASP.NET 的默认配置包含向所有用户授权的<allow users="*">元素（默认情况下，最后应用该规则）。如果其他授权规则都不匹配，则允许该请求。如果找到匹配项并且它是 deny 元素，则向该请求返回 401 HTTP 状态代码。如果与 allow 元素匹配，则模块允许进一步处理该请求。

还可以在配置文件中创建一个 location 元素以指定特定文件或目录，location 元素中的设置将应用于这个文件或目录。

7.3.3　使用 Membership 实现 Web 应用的认证

ASP.NET 成员资格（Membership）提供了一种验证和存储用户凭据的内置方法。因此，ASP.NET 成员资格可用于管理站点中的用户身份验证。通过将 ASP.NET 成员资格与 ASP.NET Forms 身份验证或 ASP.NET 登录控件一起使用，来创建一个完整的用户身份验证系统。

ASP.NET 成员资格支持下列功能。

(1) 创建新用户和密码。

(2) 将成员资格信息（用户名、密码和支持数据）存储在 Microsoft SQL Server、Active Directory 或其他数据存储区。

(3) 对访问站点的用户进行身份验证。可以以编程方式验证用户，也可以使用 ASP.NET 登录控件创建一个只需很少代码或无需代码的完整身份验证系统。

(4) 管理密码，包括创建、更改和重置密码。选择不同的成员资格，其对应的选项也不同，成员资格系统还可以提供一个使用用户提供的问题和答案的自动密码重置系统。

(5) 公开经过身份验证的用户的唯一标识，我们可以在自己的应用程序中使用该标识，也可以将该标识语 ASP.NET 个性化设置和角色管理（授权）系统集成。

(6) 指定自定义成员资格提供程序，从而方便自定义代码管理成员资格及在自定义数据存储区中维护成员资格数据。

1. Membership 系统组成介绍

ASP.NET 2.0 提供的成员资格服务主要包括控件、成员资格 API、Provider 和成员资格数据存储等部分，如图 7.3 所示。

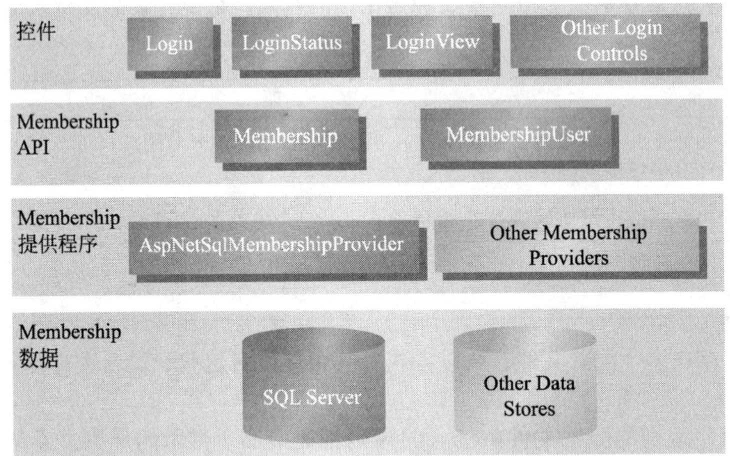

图 7.3　Membership 系统组件

(1) 控件：封装创建用户、登录等功能界面相关控件，并通过自动调用成员资格应用编程接口实现相应的功能。

(2) Membership API（成员资格应用编程接口）：成员资格应用编程接口是通过 Membership 类公开的。Membership 类包含的方法能够完成创建新用户、更改密码、搜索与特定条件匹配的用户等工作。

(3) Membership 提供程序：通过使用提供程序模型，可轻松改写成员资格系统以使用不同的数据存储区或带有不同架构的数据存储区。此外，还可以通过创建自定义提供程序来扩展成员资格系统，这样做可以在成员资格系统与现有用户数据库之间创建一个接口。

(4) Membership 数据：存储成员资格信息。

2. 配置和启用 Membership

若要使用成员资格，必须首先为站点配置成员资格。主要分为以下 3 个步骤。

(1) 将成员资格选项指定为站点配置的一部分。默认情况下，成员资格处于启用状态。还可以指定要使用哪个成员资格提供程序（实际上，这意味着指定要存储成员资格信息的数据库的类型）。默认提供程序使用 Microsoft SQL Server 数据库。还可以选择使用 Active Directory 存储成员资格信息，或者可以指定自定义提供程序。

(2) 将应用程序配置为使用 Forms 身份验证（与 Windows 或 Passport 身份验证不同）。通常指定应用程序中的某些页或文件夹受到保护，并只能由经过身份验证的用户访问。

（3）为成员资格定义用户账户。可以通过多种方式执行此操作。可以使用站点管理工具，该工具提供了一个用于创建新用户的类似向导的界面。或者，可以创建一个“新用户”ASP.NET 网页，在该网页中收集用户名、密码及电子邮件地址（可选），然后使用一个名为 CreateUser 的成员资格函数在成员资格系统中创建一个新用户。

3. 成员资格应用编程接口

成员资格应用编程接口（Membership API）主要提供了对成员服务的业务支持，包括创建用户、登录、修改密码和用户信息等功能，主要包括两个类，分别是 Membership 和 MembershipUser。

Membership 主要作用是验证用户凭据并管理用户设置，其中大部分方法和属性都是静态的，表 7.4 和表 7.5 分别给出了 Membership 各属性和方法的具体说明。

表 7.4　Membership 属性

名　　称	说　　明
ApplicationName	获取或设置应用程序的名称
EnablePasswordReset	获得一个值，指示当前成员资格提供程序是否配置为允许用户重置其密码
EnablePasswordRetrieval	获得一个值，指示当前成员资格提供程序是否配置为允许用户检索其密码
HashAlgorithmType	用于哈希密码的算法的标识符
MaxInvalidPasswordAttempts	获取锁定成员资格用户前允许的无效密码或无效密码提示问题答案尝试次数
MinRequiredNonAlphanumericCharacters	获取有效密码中必须包含的最少特殊字符数
MinRequiredPasswordLength	获取密码所要求的最小长度
PasswordAttemptWindow	获取在锁定成员资格用户之前允许的最大无效密码或无效密码提示问题答案尝试次数的分钟数
PasswordStrengthRegularExpression	获取用于计算密码的正则表达式
Provider	获取对应用程序的默认成员资格提供程序的引用
Providers	获取一个用于 ASP.NET 应用程序的成员资格提供程序的集合
RequiresQuestionAndAnswer	获取一个值，该值指示默认成员资格提供程序是否要求用户在进行密码重置和检索时回答密码提示问题
UserIsOnlineTimeWindow	指定用户在最近一次活动的日期/时间戳之后被视为联机的分钟数

表 7.5　Membership 方法

名　　称	说　　明
CreateUser	已重载。将新用户添加到数据存储区
DeleteUser	已重载。从数据库中删除一个用户
FindUsersByEmail	已重载。获取一个成员资格用户的集合，这些用户的电子邮件地址包含要匹配的指定电子邮件地址
FindUsersByName	已重载。获取一个成员资格用户的集合，这些用户的用户名包含要匹配的指定用户名

续表

名　称	说　明
GeneratePassword	生成指定长度的随机密码
GetAllUsers	已重载。获取数据库中用户的集合
GetNumberOfUsersOnline	获取当前访问应用程序的用户数
GetUser	已重载。从数据源获取成员资格用户的信息
GetUserNameByEmail	获取一个用户名，其中该用户的电子邮件地址与指定的电子邮件地址匹配
UpdateUser	用指定用户的信息更新数据库
ValidateUser	验证提供的用户名和密码是有效的

MembershipUser 主要作用是公开和更新成员资格数据存储区中的成员资格用户信息。MembershipUser 是一个普通的类，需要实例化之后方可使用。其属性和方法分别如表 7.6 和表 7.7 所示。

表 7.6　MembershipUser 属性

名　称	说　明
Comment	获取或设置成员资格用户的特定于应用程序的信息
CreationDate	获取将用户添加到成员资格数据存储区的日期和时间
Email	获取或设置成员资格用户的电子邮件地址
IsApproved	获取或设置一个值，表示是否可以对成员资格用户进行身份验证
IsLockedOut	获取一个值，该值指示成员资格用户是否因被锁定而无法进行验证
IsOnline	获取一个值，表示用户当前是否联机
LastActivityDate	获取或设置成员资格用户上次进行身份验证或访问应用程序的日期和时间
LastLockoutDate	获取最近一次锁定成员资格用户的日期和时间
LastLoginDate	获取或设置用户上次进行身份验证的日期和时间
LastPasswordChangedDate	获取上次更新成员资格用户的密码的日期和时间
PasswordQuestion	获取成员资格用户的密码提示问题
ProviderName	获取成员资格提供程序的名称，该提供程序存储并检索成员资格用户的用户信息
ProviderUserKey	从用户的成员资格数据源获取用户标识符
UserName	获取成员资格用户的登录名

表 7.7　MembershipUser 方法

名　称	说　明
ChangePassword	更新成员资格数据存储区中成员资格用户的密码
ChangePasswordQuestionAndAnswer	更新成员资格数据存储区中成员资格用户的密码提示问题和密码提示问题答案
GetPassword	已重载。从成员资格数据存储区获取成员资格用户的密码

续表

名　称	说　明
ResetPassword	已重载。将用户密码重置为一个自动生成的新密码
ToString	已重写。返回成员资格用户的用户名
UnlockUser	清除用户的锁定状态以便可以验证成员资格用户

7.3.4　ASP.NET 登录控件

使用成员资格应用编程接口，需要自行设计用户管理和登录界面。而如果使用 ASP.NET 2.0 来构建 Web 应用，利用系统提供的大量的登录控件，可方便、高效地开发 Web 应用。

如果使用登录控件，它们将自动使用成员资格系统验证用户。例如，已创建了一个登录窗体，可以提示用户输入用户名和密码，然后调用 ValidateUser 方法执行验证。在验证用户后，可以使用 Forms 身份验证保留有关用户的信息（例如，如果用户的浏览器接受加密 Cookie），即调用 FormsAuthentication 类的方法来创建 Cookie 并将它写入用户的计算机。如果用户忘记了其密码，则登录页面可以调用成员资格函数，帮助用户找到密码或创建一个新密码。

用户每次请求其他受保护的页面时，ASP.NET Forms 身份验证都会检查该用户是否经过身份验证，然后相应地允许该用户查看该页面或将用户重定向到登录页。默认情况下，身份验证 Cookie 在用户会话期间一直有效。

在用户经过身份验证后，成员资格系统会提供一个包含有关当前用户的信息的对象。例如，可以获取成员资格用户对象的属性来确定用户名、电子邮件地址、上次登录时间等。成员资格系统的一个重要方面是无须显式执行任何低级数据库函数就可以获取或设置用户信息。例如，通过调用成员资格 CreateUser 方法就可以创建一个新用户。成员资格系统处理创建存储用户信息所需的数据库记录的细节。在调用 ValidateUser 方法检查用户凭据时，成员资格系统会执行所有数据库查询。

1. CreateUserWizard

CreateUserWizard 控件用于收集用户提供的信息，默认情况下，CreateUserWizard 控件将新用户添加到 ASP.NET 成员资格系统中。CreateUserWizard 控件收集用户名、密码、密码确认、电子邮件地址、安全提示问题、安全答案，如图 7.4 所示。

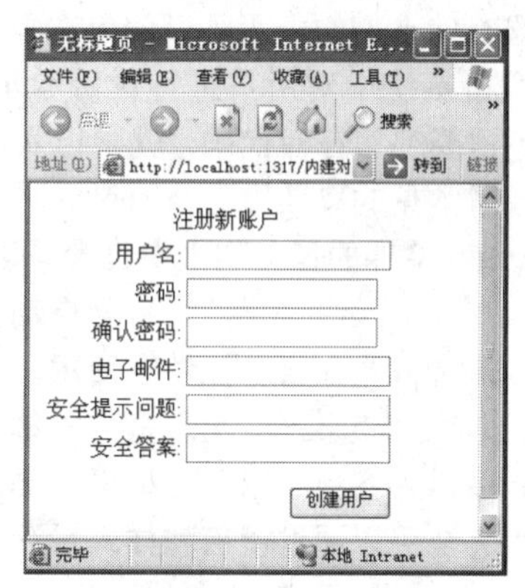

图 7.4　CreateUserWizard 控件运行界面

CreateUserWizard 控件的声明代码。

```
<asp:CreateUserWizard ID="CreateUserWizard2" runat="server">
   <WizardSteps>
      <asp:CreateUserWizardStep runat="server">
      </asp:CreateUserWizardStep>
      <asp:CompleteWizardStep runat="server">
      </asp:CompleteWizardStep>
   </WizardSteps>
   </asp:CreateUserWizard>
```

所有步骤的代码都设置在<WizardSteps>和</WizardSteps>之间。可以自定义 CreateUserWizard

控件，添加的标记和子控件在<ContentTemplate>元素中设置。

```
<asp:CreateUserWizard ID="CreateUserWizard2" runat="server">
<WizardSteps>
    <asp:CreateUserWizardStep runat="server">
    <ContentTemplate>
注册新账户<br />
注册名：<asp:TextBox ID="username" runat="server" /><br />
密码：<asp:TextBox ID="password" runat="server" TextMode= "Password"/> <br />
邮箱地址：<asp:TextBox ID="email" runat="server" /><br />
提示问题：<asp:TextBox ID="question" runat="server" /><br />
您的答案：<asp:TextBox ID="answer" runat="server" /><br />
        </ContentTemplate>
        </asp:CreateUserWizardStep>
        <asp:CompleteWizardStep runat="server">
        <ContentTemplate>
        恭喜您，您已注册<br />
        <asp:Button ID="continue" runat="server" Text="继续" />
        </ContentTemplate>
        </asp:CompleteWizardStep>
</WizardSteps>
</asp:CreateUserWizard>
```

2. Login

Login 控件显示的是一个用于执行用户身份验证的用户界面。包含一个用户名文本框、一个密码文本框和一个登录按钮。同时还可以设置一个复选框，该复选框可以让用户选择是否要服务器存储它们的表示，以便再次登录时自动进行身份验证。Login 控件使用成员资格管理在成员资格系统中对用户进行身份验证，只需几个简单的步骤，不需要编写任何代码，就可以实现登录功能。此控件不仅内置了常见的登录界面，而且允许自定义界面外观。

Login 控件的任务列表中包含了以下三项内容。

(1)“自动套用格式…”用于自动格式化 Login 控件外观样式。这种方式在很多控件中使用。

(2)“转换为模板”用于将当前的 Login 控件转变成模板内容，可以为实现登录页面提供更高的灵活性。Login 控件的外观完全可以通过模板和样式设置进行自定义。

(3)“管理网站”任务用于启动 Web 管理工具，直接转向 ASP.NET 网站管理工具。

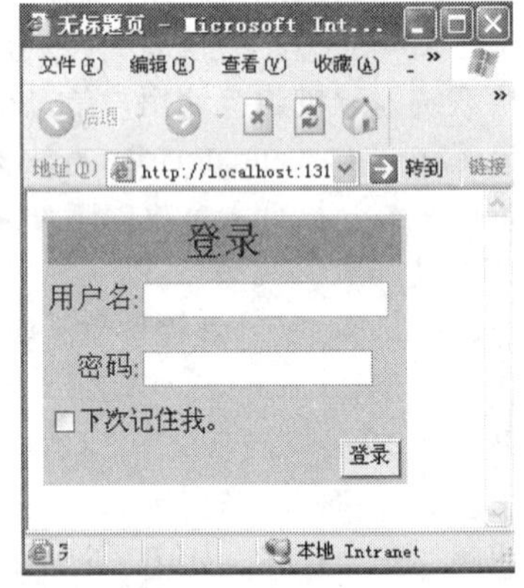

图 7.5　Login 控件运行界面

设置控件的外观如下，浏览器中运行结果如图 7.5 所示。

```
    <asp:Login ID="Login1" runat="server" BackColor="#C0C0FF">
    <TitleTextStyle BackColor="CornflowerBlue" ForeColor="Black" Font-Size=
"X-Large" Height="20px" HorizontalAlign="Center"/>
    <TextBoxStyle ForeColor="Brown" />
    <CheckBoxStyle BackColor="#C0C0FF" ForeColor="Black" />
    <LabelStyle  Font-Bold="False"  Font-Size="Larger"  ForeColor="Navy"
Height="40px" />
    <LoginButtonStyle BackColor="MistyRose" BorderColor="White" />
    </asp:Login>
```

Login 控件样式属性如表 7.8 所示。

表 7.8　Login 控件样式属性

样 式 属 性	受影响的用户界面元素
BorderPadding	获取或设置 Login 控件边框内的空白量
CheckBoxStyle	定义“记住我”复选框的设置
FailureTextStyle	定义 Login 控件中登录失败后提示文本的外观
InstructionTextStyle	定义 Login 控件说明文本的外观
LabelStyle	定义 Login 控件文本框标签的外观
TextBoxStyle	定义 Login 控件中“用户名”和“密码”TextBox 控件的外观
TitleTextStyle	定义 Login 控件中的标题的外观
ValidatorTextStyle	定义与 Login 控件使用的验证程序关联的错误信息的外观
HyperLinkStyle	定义 Login 控件中的超链接的外观
LoginButtonStyle	控制 Login 控件中登录按钮的外观

Login 控件的重要属性如表 7.9 所示。

表 7.9　Login 控件的重要属性

属　　性	说　　明
CreateUserText	为“创建用户”链接显示的文本
CreateUserUrl	创建用户页的 URL
PasswordRecoveryText	为密码恢复链接显示的文本
PasswordRecoveryUrl	恢复密码页的 URL
DestinationPageUrl	指定当验证通过后执行重定向显示的页面的 URL，默认是返回到引用页或 web.config 文件中 defaultUrl 属性中定义的页面
VisibleWhenLoggedIn	获取或设置一个布尔值，表示是否向通过验证的用户显示 Login 控件
FailureAction	获取或设置当用户登录失败验证失败时 Login 控件的行为
MembershipProvider	获取或设置控件使用的成员资格数据提供程序的名称，默认 Empty
RememberMeSet	获取或设置布尔值，表示是否向客户端浏览器发送持久性身份验证 Cookie
DisplayRememberMe	获取或设置一个布尔值，表示是否显示复选框“下次记住我”

可通过 OnAuthenticate 方法来引发 Authenticate 事件，使用 Authenticate 事件实现自定义身份验证方案。

例子：

```
protected void Login1_Authenticate(object sender, AuthenticateEventArgs e)
{
    if(Login1.UserName == "yy" && Login1.Password == "111111")
        Response.Redirect("Default.aspx");
}
```

以下是将 Login 控件与 Forms 身份验证结合的例子，各文件的代码如下。

（1）Web.config 文件中：

```
<authentication mode="Forms" >
     <forms name="formauthentication" loginUrl="登录控件.aspx">
       <credentials passwordFormat="Clear">
          <user name="student" password="1234"/>
          <user name="teacher" password="5678"/>
       </credentials>
     </forms>
   </authentication>
   <authorization>
      <deny users="?"/>
   </authorization>
```

（2）创建“登录控件.aspx”窗体：

```
    <div> <asp:Login ID="Login1" runat="server" BackColor="#C0C0FF" CreateUserText=
"单击此处注册" CreateUserUrl="~/Default.aspx" DestinationPageUrl= "~/Default.
aspx" OnAuthenticate="Login1_Authenticate" PasswordRecoveryText= "忘记密码了？"
PasswordRecoveryUrl="~/Default.aspx"><TitleTextStyle BackColor="CornflowerBlue"
ForeColor="Black" Font-Size="X-Large" Height="20px" HorizontalAlign="Center"/>
    <TextBoxStyle ForeColor="Brown" /><CheckBoxStyle BackColor="#C0C0FF"
ForeColor="Black" /><LabelStyle Font-Bold="False" Font-Size="Larger"
ForeColor="Navy" Height="40px" /><LoginButtonStyle BackColor="MistyRose"
BorderColor="White" />
    </asp:Login></div>
         protected void Login1_Authenticate(object sender, AuthenticateEventArgs e)
         {
            if (FormsAuthentication.Authenticate(Login1.UserName, Login1.Password))
                 FormsAuthentication.RedirectFromLoginPage(Login1.UserName, true);
         }
```

（3）创建 Default.aspx 窗体：

```
    <div><asp:Label ID="Label1" runat="server" Height="37px" Text="Label"
Width="287px"></asp:Label><br /><asp:Button ID="Button1" runat="server"
OnClick="Button1_Click" Text="退出" /> </div>
         protected void Page_Load(object sender, EventArgs e)
         {
             Label1.Text = "欢迎您" + User.Identity.Name;
         }
         protected void Button1_Click(object sender, EventArgs e)
         {
             FormsAuthentication.SignOut();
             Response.Redirect("login.aspx");
         }
```

3. LoginView

可以使用 LoginView 控件向匿名用户和登录用户，以及不同角色的登录用户，显示不同的信息。该控件的任务列表中有以下 3 个选项。

（1）编辑 RoleGroups：用于设置 RoleGroups 属性中角色信息。

（2）视图：AnonymousTemplate 或 LoggedInTemplate，分别是为匿名用户和经过身份验证

的用户显示当前信息的视图。

（3）管理工具：调用 VWD 内置的 Web 网站管理工具。

LoginView 控件的主要任务就是为不同的用户/角色显示不同的网站“视图”。在“视图”下拉菜单中包含以下属性模板：

（1）AnonymousTemplate 属性：用于向未登录到网站的用户（匿名用户）设置显示的视图，登录用户永远看不到在此属性中设置的视图，如图 7.6 所示。

（2）LoggedInTemplate 属性：用于向已登录到网站、但不属于 RoleGroups 属性中指定的任何角色组中的用户设置显示的视图，如图 7.7 所示。

图 7.6　LoginView 控件的设计视图 1

图 7.7　LoginView 控件设计视图 2

（3）RoleGroups 属性：用于向已登录且具有特定角色的用户设置显示的视图，如果用户是多个角色的成员，则使用第一个与该用户的任意一个角色相匹配的角色组视图。如果有多个视图与单个角色相关联，则仅使用第一个定义的视图。

```
<asp:LoginView ID="LoginView1" runat="server">
        <LoggedInTemplate>
        您已登录<asp:LoginName ID="LoginName1" runat="server" />
        </LoggedInTemplate>
        <AnonymousTemplate>
        请注册
        </AnonymousTemplate>
            <RoleGroups>
                <asp:RoleGroup Roles="administrators">
                <ContentTemplate>
                <asp:LoginName ID="LoginName1" runat="server" />
                </ContentTemplate>
                </asp:RoleGroup>
                <asp:RoleGroup Roles="users">
                <ContentTemplate>
                <asp:LoginName ID="LoginName1" runat="server" />
                </ContentTemplate>
                </asp:RoleGroup>
            </RoleGroups>
        </asp:LoginView>
<asp:LoginStatus ID="LoginStatus1" runat="server" />
```

4. ChangePassword

ChangePassword 控件提供给用户更改其在登录网站时所使用的密码的控件。ChangePassword 控件可以执行以下操作：①先登录：提交旧密码验证身份后，再提交新密码要求更改密码。②在未登录的情况下更改其密码，即用户无须登录，可以直接指定用户密码。条件是包含 ChangePassword 控件的页面允许匿名访问并且 DisplayUserName 属性设置为 True。ChangePassword 控件的模板控件说明如表 7.10 所示。

表 7.10　ChangePassword 控件的模板控件

控　　件	说　　明
CurrentPassword	必须创建一个用于获取用户输入当前密码的文本框
NewPassword	必须创建一个用于获取用户输入新密码的文本框
UserName	如果 DisplayUserName 属性为 True，则为必需，以允许匿名用户输入用户名

ChangePassword 控件的样式属性如表 7.11 所示。

表 7.11　ChangePassword 控件的样式属性

样 式 属 性	说　　明
CancelButtonStyle	设置控件“取消”按钮的样式
ChangePasswordButtonStyle	设置控件“更改密码”按钮的样式
ContinueButtonStyle	设置控件“成功”视图上“继续”按钮的样式
FailureTextStyle	设置页面上的错误信息的样式
HyperLinkStyle	设置控件中超链接的样式
InstructionTextStyle	设置控件说明文本的样式
LabelStyle	设置控件文本框标签的样式
PasswordHintStyle	设置密码要求提示内容的样式
SuccessTextStyle	设置密码恢复或重置尝试成功时显示给用户的文本样式
TextBoxStyle	设置控件中文本框的样式
TitleTextStyle	设置控件中标题文本的样式

5. LoginStatus

LoginStatus 控件用于检测用户的身份验证状态，有两种用户验证状态。①用户没有登录站点，LoginStatus 控件显示登录链接，链接到指定的登录页。②用户已登录站点，LoginStatus 控件会显示注销链接，站点注销操作会清除用户的身份验证状态，如果在使用 Cookie，该操作还会清除用户的客户端计算机中的 Cookie。

注销链接的注销行为是由控件属性 LogoutAction 决定的，LogoutAction 属性包括 3 个枚举值，分别为：①Refresh：表示刷新当前页；②Redirect：表示重定向到 LogoutPageUrl 属性中定义的页面，如果 LogoutPageUrl 属性值为空，则重定向到 Web.config 中定义的登录页面；③RedirectToLoginPage：表示重定向到 Web.config 中定义的登录页面。

6. PasswordRecovery

PasswordRecovery 控件帮助用户在忘记密码时或重新设置密码，并根据在创建账户时所使用的电子邮件地址，利用电子邮件来接收它。

PasswordRecovery 控件找回密码由两种方式：①找回原有密码：如果成员资格提供程序经过配置，对密码进行加密或以明文方式存储密码，就可以向用户发送他们选定的密码。②默认的情况：ASP.NET 采用的是不可逆的加密方法对密码进行哈希处理，因此密码是不可恢复的。这时，应用程序会重置新密码，将新密码发送给用户。

PasswordRecovery 的配置属性说明如表 7.12 所示。

表 7.12 PasswordRecovery 的配置属性

属　　性	说　　明
EnablePasswordReset	指示成员资格提供程序是否配置为允许用户重置其密码。为 True 表示支持密码重置
EnablePasswordRetrieval	指示成员资格提供程序是否配置为允许用户检索其密码
RequiresQuestionAndAnswer	指示成员资格提供程序是否配置为要求用户在进行密码重置和检索时回答密码提示问题
PasswordFormat	指示在成员资格数据存储区中存储密码的格式。如果设置为 Hashed，则 PasswordRecovery 控件无法恢复用户的密码，只能重置，默认为 Hashed

在恢复密码后，应用程序会以电子邮件的方式发送给用户。因此，必须使用 SMTP 服务器对应用程序进行配置。

PasswordRecovery 控件内置了 3 种视图：①用户名视图：要求丢失密码的用户输入注册的用户名。②提示问题视图：要求用户输入提示问题的答案。③成功视图：显示信息告诉用户密码是否恢复或重置是否成功。当 MembershipProvider 属性中定义的成员资格提供程序支持密码提示问题和答案时，即 RequiresUniqueEmail 属性设置为 True 时，PasswordRecovery 控件才显示“提示问题”视图。

PasswordRecovery 控件的常用样式属性如表 7.13 所示。

表 7.13 PasswordRecovery 控件的常用样式属性

样 式 属 性	说　　明
SubmitButtonStyle	设置控件提交按钮的样式
FailureTextStyle	设置控件中错误文本的样式
HyperLinkStyle	设置控件中超链接的样式
InstructionTextStyle	设置页面上说明性文本的样式，告诉用户如何使用控件
LabelStyle	设置控件中标签（输入字段）的样式
TextBoxStyle	设置控件中文本框的样式
TitleTextStyle	设置控件中标题文本的样式
SuccessTextStyle	设置密码恢复或重置尝试成功时显示给用户的文本样式

7. LoginName

如果用户已使用 ASP.NET 成员资格登录，LoginName 控件将显示该用户的登录名。或者，如果站点使用集成 Windows 身份验证，该控件将显示用户的 Windows 账户名。LoginName 控件既可以显示通过表单验证的用户名，也可以显示经过其他登录验证的用户名，如 Forms 身份验证等。

7.3.5 使用 Role 实现 Web 应用的授权

角色管理有助于实现授权管理，允许指定应用程序中用户可以访问的资源。角色管理允许我们向角色分配用户（如 manager、sales、member 等），从而将用户组视为一个单元。在 Windows 中，可通过将用户分配到组（如 Administrators、Power Users 等）来创建角色。

1．角色管理概述

建立角色后，可以在应用程序中创建访问规则。例如，站点中可能包括一组只希望对成员显示的页面。同样，也可能希望根据当前用户是否是经理而显示或隐藏页面的一部分。使用角色，就可以独立于单个应用程序而为用户建立这些类型的规则。例如，我们无须为站点的各个成员授予权限，允许他们访问仅供成员访问的页面；而是可以为 member 角色授予访问权限，然后在用户注册时简单地将其添加到该角色中或从该角色中删除，或允许用户的成员资格失效。

用户可以具有多个角色。例如，如果站点是个论坛，则有些用户可能同时具有成员角色和版主角色。因此，可能需要为某个角色在站点中定义不同的特权，同时具有这两种角色的用户将具有两组特权。

即使应用程序只有很少的用户，创建角色仍有其方便之处。角色使我们可以灵活地更改特权、添加和删除用户，而无须对整个站点进行更改。为应用程序定义的访问规则越多，使用角色这种方法对用户组应用进行更改就越方便。

（1）角色和访问规则。

建立角色的主要目的是提供一种管理用户组访问规则的便捷方法。创建用户后，将用户分配到角色（在 Windows 中，将用户分配到组）。典型的应用是创建一组限制为只有某些用户可以访问的页面。通常的做法是将这些受限制的页面单独放在一个文件夹内。然后，使用站点管理工具来定义允许和拒绝访问受限文件夹的规则。例如，可以配置站点使雇员和经理可以访问受限文件夹中的页面，并拒绝其他用户的访问。如果未被授权的用户尝试查看受限制的页面，该用户会看到错误消息或被重定向到某一指定的页面。

（2）角色管理、用户标识和成员资格。

若要使用角色，必须能够识别应用程序中的用户，以便可以确定用户是否属于特定角色。在对应用程序进行配置后，可以两种方式建立用户标识：Windows 身份验证和 Forms 身份验证。如果应用程序在局域网（即在基于域的 Intranet 应用程序）中运行，则可以使用用户的 Windows 域账户名来标识用户。在这种情况下，用户的角色是该用户所属的 Windows 组。

在 Internet 应用程序和其他不适合使用 Windows 账户的方案中，可以使用 Forms 身份验证来建立用户标识。对于此任务，通常是创建一个页面，用户可以在该页面中输入用户名和密码，然后对用户凭据进行验证。ASP.NET Login 控件可以为我们执行其中的大部分工作，也可以创建登录页面并使用 FormsAuthentication 类建立用户标识。

如果使用 Login 控件和 Forms 身份验证建立用户标识，则还可以联合使用角色管理和成员资格。在这个方案中，使用成员资格来定义用户名和密码。然后，使用角色管理定义角色并为这些角色分配成员资格用户 ID。但是，角色管理并不依赖于成员资格。只要能够在应用程序中设置用户标识，就可以继续使用角色管理进行授权。

（3）角色管理 API。

角色管理不局限于对页面或文件夹的权限控制，它还提供了一个 API，可使用该 API 以编程方式确定用户是否属于某角色。这使我们能够编写有关角色的代码，并能够不仅基于用户而且基于用户所属的角色来执行所有应用程序任务。

如果在应用程序中建立了用户标识，则可以使用角色管理 API 方法创建角色，向角色中添加用户并获取有关用户在角色中分配情况的信息。这些方法使我们可以创建自己的用于管理角色的接口。

如果应用程序使用 Windows 身份验证，则角色管理 API 为角色管理提供的功能较少。例如，不能使用角色管理创建新角色。不过，可以使用 Windows 用户和组管理创建用户账户和组，并将用户分配到组。然后，角色管理可以读取 Windows 用户和组信息，以便利用此信息进行身份验证。

2. ASP.NET 的角色管理

若要使用角色管理，首先要启用它，并配置能够利用角色的访问规则（可选）。然后就可以在运行时使用角色管理功能处理角色了。

(1) 角色管理配置。

若要使用 ASP.NET 角色管理，应使用如下代码设置，并在应用程序的 Web.config 文件中启用它。

```
<roleManager enalbed="true" cacheRolesInCookie="true">
</roleManager>
```

角色的典型应用是建立规则，用于允许或拒绝对页面或文件夹的访问。可以在 Web.config 文件的 authorization 元素（ASP.NET 设置架构）部分中设置此类访问规则。下面的示例允许 members 角色的用户查看名为 memberPages 的文件夹中的页面，同时拒绝任何其他用户的访问。

```
<configuration>
    <location path="memberPages">
        <system.web>
            <authorization>
                <allow roles="members"/>
                <deny users="*"/>
            </authorization>
        </system.web>
    </location>
</configuration>
```

还必须创建 manager 或 member 之类的角色，并将用户 ID 分配给这些角色。如果应用程序使用 Windows 身份验证，则可以使用 Windows 计算机管理工具创建用户和组。

如果使用 Forms 身份验证，则设置用户和角色的最简单的方法是使用 ASP.NET 站点管理工具。另外，也可以通过调用各种角色管理器方法以编程方式来执行此任务。下面的代码示例演示了如何创建角色 members。

```
Roles.CreateRole("members");
```

下面的代码演示如何将用户 Joe 单独添加到角色 manager 中，以及如何将用户 Jill 和 Jone 一同添加到角色 members 中。

```
Roles.AddUserToRole("Joe","manager");
string[] userGroup=new string[2];
userGroup[0]= "Jill";
userGroup[1]= "Jone";
Roles.AddUsersToRole(userGroup, "members");
```

(2) 在运行时使用角色。

在运行时，当用户访问站点时，他们将以 Windows 账户名建立标识或通过登录应用程序建立标识（在 Internet 站点中，如果用户未经登录而访问站点，即匿名访问，他们将没有用户标识，因此不属于任何角色）。应用程序可从 User 属性获得有关已登录用户的信息。启用角色后，ASP.NET 将查找当前用户的角色，并将其添加到 User 对象中，以便于检查。下面的代码示例演示如何确定当前用户是否属于 member 角色，如果是，则显示用于成员的按钮。

```
if(User.IsInRole("members"))
{
    buttonMembersAera.Visible=True;
}
```

ASP.NET 还创建 RolePrincipal 类的实例并将其添加到当前请求上下文中，以便以编程方式执行角色管理任务，如确定特定角色中有哪些用户。下面的代码演示了如何获取当前已登录用户的角色列表。

```
string[] userRoles=((RolePrincipal)User).GetRoles();
```

如果在应用程序中使用 LoginView 控件，该控件将检查用户的角色并能够基于用户角色动态创建用户界面。

（3）缓存角色信息。

如果用户的浏览器允许 Cookie，则 ASP.NET 可以选择在用户计算机的加密 Cookie 中存储角色信息。在每个页面请求中，ASP.NET 读取 Cookie 并根据 Cookie 填充该用户的角色信息。此策略可最大限度地减少从数据库中读取角色信息的需要。如果用户的浏览器不支持 Cookie 或者 Cookie 已禁用，则只在每个页面请求期间缓存角色信息。如果需要在 Cookie 中缓存角色信息，实现的方法也很简单，只需要在 Web.config 文件的 roleManager 节中，将 cacheRolesInCookie 属性值设为 true 就可以了。

7.3.6 登录控件的综合应用

（1）创建一个 Default.aspx 窗体，拖放一个 LoginView 控件，打开“LoginView 任务”面板，在“视图”列表中选择 AnonymousTemplate，该模板定义的是用户在登录前可以看到的内容，激活编辑区，输入“您尚未登录，请单击登录链接以登录”。在“LoginView 任务”面板的“视图”列表中选择 LoggedInTemplate，该模板定义的是已登录的用户可以看到的内容，激活编辑区，输入“您已登录，欢迎您”。

（2）在 Default.aspx 窗体中，再拖放一个 LoginName 控件，显示登录成功的用户名字。

（3）在 Default.aspx 窗体中，再拖放一个 LoginStatus 控件，该控件呈现一个“登录”链接，单击该控件后，应用程序将自动显示登录页。若登录成功的用户，应用程序将显示“注销”项，将显示 AnonymousTemplate 模板的样式。

（4）创建一个 Login.aspx 页面，拖放一个 Login 控件在页面上，这是一个提示用户输入凭据并进行验证的控件。先在 Web.config 文件里，将验证模式改成 Forms。打开 Login 控件的“Login 任务”面板，选择“管理网站”选项，选项“管理网站”用于调用内置的 WAT，WAT 是管理网站工具，利用这个工具，可以实现用户和角色的快速配置。在“安全”选项卡中，单击“使用安全设置向导按部就班配置安全性”的链接，出现“使用安全设置向导”窗口，单击“下一步”按钮选择“通过 Internet”选项，单击“下一步”按钮，向导显示一条消息，表明将使用“高级提供程序设置”存储用户信息，单击“下一步”按钮，向导显示创建角色的选项，这里不创建角色，因此不选“为此网站启用角色”项。单击“下一步”按钮，向导显示创建用户的页面，以便创建使用该网页的用户信息，定义网站中的用户信息时，要注意用户名不要有空格，密码必须包括大写和小写字母以及标点，且长度至少为 8 个字符，“安全提示问题”和“安全答案”是帮助恢复密码时使用的问题和答案。这里创建 student 和 teacher 两个用户。单击“下一步”按钮，出现“添加新访问规则”窗口，该窗口用来定义用户或角色的权限，可以直接给用户添加权限，也可以将用户添加到不同的组，给组赋予权限。在“规则应用于”下选择单选框“用户”，输入用户名 student，在“权限”下选择“拒绝”，单击“添加此规则”。同样输入用户名 teacher，并且权限设置为“允许”，单击“完成”。可运行 Default.aspx 窗体，查看运行结果。

(5) 在 IIS 中安装和配置 SMTP 虚拟服务器，打开 WAT，单击“应用程序”选项，单击“配置 SMTP 电子邮件设置”，如果使用的是本地机做 SMTP 服务器，则“服务器名”设置为 localhost，在“发件人”中，输入有效的电子邮件地址。根据 SMTP 服务器的要求，配置端口号和身份验证的信息。服务器名为 localhost，服务器端口 25，发件人为 moon_yy1202@sina.com，身份验证为无。

(6) 创建 PasswordRecovery.aspx 页面，拖放一个 PasswordRecovery 控件，再拖放一个 HyperLink 控件，将 HyperLink 控件的 Text 属性设置为“登录”，并将 NavigateUrl 属性设置为~/Login.aspx。

(7) 再打开 Login.aspx 页面，拖放一个 HyperLink 控件在页面上，将 HyperLink 控件的 Text 属性设置为“您忘记密码了吗？”，并将 NavigateUrl 属性设置为～/PasswordRecovery.aspx。

(8) 运行 Default.aspx 窗体，查看运行结果，在 PasswordRecovery.aspx 页面，输入用户名，单击“提交”，再输入用户安全答案，单击“提交”，站点会将重置密码发送到指定的邮箱中。因为是本地服务器，所以在 C:\Inetpub\mailroot\Queue 文件夹下可查看邮件，将看到重置密码。

(9) 创建一个 ChangePassword.aspx 页面，拖放一个 ChangePassword 控件到页面上，将 DisplayUserName 属性设置为 True，表示允许匿名用户修改密码。ContinueDestinationPageUrl 属性设置为“~/HomePage.aspx”，表示设置单击成功视图中，单击“继续”按钮时要重定向到的 URL。

(10) 再打开 Login.aspx 页面，拖放 HyperLink 控件在页面上，将 Text 属性设置为“修改密码”，NavigateUrl 属性设置为“~/ChangePassword.aspx”。

(11) 运行 Login.aspx 页面，单击“修改密码”，在密码修改页中，输入用户名、旧密码和新密码，然后单击“更改密码”，进入成功视图，单击“继续”按钮，进入主页。

(12) 创建 CreateUserWizard.aspx 页面，拖放一个 CreateUserWizard 控件，将 Continue DestinationPageUrl 属性设置为“~/Login.aspx”，表示单击“继续”按钮时要重定向到的 URL。

(13) 打开 Default.aspx 页面，选择 LoginView 控件的 AnonymousTemplate，激活匿名模板编辑器。拖放一个 HyperLink 控件，将 Text 属性设置为“注册”，NavigateUrl 属性设置为“~/CreateUserWizard.aspx”，这时“注册”链接只向为登录用户显示。测试，输入信息后，显示成功消息后，单击“继续”按钮，进入 Login.aspx 页面，以新注册的身份登录。

7.4 项目实施

任务：管理员登录模块。

管理员登录界面 admin_Login.aspx 中，不应用母版页。管理员登录界面的源视图中的内容如下所示，设计的效果图如图 7.8 所示。

用户登录	
管理员用户：	
管理员密码：	
登录 重置	

图 7.8　管理员登录界面

```
<div style="text-align: center"><table style="width: 500px; height: 100px"><tr>
<td style="width: 500px">用户登录</td></tr><tr><td style="width: 500px">
管理员用户：<asp:TextBox ID="TextBox1" runat="server"></asp:TextBox></td></tr>
<tr><td style="width: 500px">管理员密码：<asp:TextBox ID="TextBox2" runat="server"></asp:TextBox></td></tr><tr><td style="width: 500px"><asp:Button ID="Button1" runat="server" OnClick="Button1_Click" Text="登录" /><asp:Button ID="Button2" runat="server" OnClick="Button2_Click" Text="重置" /></td></tr></table></div>
```

管理员登录界面 admin_Login.aspx 的代码隐藏页中，首先实例化 MODEL 的 UserInfo 类的对象，并且实例化 BLL 的 UserLogic 类的对象。代码如下所示。

```
MODEL.UserInfo Ma = new MODEL.UserInfo();
BLL.UserLogic Ba = new BLL.UserLogic();
```

"重置"按钮的单击事件中，清空文本框 TextBox1 和 TextBox2 中的内容，并且将焦点聚焦到 TextBox1 上，使用的是 Focus()方法。代码如下所示。

```
protected void Button2_Click(object sender, EventArgs e)
{
     TextBox1.Text = "";
     TextBox2.Text = "";
     TextBox1.Focus();
}
```

"登录"按钮的单击事件中，首先用 Equals()方法获取 TextBox1 和 TextBox2 中的内容，如果文本框中的内容为空时，弹出错误消息提示。否则将文本框 TextBox1 的值赋给 MODEL 的 UserInfo 类的对象的 UserName 属性，将 TextBox2 的值进行 MD5 加密后赋值给 MODEL 的 UserInfo 类的对象的 Password 属性，通过调用 BLL 的 UserLogic 类的 AdminLogin()方法来判断管理员的用户名是否合理，用户名和密码是否正确，如果正确可以登录成功。代码如下所示。

```
protected void Button1_Click(object sender, EventArgs e)
{
    if(TextBox1.Text.Equals(""))
    {
        Response.Write("<script language=javascript>alert('请输入管理员用户名')</script>");
    }
    if(TextBox2.Text.Equals(""))
    {
        Response.Write("<script language=javascript>alert('请输入管理员密码')</script>");
    }
    Ma.UserName = TextBox1.Text.Trim();
    Ma.Password=FormsAuthentication.HashPasswordForStoringInConfigFile(TextBox2.Text.Trim(), "MD5");
    if(Ba.AdminLogin(Ma) > 0)
    {
        Session["admin"] = TextBox1.Text.Trim();
        Response.Redirect("admin_Default.aspx");
    }
```

```
        else
        {
            Response.Redirect("admin_login.aspx");
        }
    }
```

7.5 本项目实施过程中可能存在的问题

本项目的实施内容是管理员登录功能。由于系统在设计的时候，没有考虑 7 个登录控件的使用问题，因此没有采用登录控件来实现管理员的登录，但可以在信息发布网站的扩展程序中使用登录控件来实现此功能。

（1）“重置”按钮的设置问题。

“重置”按钮的作用是要清空用户名和密码后文本框的内容，并且将鼠标的焦点放置到用户名后面的文本框上。“重置”按钮的设计可以采用两种方式，第一种是按照项目实施中所采用的方式来执行。第二种方式是可以使用 HTML 控件中的 Input（Reset）控件，也是实现相同的功能，但是 Input（Reset）控件不需要编写任何的代码来实现，控件本身就是清空客户端文本框中的内容。

（2）Trim()方法的作用。

在获取用户名和密码的时候，项目实施过程中都将文本框中输入的文本内容前后的空格进行清空，采用 Trim()方法。如果不这样执行，会在程序运行过程中，用户输入内容和数据表中字段保存的值不一致。

7.6 后续项目

管理员登录模块完成之后，接下来要完成的项目是添加导航控件，完成在页面中各个主要窗口之间的转换。

子项目 8：网站导航控件的应用

8.1 项目任务

1. 本子项目中要完成的任务

(1) 站点地图文件的添加。

(2) 导航控件的应用。

2. 具体任务指标

(1) 创建 WebSite.map 站点地图文件。

(2) 应用 SiteMapDataSource 站点地图数据源控件。

(3) 使用 Menu 菜单显示站点地图文件中的连接点。

8.2 项目的提出

站点导航的设置最主要的目的是管理网站中主要的页面，保证它们之间可以相互连接，能够实现网站功能的关联。

8.3 实施项目的预备知识

1. 预备知识的重点内容

(1) 掌握站点地图文件的作用和创建方法。

(2) 掌握站点地图的嵌套使用。

(3) 掌握导航控件的使用方法。

2. 关键术语

(1) XML：可扩展标记语言（Extensible Markup Language，XML），用于标记电子文件使其具有结构性的标记语言，可以用来标记数据、定义数据类型，是一种允许用户对自己的标记语言进行定义的源语言。XML 是标准通用标记语言（SGML）的子集，非常适合 Web 传输。XML 提供统一的方法来描述和交换独立于应用程序或供应商的结构化数据。

(2) Sitemap：可方便管理员通知搜索引擎网站上有哪些可供抓取的网页。最简单的 Sitemap 形式就是 XML 文件，在其中列出网站中的网址以及关于每个网址的其他元数据（上次更新的时间、更改的频率以及相对于网站上其他网址的重要程度为何等），以便搜索引擎可以更加智能地抓取网站。

3．预备知识的内容结构

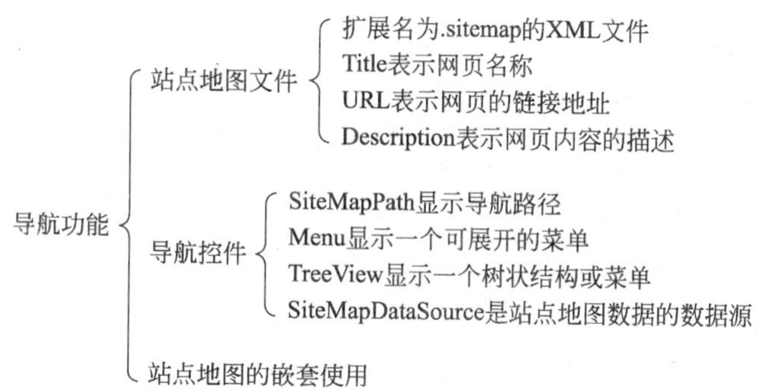

8.3.1 建立站点地图

几乎所有网站中都具有的站点导航功能是指当用户在访问一个网站时，可以很容易地了解到整个网站的布局结构，并能很方便地找到他想要的资源。而在一个网站中，站点导航几乎在所有网页当中的显示、布局基本一致，因此非常适合使用母版页来统一处理。另外，ASP.NET 还提供了几个导航控件（Menu、SiteMapPath 和 TreeView）和一个站点地图数据源控件(SiteMapDataSource)，通过这些控件可以很容易地实现站点的导航功能。

站点地图并不是一个必需的元素，但在使用 ASP.NET 2.0 的新导航系统时，首先要进行的第一个步骤是为应用程序站点地图。站点地图是对站点结构的 XML 描述。

网站地图是一种扩展名为.sitemap 的 XML 文件，其中包括了站点结构信息。默认情况下站点地图文件被命名为 Web.sitemap，并且存储在应用程序的根目录下。XML 是一种存储数据的标准，在这个 XML 文件中包含一个节点树，每个节点代表站点中的一个页面信息，有三个属性 title、URL 和 description。ASP.NET 可以根据这个节点树知道站点的结构、每个网页的上级页面是哪个以及下级页面有哪些。默认情况下，ASP.NET 配置为阻止客户端下载具有已知文件扩展名的文件。可将文件扩展名不是.sitemap 的所有自定义站点地图数据文件放入 App_Data 文件夹中。

Title：表示网页名称，即导航条上所显示的导航文字信息。

URL：网页的链接地址，对应的是网页中文件在虚拟目录中的路径，也是网页访问的时候导航到网页的基础路径信息。

Description：网页内容的描述，这个属性是可选择的，如果填写了这个属性，该属性内容会被作为 ALT 属性显示在网页上。

站点地图是基于 XML 的文件，它只包含一个直接位于 siteMap 元素下方的 siteMapNode 元素，然后在该元素下通过插入任意多的 siteMapNode 元素来构建站点的层次结构，但必须要求 siteMapNode 元素的 URL 属性不能有重复。

例子：创建一个站点地图。

“添加新项”，“站点地图”，名为 Web.sitemap。

```
<?xml version="1.0" encoding="utf-8" ?>
<siteMap xmlns="http://schemas.microsoft.com/AspNet/SiteMap-File-1.0" >
  <siteMapNode title="主页" description="主页" url="Default.aspx" >
    <siteMapNode url="标准控件.aspx" title="标准控件"  description="标准控件">
```

```
        <siteMapNode url="Calendar.aspx" title="日历控件"  description="Calendar
控件" />
        <siteMapNode url="AdRotator.aspx" title="广告控件"  description="AdRotator
控件" />
      </siteMapNode>
    <siteMapNode url="验证控件.aspx" title="验证控件"  description="验证控件">
     <siteMapNode url="CustomValidator.aspx" title="CustomValidator"
    description= "CustomValidator 控件" />
   </siteMapNode>
   </siteMapNode>
   </siteMap>
```

8.3.2 导航控件

利用 SiteMapPath 控件创建站点导航，既不用编写代码，也不用显示绑定数据，控件可自动读取和呈现站点地图信息。但是 SiteMapPath 控件不允许从当前页向前导航到层次结构中较深的其他页面。利用 TreeView 或 Menu 控件创建站点导航，用户可以打开节点并直接导航到特定的页。但这两个控件不能直接读取站点地图，需要在页上添加一个可读取站点地图的 SiteMapDataSource 控件。然后，将 TreeView 或 Menu 控件绑定到 SiteMapDataSource 控件，从而将站点地图呈现在该页上。

1．SiteMapPath 控件

SiteMapPath 控件显示导航路径，向用户显示当前页面的位置，并以链接的形式显示返回主页的路径。此控件提供了许多可供自定义链接的外观的选项。使用 SiteMapPath 控件无须代码和绑定数据就能创建站点导航，此控件可自动读取和呈现站点地图信息。不过，只有在站点地图中列出的页才能在 SiteMapPath 控件中显示导航数据，如果将 SiteMapPath 控件放置在站点地图中未列出的页上，该控件将不会向客户端显示任何信息。该控件被专门设计为一个站点导航控件，因此该控件不需要 SiteMapDataSource 控件的实例；另外，默认情况下无须为它指定 SiteMapProvider 属性，它将使用默认的站点地图提供程序。SiteMapPath 由节点组成，路径中的每个元素均称为节点，用 SiteMapNodeItem 对象表示。锚定路径并表示分层树的根的节点称为根节点；表示当前显示页的节点称为当前节点；当前节点与根节点之间的任何其他节点都为父节点，该类节点可能有多个。三种不同的节点类型如表 8.1 所示。

表 8.1　节点类型

节 点 类 型	说　　明
根节点	锚定节点分层组的节点
父节点	有一个或多个子节点但不是当前节点的节点
当前节点	表示当前显示页的节点

SiteMapPath 显示的每个节点都是 HyperLink 或 Literal 控件，因此可以将模板或样式应用到这两种控件。对节点应用模板和样式需遵循两个优先级规则：(1) 如果为节点定义了模板，它会重写为节点定义的样式。(2) 特定子节点类型的模板和样式会重写为所有节点定义的常规模板和样式。

PathDirection 属性表示路径方向，其中 RootToCurrent 是从根节点到当前节点，CurrentToRoot 是从当前节点到根节点，Root 链接是显示中的第一个链接，通常是主页，Current 链接是当前显示的页面的链接。ShowToolsTips 属性表示是否显示工具提示功能。

将 SiteMapPath 控件放置在 AdRotator.aspx 页面上，即可以查看该页面在整个网站中的导航路径，如图 8.1 所示。

图 8.1　SiteMapPath 控件显示

SiteMapPath 控件的 PathSeparator 控件可显示节点与节点之间的分隔符，可用图片显示，代码如下。

```
    <asp:SiteMapPath ID="SiteMapPath1" runat="server" PathSeparator=" —》 ">
         <PathSeparatorTemplate>
            <asp:Image ID="image1" runat="server" ImageUrl="~/image/ P8080578.
JPG"/>
         </PathSeparatorTemplate>
    </asp:SiteMapPath>
```

2. Menu 控件

此控件显示一个可展开的菜单，让用户可以遍历访问站点中的不同页面。将光标悬停在菜单上时，将展开包含子节点的节点。

Menu 服务器控件可以开发 ASP.NET 网页的静态和动态显示菜单。我们既可以在 Menu 控件中直接配置其内容，也可通过将该控件绑定到数据源的方式来指定其内容。Menu 控件具有两种显示模式：静态模式和动态模式。静态显示意味着 Menu 控件始终是完全展开的，整个结构都是可视的，用户可以单击任何部位；在动态显示的菜单中，只有指定的部分是静态的，而只有用户将鼠标指针放置在父节点上时才会显示其子菜单项。Menu 控件还通过 Orientation 属性控制菜单静态部分的呈现方式：水平和垂直方式。

使用 Menu 控件的 StaticDisplayLevels 属性可控制静态显示行为，该属性指示从根菜单算起，静态显示的菜单的层数。例如，如果将 StaticDisplayLevels 设置为 3，菜单将以静态显示的方式展开其前三层。静态显示的最小层数为 1（默认值），如果将该值设置为 0 或负数，该控件将会引发异常。MaximumDynamicDisplayLevels 属性指定在静态显示层后应显示的动态显示菜单节点层数。例如，如果菜单有 2 个静态层和 2 个动态层，则菜单的前两层静态显示，后两层动态显示。如果将 MaximumDynamicDisplayLevels 设置为 0，则不会动态显示任何菜单节点。如果将 MaximumDynamicDisplayLevels 设置为负数，则会引发异常。

（1）创建 Menu.aspx 页面，从工具箱中选取 Menu 控件，代码如下。

```
    <asp:Menu ID="Menu1" runat="server">
       <Items>
         <asp:MenuItem Text="沈阳理工大学" Value="沈阳理工大学" NavigateUrl=
"~/defaul.aspx" >
           <asp:MenuItem Text="信息系" Value="信息系" NavigateUrl="~/inf.aspx">
             <asp:MenuItem Text="软件工程" Value="软件工程" NavigateUrl="~/a.aspx" />
             <asp:MenuItem Text="网络技术" Value="网络技术" NavigateUrl="~/b.aspx"/>
           </asp:MenuItem>
           <asp:MenuItem Text="艺术系" Value="艺术系" NavigateUrl="~/art.aspx"/>
```

```
        <asp:MenuItem Text="环境艺术" Value="环境艺术" NavigateUrl="~/c.aspx"/>
        <asp:MenuItem Text="动画" Value="动画" NavigateUrl="~/d.aspx"/>
      </asp:MenuItem>
    </Items>
  </asp:Men>
```

Menu 控件是由一个或多个 MenuItem 元素构成，通过<asp:MenuItem>标记的嵌套使用来显示菜单的层次化结构。要定义一个菜单项，只需定义<asp:MenuItem>标记，并设置相关属性。重要的属性有 Text、Value、NavigateUrl 和 StaticEnableDefaultPopOutImage。

① Text 属性用于设置菜单项显示的文字。

② Value 属性用于设置菜单项表示的值。

③ NavigateUrl 属性用于设置菜单项链接到什么位置，如图 8.2 所示。

④ StaticEnableDefaultPopOutImage 属性设置成 False，则不显示箭头。

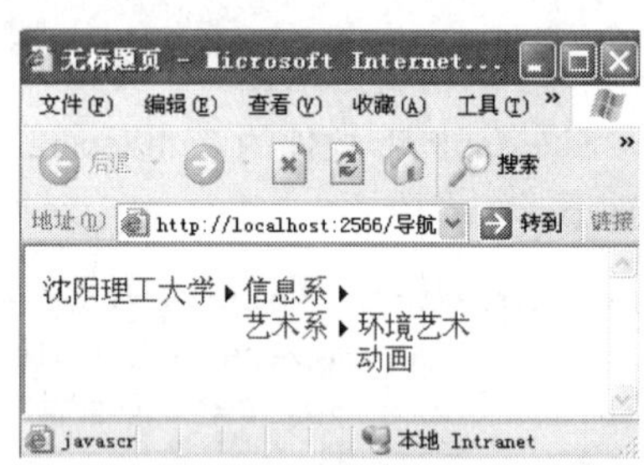

图 8.2　Menu 控件

（2）Menu 控件还有良好的数据绑定功能，该控件能够与多种数据源控件和数据对象集成。通过 Menu 控件绑定 Web.sitemap 文件。在 Default.aspx 窗体上拖放 Menu 控件。

```
    <asp:Menu ID="Menu1" runat="server" DataSourceID="SiteMapDataSource1">
</asp:Menu>
    <asp:SiteMapDataSource ID="SiteMapDataSource1" runat="server" />
```

根据菜单项的显示方式，Menu 控件可分为静态显示模式（完全显示菜单）和动态显示模式（当鼠标指针滑过父菜单项时显示部分菜单）。该控件还提供静态和动态显示模式的组合，可将一系列根菜单项设置为静态的，而子菜单项动态显示。根据根菜单项的排列方向，Menu 控件分为水平菜单和垂直菜单。

3. TreeView 控件

TreeView 控件用于以树状结构显示分层数据，如目录或文件目录等。TreeView 控件使用户可以遍历站点中的不同页面，单击包含子节点的节点可将其展开或折叠。它支持以下功能：①自动数据绑定，该功能允许将控件的节点绑定到分层数据；②通过与 SiteMapDataSource 控件集成提供对站点导航的支持；③可以显示为可选择文本或超链接的节点文本；④可通过主题、用户定义的图像和样式自定义外观；⑤通过编程访问 TreeView 对象模型；⑥使用户可以动态地创建树，填充节点以及设置属性等；⑦通过客户端到服务器的回调填充节点；⑧能够在每个节点旁边显示复选框。

TreeView 控件由一个或多个节点构成。树中的每一项被称为一个节点，由 TreeNode 对象表示。每个 TreeNode 还可以包含一个或多个 TreeNode 对象。包含 TreeNode 及其子节点的层次结构构成了 TreeView 控件所呈现的树结构。表 8.2 描述了三种不同的节点类型。

表 8.2　节点类型

节 点 类 型	说　　明
根节点	没有父节点，但具有一个或多个子节点的节点
父节点	具有一个父节点，并且有一个或多个子节点的节点
页节点	没有子节点的节点

一个典型的树结构只有一个根节点，但 TreeView 控件允许用户向树结构中添加多个根节点。每个节点都具有一个 Text 属性和一个 Value 属性。Text 属性的值显示在 TreeView 控件中，而 Value 属性则用于存储有关该节点的任何附加数据。单击 TreeView 控件的节点时，将引发选择事件（通过回发）或被导航至其他页（使用 NavigateUrl）。未设置 NavigateUrl 属性时，单击节点将引发 SelectedNodeChanged 事件，用户可以处理该事件，从而提供自定义的功能。每个节点还都具有 SelectAction 属性，该属性可用于确定单击节点时发生的特定操作。若要在单击节点时不引发选择事件而导航至其他页，可将节点的 NavigateUrl 属性设置为除空字符串之外的值。通过创建 TreeNode 元素集合，这些元素是 TreeView 控件的子级（子节点），在 TreeView 控件中显示静态数据。

在使用 TreeView 控件显示.sitemap 文件的内容时，必须使用一个数据源控件 SiteMapDataSource。ImageSet 属性设置 TreeView 中指定的图像样式。

TreeView 控件上的每个元素或每一项都称为节点。层次结构中最上面的节点是根节点。TreeView 控件可以有多个根节点。在层次结构中，任何节点，包括根节点在内，如果在它的下面还有节点，就称为父节点。每个父节点可以有一个或多个子节点，就称为叶节点。

TreeView 控件的属性 ShowCheckBoxes 表示显示复选框的节点类型；ShowLines 设为 True 表示显示链接树节点的线。

（1）创建自定义绑定的 TreeView 控件。

```
<asp:TreeView ID="TreeView1" runat="server">
<Nodes>
    <asp:TreeNode NavigateUrl="homepage.aspx" Text="主页" Value="主页">
        <asp:TreeNode NavigateUrl="licai.aspx" Text="理财" Value="理财">
          <asp:TreeNode NavigateUrl="1.aspx" Text="股票" Value="股票"></asp:
TreeNode>
          <asp:TreeNode NavigateUrl="2.aspx" Text="基金" Value="基金"></asp:
TreeNode>
        </asp:TreeNode>
        <asp:TreeNode NavigateUrl="shenghuo.aspx" Text="生活" Value="生活">
          <asp:TreeNode NavigateUrl="3.aspx" Text="美食" Value="美食"></asp:
TreeNode>
         </asp:TreeNode>
      </asp:TreeNode>
   </Nodes>
   </asp:TreeView>
```

（2）将数据绑定到 TreeView 控件。

```
<asp:TreeView ID="TreeView2" runat="server" DataSourceID= "SiteMapDataSource1">
</asp:TreeView>
 <asp:SiteMapDataSource ID="SiteMapDataSource1" runat="server" />
```

程序运行的结果如图 8.3 所示。

4. SiteMapDataSource 对象

SiteMapDataSource 控件是站点地图数据的数据源，站点数据则由为站点配置的站点地图提供程序进行存储。SiteMapDataSource 作为数据源控件，它的每个实例都与单个帮助器对象关联，该帮助器对象称为数据源视图（SiteMapDataSourceView）。SiteMapDataSourceView 是一个基于站点地图数据的视图，根据数据源的属性进行设置，并且通过调用 GetHierarchicalView 方法来检索此视图，它维护控件所绑定的 SiteMapNodeCollection 对象。SiteMapDataSource 使那些并非专门作为站点导航控件的 Web 服务器控件能够绑定到分层的站点地图数据。因此，可以使用这些 Web 服务器控件将站点地图显示为一个目录，或者是一个菜单。当然，也可以使用 SiteMapPath 控件来实现站点导航。

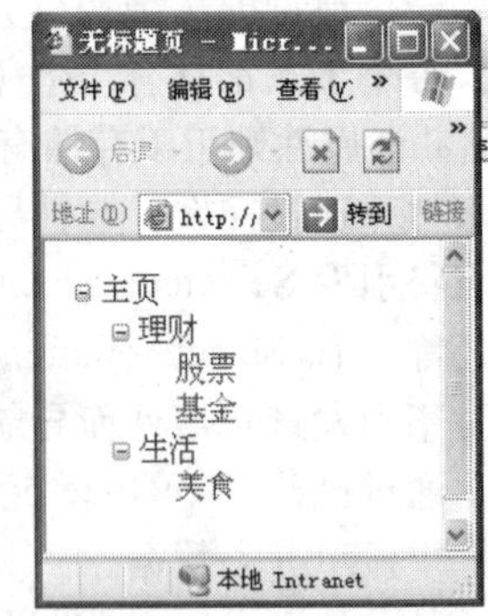

图 8.3　TreeView 控件

SiteMapDataSource 绑定到站点地图数据，并基于在站点地图层次结构中指定的起始节点显示其视图。默认情况下，起始节点是层次结构的根节点，但也可以是层次结构中的任何其他节点。起始节点由表 8.3 中的几个 SiteMapDataSource 属性的值来标识。

表 8.3　起始节点的值

起 始 节 点	属 性 值
层次结构的根节点（默认设置）	StartFromCurrentNode 为 false；未设置 StartingNodeUrl
标识当前正在查看的页的节点	StartFromCurrentNode 为 true；未设置 StartingNodeUrl
层次结构的特定节点	StartFromCurrentNode 为 false；已设置 StartingNodeUrl

如果 StartingNodeOffset 属性设置为非 0 的值，则它会影响起始节点以及由 SiteMapDataSource 控件基于该节点公开的站点地图数据层次结构。StartingNodeOffset 的值为一个负整数或正整数，该值标识从 StartFromCurrentNode 和 StartingNodeUrl 属性所标识的起始节点沿站点地图层次结构上移或下移的层级数，以便对数据源控件公开的子树的起始节点进行偏移。

如果 StartingNodeOffset 属性设置为负数-*n*，则由该数据源控件公开的子树的起始节点是所标识的起始节点上方 *n* 个级别的上级节点。如果 *n* 的值大于层次结构树中所标识起始节点上方的所有上级层级数，则子树的起始节点是站点地图层次结构的根节点。如果 StartingNodeOffset 属性设置为正数+*n*，则公开的子树的起始节点是位于所标识的起始节点下方 *n* 个级别的子节点。由于层次结构中可能存在多个子节点的分支，因此，如果可能，SiteMapDataSource 会尝试根据所标识的起始节点与表示当前被请求页的节点之间的路径，直接解析子节点。如果表示当前被请求页的节点不在所标识起始节点的子树中，则忽略 StartingNodeOffset 属性的值。如果表示当前被请求页的节点与位于其上方所标识的起始节点之间的层级差距小于 *n* 个级别，则使用当前被请求页作为起始节点。

8.3.3　站点地图的嵌套使用

对于具有多个子站点的大型站点，有时需要在父站点的导航结构中加入子站点的导航结构，对于每个子站点都有其独立的站点地图文件。这种情况，可以在需要显示子站点地图的位置创建一个 SiteMapNode 节点，并设置其属性 SiteMapFile 指定到子站点的站点地图文件即可。SiteMapFile 属性可以是以下任何一种形式：一个与应用程序相关的引用；一个虚拟路径；一个相当于当前站点地图文件位置的路径引用。ASP.NET 站点导航不允许访问应用程序目录结构之外的文件。如果站点地图包含引用另一站点地图文件的节点，而该文件又位于应用程序之外，则会发生异常。

默认情况下，使用 ASP.NET 的默认站点地图提供程序（XmlSiteMapProvider）。但有时可能需要开发适合特定需要的站点地图提供程序。比如：站点地图不是存放在 XML 文件中，而是存放在 txt 文件或其他介质（如关系型数据库）里，那么就需要开发自定义的站点地图提供程序，完成从 txt 文件中获取站点导航结构。要实现自定义站点地图提供程序，一般需要执行以下任务：创建自定义站点地图提供程序，配置自定义站点地图提供程序。首先，必须创建一个派生自 System.Web.SiteMapProvider 抽象类的类，然后实现由 SiteMapProvider 类公开的抽象成员。在完成自定义站点地图提供程序并编译成 dll 后，即可添加对它的使用。首先，在 Web.config 文件中修改设置。其中，Samples.AspNet.SimpleTextSiteMapProvider 即自定义的站点地图提供程序，指定站点地图文件为 SiteMap.txt，并指定添加的自定义站点地图提供程序的引用名为 SimpleTextSiteMapProvider，这样就可以在站点地图文件中进行引用了。

在应用程序中包含 2 个站点地图文件——Web.sitemap 和 Web2.sitemap，如果想要嵌套使用站点地图文件，可以在 Web.sitemap 文件中添加如下代码。

```
<SiteMapNode  SiteMapFile="Web2.sitemap"/>
```

但是需要注意的问题是，在 Web.sitemap 和 Web2.sitemap 这两个文件中的节点的 URL 地址都不能相同。

8.4 项目实施

8.4.1 任务 1：站点地图文件的添加

在本项目中单击右键，选择“添加新项”，在添加新项的模板中，选择“站点地图”，添加一个名为 Web.sitemap 的文件。在站点地图文件中添加如下代码。

```
<?xml version="1.0" encoding="utf-8" ?>
<siteMap xmlns="http://schemas.microsoft.com/AspNet/SiteMap-File-1.0" >
     <siteMapNode url="index.aspx" title="跳转页"  description="跳转页">
          <siteMapNode url="Default.aspx" title="首页"  description="首页" />
          <siteMapNode url="admin-Manager/admin_login.aspx" title="进入管理"
description="进入管理" />
     </siteMapNode>
</siteMap>
```

在这个站点地图文件中，设置了一个根节点，连接的是 index.aspx 窗体，下设两个子节点，一个连接 Default.aspx 窗体，显示首页；另一个连接 admin-Manager/admin_login.aspx 窗体，显示管理员登录页面。

8.4.2 任务 2：导航控件的应用

创建了站点地图之后，要选择导航控件在窗体上显示导航的窗体，在应用导航控件的时候要应用站点地图文件来获取 Web.sitemap 中的所有连接内容。

首先，在“工具箱”的“数据”选项卡上选择 SiteMapDataSource 控件，如图 8.4 所示。

然后，在 SiteMapDataSource 控件的属性栏中，设置 ShowStartingNodes 属性为 False，这样所有选择这个站点地图数据源控件的导航控件，都不会显示根节点。

在本项目中，只选择了导航控件 Menu 进行应用。在 Menu 控件中选择 DataSourceID 为 SiteMapDataSource1，连接数据源。Orientation 属性设置为 Horizontal，这样 Menu 控件中的所有选择都是水平排序的。设置 StaticMenuItemStyle 属性中的 HorizontalPadding 属性为 50px，这样 Menu 菜单中的所有选项之间的距离都为 50px。

将 SiteMapDataSource 控件和 Menu 控件分别应用到 MasterPage.master 和 Top.master 母版页中。添加的 HTML 代码如下所示。

```
<div style="width:100%; height:auto; margin:0 auto; text-align:center">
    <table style="text-align:center; width:100px"><tr><td>
        <asp:SiteMapDataSource   ID="SiteMapDataSource1"   runat="server"
ShowStartingNode="False"  />
          <asp:Menu ID="Menu1" runat="server" DataSourceID="SiteMapDataSource1"
Font-Bold="True"   Font-Underline="True"   ForeColor="Black"   Orientation=
"Horizontal">
          <StaticMenuItemStyle HorizontalPadding="50px" /></asp:Menu></td>
</tr></table></div>
```

添加了控件之后的效果图如图 8.5 所示。

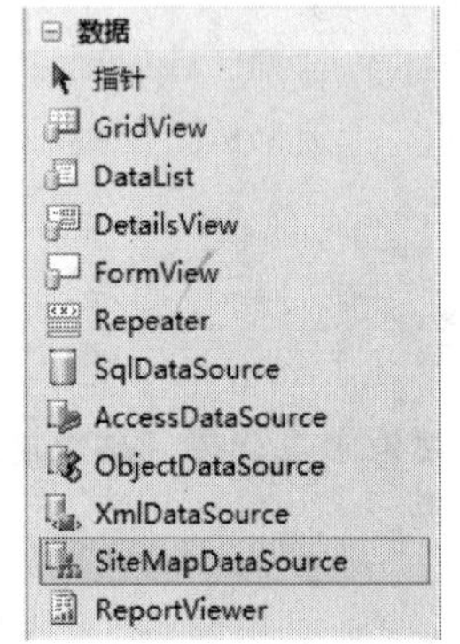

图 8.4　SiteMapDataSource 控件

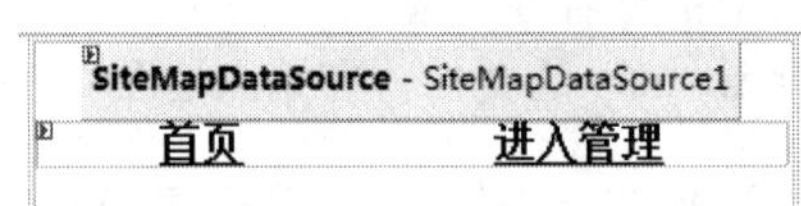

图 8.5　Menu 控件的应用

8.5　本项目实施过程中可能出现的问题

本项目的实施内容，主要是创建站点地图文件、使用站点地图数据源控件和导航控件。在项目的实施过程中，或多或少会存在一些问题。主要问题如下。

(1) 站点地图文件中的定义问题。

站点地图文件主要是来描述网站中各个网站之间层次关系的一种 XML 文件。站点地图文件中需要注意的问题有两个。第一是站点地图文件中只能有一个根节点，这是很多时候容易忽视的问题。第二是站点地图文件中所有节点的网站地址是不能重复的。

(2) 根节点不显示的问题。

在应用的过程中，如果不希望站点地图文件的根节点显示出来，那么需要设置 SiteMapDataSource 控件的 ShowStartingNode 属性值为 False。

8.6　后续项目

网站导航功能实现之后，就是网站设计的数据库访问环节，信息发布网站的数据访问应用。

子项目 9: 网站的数据访问应用

9.1 项目任务和指标

1. 本项目中包含的任务

(1) 后台显示和添加用户界面。

(2) 后台修改用户界面。

(3) 后台删除用户界面。

(4) 后台显示和添加新闻类别界面。

(5) 修改新闻类别界面。

(6) 删除新闻类别界面。

(7) 发布新闻内容界面。

(8) 审核新闻界面。

(9) 进行审核界面。

(10) 栏目新闻界面。

(11) 新闻内容界面。

(12) 更多新闻评论界面。

(13) 管理新闻评论界面。

(14) 管理现有新闻界面。

(15) 修改现有新闻界面。

(16) 删除现有新闻界面。

(17) 前台新闻首页。

(18) 前台搜索新闻页面。

2. 本项目完成的任务指标

保证所有界面中对数据表的增、删、改、查操作能够正确运行。

9.2 项目的提出

信息发布网站是一个动态网站，因此所有的数据信息都是添加到数据库中的，或者从数据库中读取出来再显示在窗体上的，对数据库的访问是非常重要的一个环节。并且在数据访问的过程中，还应用到了网站的状态管理功能。因此，网站的数据访问应用包含了很多的模块功能。

9.3　实施项目的预备知识

1．预备知识的重点内容

(1) 掌握数据源控件的应用。

(2) 掌握数据绑定控件在查询数据、删除数据、修改数据以及写入数据方面的应用。

(3) 掌握 GridView 控件的基本属性、分页使用和模板编辑。

(4) 掌握 Repeater 控件的基本属性和模板使用。

(5) 掌握 DetailsView 控件和 FormView 控件的基本属性和应用。

(6) 掌握 ADO.NET 的基本概念。

(7) 掌握状态管理的概念和作用。

(8) 掌握状态管理的应用技巧和使用方法。

2．关键术语

(1) 数据源：顾名思义，数据源即数据的来源。在数据源中存储了所有建立数据库连接的信息。就像通过指定文件名可以在文件系统中找到文件一样，通过提供正确的数据源名称，可以找到相应的数据库连接。

(2) SQL：Structured Query Language，结构化查询语言，是一种数据库查询和程序设计语言，用于存取数据以及查询、更新和管理关系数据库系统。同时也是数据库脚本文件的扩展名。

(3) 关系数据库系统：在关系模型中，实体以及实体间的联系都是用关系来表示的。例如，教师、学生、课程、授课和学习这些关系以及关系间的联系就组成一个教学管理数据库。因此，对应于一个关系模型的所有关系的集合称为关系数据库。数据库也有型与值之分，数据库的型也称为数据库模式，是对数据库关系的描述。数据库的值是这些关系模式在某一刻对应的关系的集合。

(4) Application 对象：包括了被应用程序中的许多页面使用的信息（比如数据库连接信息）。这意味着可以从任何页面访问这些信息，同时也意味着可在一个页面改变这些信息，然后这些改变会自动反映在所有的页面上。

(5) Session：指的是用户在浏览某个网站时，从进入网站到浏览器关闭所经过的这段时间，即用户浏览这个网站所花费的时间。从上述的定义中可以看到，Session 实际上是一个特定的时间概念。

(6) 隐藏域：是用来收集或发送信息的不可见元素，对于网页的访问者来说，隐藏域是看不见的。当表单被提交时，隐藏域就会将信息用你设置时定义的名称和值发送到服务器上。

(7) Cookie：有时也用其复数形式 Cookies，指某些网站为了辨别用户身份、进行 Session 跟踪而储存在用户本地终端上的数据（通常经过加密）。

(8) ADO.NET：名称起源于 ADO（ActiveX Data Objects），这是一个广泛的类组，用于在以往的 Microsoft 技术中访问数据。之所以使用 ADO.NET 名称，是因为 Microsoft 希望表明这是在.NET 编程环境中优先使用的数据访问接口。

3．预备知识的内容结构

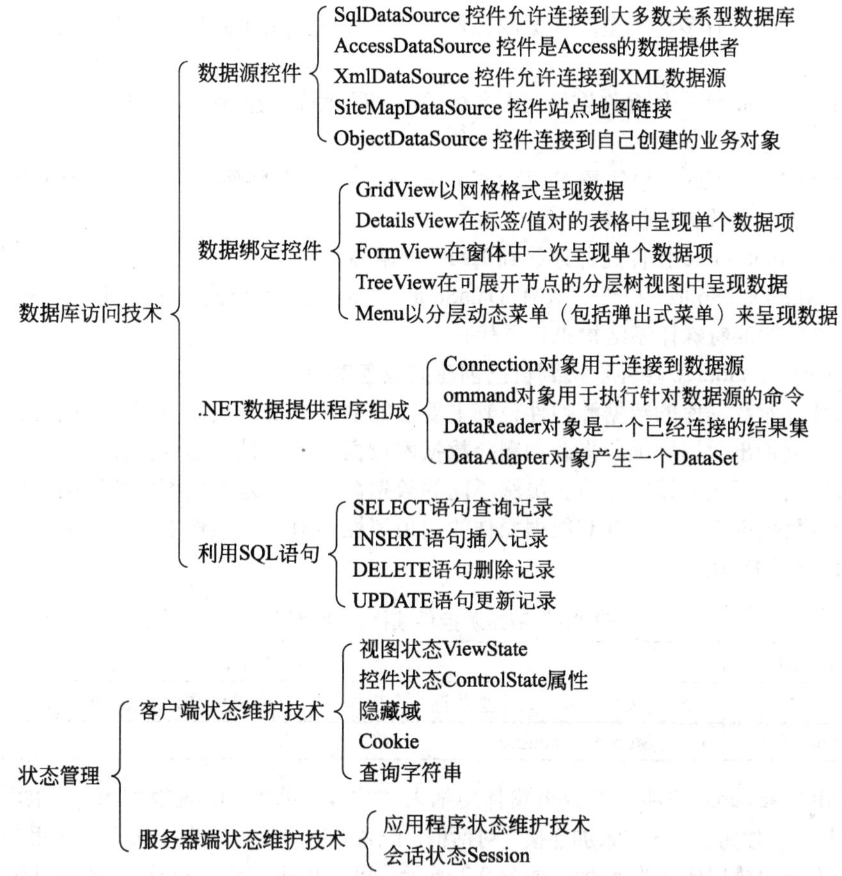
数据库访问技术
数据源控件
SqlDataSource 控件允许连接到大多数关系型数据库
AccessDataSource 控件是Access的数据提供者
XmlDataSource 控件允许连接到XML数据源
SiteMapDataSource 控件站点地图链接
ObjectDataSource 控件连接到自己创建的业务对象
数据绑定控件
GridView以网格格式呈现数据
DetailsView在标签/值对的表格中呈现单个数据项
FormView在窗体中一次呈现单个数据项
TreeView在可展开节点的分层树视图中呈现数据
Menu以分层动态菜单（包括弹出式菜单）来呈现数据
.NET数据提供程序组成
Connection对象用于连接到数据源
ommand对象用于执行针对数据源的命令
DataReader对象是一个已经连接的结果集
DataAdapter对象产生一个DataSet
利用SQL语句
SELECT语句查询记录
INSERT语句插入记录
DELETE语句删除记录
UPDATE语句更新记录
状态管理
客户端状态维护技术
视图状态ViewState
控件状态ControlState属性
隐藏域
Cookie
查询字符串
服务器端状态维护技术
应用程序状态维护技术
会话状态Session

9.3.1 数据处理控件

ASP.NET 2.0 有两组专用于数据处理的控件。第一组是数据源控件，允许页面连接到某种数据源并从数据源读取数据和向数据源写入数据。但是，数据源控件无法在 ASP.NET 2.0 页面上显示数据，这就需要用到数据绑定控件。ASP.NET 2.0 改进了数据绑定体系结构，引入了新的系列组件（数据源对象）作为数据绑定控件与 ADO.NET 对象之间的桥梁。这些源对象提升了一个略为不同的编程模型，提供了新功能和新成员。本章将介绍如何使用数据源控件和数据绑定控件对数据进行操作。

1．数据源

数据源大致可以分为三大类。第一类是关系型数据，它们根据范式规则组织成一系列的表，Access、SQL Server、Oracle、DB2 和 MySQL 中的数据都属于这种类型。第二种类型的数据以树状结构存储，如 XML 文件、Windows 注册表和 Windows 文件系统。第三类数据的形式非常多，如 Excel 文件、文本文件或其他私有格式。本书主要介绍关系型数据。

XML 文件不同于关系型数据。首先，它不是使用表，而是将数据存放在带有分支的树中，分支保存的数据越来越细化，每个数据集合以及单个数据都包含在节点中。其次，XML 文件是自描述的，因为所用的标记描述了数据的结构和类型。每个信息都有一个 HTML 标记，该标记相当于一个容器，对所包含的数据进行描述。

2．数据源控件

ASP.NET 2.0 带有多种类型的数据源控件，这些控件适用于处理不同类型的数据源。具体包括如下控件。

（1）SqlDataSource 控件允许连接到大多数关系型数据库。控件名称中的 SQL 表示数据库能够理解 SQL 语言。

（2）AccessDataSource 控件是 SqlDataSource 控件的一个特例，它包含一个针对 Microsoft Access 进行了优化的数据提供者。

（3）XMLDataSource 控件允许连接到 XML 数据源。

（4）SiteMapDataSource 控件是 XMLDataSource 控件的特殊形式，它针对 ASP.NET 2.0 Web 应用程序站点地图的特殊体系结构进行了优化。

（5）ObjectDataSource 控件连接到自己创建的业务对象。

无论哪种针对数据库的数据源控件，其主要功能都是负责从数据库输入数据与相关数据绑定控件绑定，或输出数据增加、修改和删除数据库数据，即通过数据源控件、数据绑定控件可以完成读取数据和写入数据等行为。虽然不同的数据源控件因为连接不同的数据库而具有一些特性，但大多数数据源控件都具有数据操作的通用属性，对于读操作来说，数据源控件通常引用的属性如表 9.1 所示。

表 9.1　数据源控件读操作通用属性

属 性 名 称	说　　明
SelectQuery	允许连接到大多数关系型数据库，控件名称中的 SQL 表示数据库能够理解 SQL 语言
SelectCommandType	Text | StoredProcedure

选择 SqlDataSource 控件，在 Web 窗体中插入该控件。单击“配置数据源”，如图 9.1 所示，单击“新建连接”按钮，进入“添加连接”对话框，配置“服务器名”为（local），使用 SQL Server 身份验证，选择的数据库名为 pubs，如图 9.2 所示，可以单击“测试连接”，确认已经连接到数据库，如图 9.3 所示。

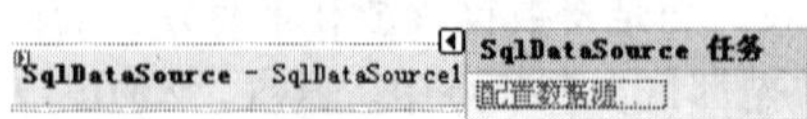

图 9.1　SqlDataSource 控件

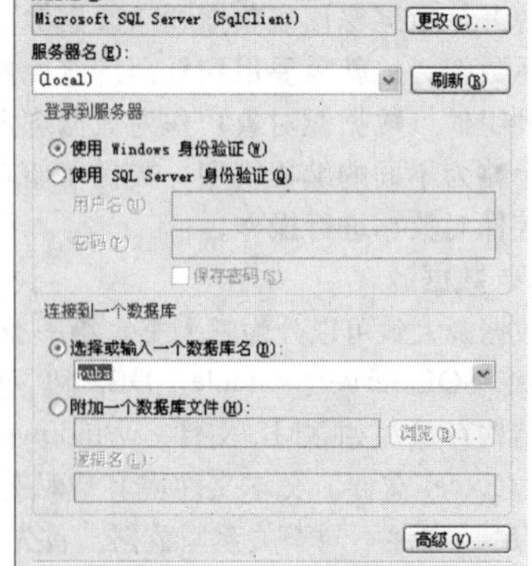

图 9.2　“添加连接”对话框

单击“确定”按钮返回“配置数据源”向导，可以查看连接字符串，“Data Source=(local);Initial Catalog=pubs;User ID=sa”。单击“下一步”按钮，确认将连接字符串保存在配置文件中，另存为 pubsConnectionString，这样在下次连接时就可以直接使用该字符串了。单击“下一步”按钮，在“配置 Select 语句”对话框中指定需要检索的数据表及其字段，选择 authors 表及其所有字段（*）如图 9.4 所示。单击“下一步”按钮，可以测试一下刚才配置 select 语句的效果，如图 9.5 所示。单击“完成”按钮完成数据源的配置。

图 9.3　连接成功对话框

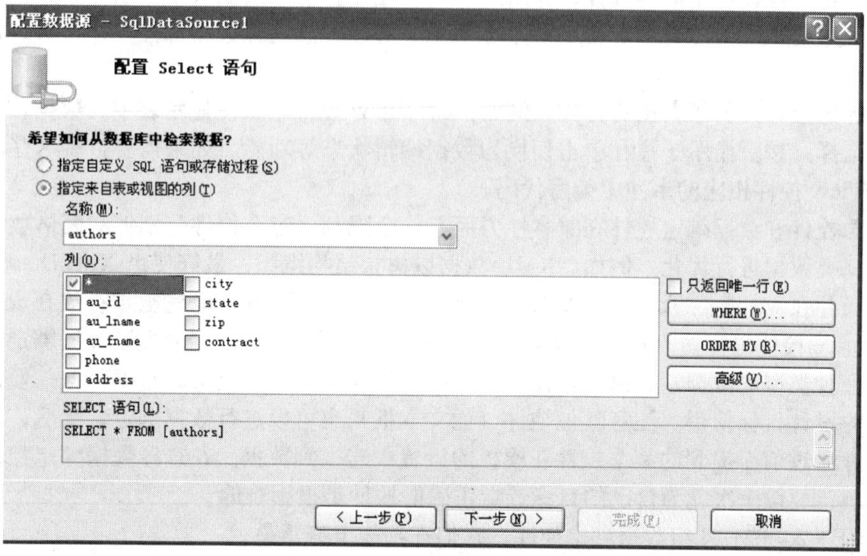

图 9.4　“配置 select 语句”对话框

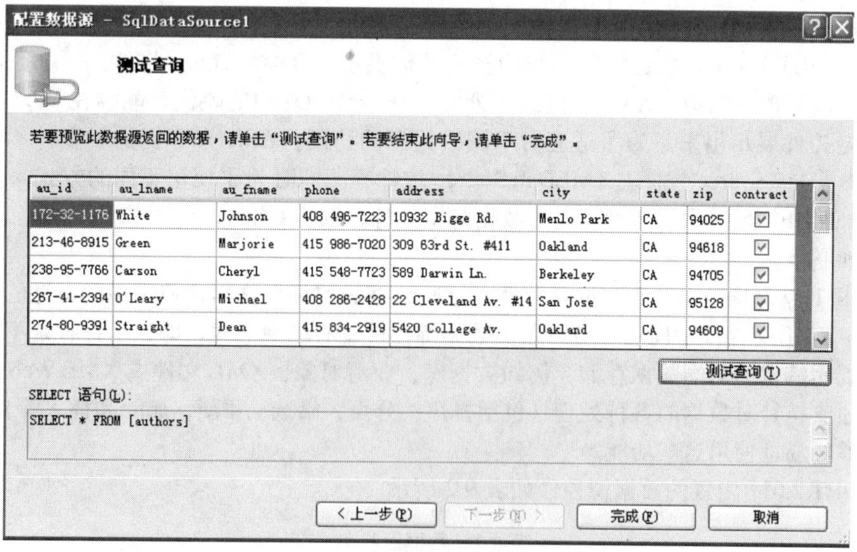

图 9.5　“测试查询”对话框

因为 SQL Server 数据库连接较复杂，需要指定数据库服务器地址、数据库名、连接访问用户名和密码，所以我们通常在 Web.config 文件中定义连接参数及其连接值，然后将页面上的

SqlDataSource 的连接属性值与 Web.config 中的参数对应。

无论是哪一个数据源控件，它们都为 ASP.NET 2.0 页面激活了一组行为，包括到数据库的一个连接以及激活数据的读/写等行为。这些行为数据绑定控件都是可用的，它们负责显示数据和从用户端接收输入数据。虽然数据源控件创建了使用数据所需的后台基础，但是它们不会在任何 Web 页面上显示数据，必须结合数据绑定控件，才可以完成读取和写入数据等行为。

3．数据绑定控件

数据绑定控件提供了数据源控件和用户之间的连接。它们获取数据源控件的数据和行为并在 Web 页面上进行显示。这种分工合作非常有效，可以任意选择数据源控件并将其连接到任何数据绑定控件。

数据绑定控件封装了大量的行为。例如，GridView 控件不仅能显示表中的数据，而且提供了排序、选择、按页显示子集和单击切换为数据编辑状态等功能。如果需要扩展这些功能，则要在 GridView 控件相应的事件中编写代码。

数据源控件和数据绑定控件在兼容性方面有一个限制。每个控件分别针对表格数据、树状数据或定制类数据进行优化。例如，XML 数据以树状结构组织，最好使用 XMLDataSource 控件进行访问并在 Menu 或 TreeView 数据绑定控件中显示。SQL Server 的数据存放在表中，通过 SqlDataSource 控件进行访问并在 GridView 或 DetailsView 中显示。列表类型数据绑定控件可以显示任何一种类型的数据。可以交替使用这些控件以便处理类型交叉的数据，但一般情况下最好按它们的设计目标使用。注意其他控件（如文本框）也可以进行数据绑定。然后，这些单独的控件最好通过前面提到的某个控件在模板的设置中连接到数据。在选择数据绑定控件时会遇到一些问题，要像一次就为自己的目标选定正确的控件是很困难的。

ASP.NET 2.0 带有 4 组数据绑定控件，它们在功能上有重叠。

9.3.2　数据源控件

一个数据源控件就是一组.NET 框架类，它有利于数据存储和数据绑定控件之间的双向绑定。

在 ASP.NET 2.0 中，数据访问系统的核心是数据源（DataSource）控件。一个数据源控件代表数据（数据库、对象、XML、消息队列等）在系统内存中的映像，能够在 Web 页面上通过数据绑定控件展示出来。为了适应对不同数据源的访问，ASP.NET 提供了多种不同的数据源，包括 SqlDataSource 控件、XMLDataSource 控件等。同时为了使用不同的方式来呈现和操作数据，ASP.NET 也提供了多种不同的数据绑定控件，包括 GridView、DetailsView、FormView 和 Repeater 等。

ASP.NET 包含几种类型的数据源控件，这些数据源控件允许用户使用不同类型的数据源，如数据库、XML 文件或中间层业务对象。数据源控件没有呈现形式，即在运行时是不可见的，而是用来表示特定的后端数据存储，例如数据库、业务对象、XML 文件或 XML Web 服务。数据源控件还支持针对数据的各种处理（包括排序、分页、筛选、更新、删除和插入等），数据绑定控件能够轻易地使用这些功能。

ASP.NET 2.0 中内置的数据源控件如表 9.2 所示。

表 9.2　数据源控件

数据源控件	说　明
ObjectDataSource	支持绑定到中间层对象来管理数据的 Web 应用程序。支持对其他数据源控件不可用的高级排序和分页方案

续表

数据源控件	说　明
SqlDataSource	支持绑定到 ADO.NET 提供程序所表示的 SQL 数据库。与 SQL Server 一起使用时支持高级缓存功能。当数据作为 DataSet 对象返回时，此控件还支持排序、筛选和分页
AccessDataSource	支持绑定到 Microsoft Access 数据库。当数据作为 DataSet 对象返回时，支持排序、筛选和分页
XmlDataSource	允许使用 XML 文件，特别适用于分层的 ASP.NET 服务器控件。支持使用 XPath 表达式来实现筛选功能，并允许对数据应用 XSLT 转换。它还可以更新整个 XML 文档的数据
SiteMapDataSource	支持绑定到 ASP.NET 2.0 站点导航提供程序公开的层次结构，结合 ASP.NET 站点导航一起使用

9.3.3 数据绑定控件

数据绑定控件把数据源提供的数据作为标记，发送给请求的客户端浏览器，然后将数据呈现在浏览器页面上。数据绑定控件能够自动绑定到数据源公开的数据，并在页请求生命周期中的适当时间获取数据。这些控件还可以选择利用数据源功能，例如排序、分页、筛选、更新、删除和插入。大多数 Web 服务器控件可以作为数据绑定控件来使用，例如将 Label 和 TextBox 控件绑定到数据库表中的一个字符串字段。这种绑定可以通过修改该控件的 DataSourceID 属性使之连接到数据源控件上。

ASP.NET 的主要数据绑定控件如表 9.3 所示。

表 9.3　数据绑定控件

名　称	说　明
GridView	以网格格式呈现数据。此控件是 DataGrid 控件的演变形式，并且能够自动利用数据源功能
DetailsView	在标签/值对的表格中呈现单个数据项，类似于 Access 中的窗体视图。此控件页能自动利用数据源功能
FormView	在由自定义模板定义的窗体中一次呈现单个数据项。在标签/值对的表格中呈现单个数据项，类似于 Access 中的窗体视图。此控件也能自动利用数据源功能
TreeView	在可展开节点的分层树视图中呈现数据
Menu	以分层动态菜单（包括弹出式菜单）来呈现数据

1. GridView 控件

GridView 控件是 DataGrid 的接替者，它完全支持数据源组件，能够自动处理诸如分页、排序和编辑等数据操作，前提是绑定的数据源对象支持这些操作。另外，GridView 控件有一些比 DataGrid 优越的功能上的改进。特别是，它支持多个主键字段，公开了一些用户界面的改进功能和一个处理与取消事件的新模型。GridView 附带了一对互补的视图控件，DetailsView 和 FormView。通过这些控件的组合，能够轻松地建立主/详细视图，而只需少量代码，有时根本不需要代码。

GridView 数据绑定控件是典型的表格数据显示控件。每一行表示一个实例或记录，每一列包含一个数据字段。表中的单元显示记录的列在恰当的交叉位置上的值。默认情况下，

GridView 显示由数据源控件提供的所有列。以表格的形式显示数据的最大好处是能够排序和分页。排序功能允许用户根据自己的喜好重新排列记录；分页功能允许用户作为设计人员，制定每次显示的记录数量并为用户提供在不同记录集合之间跳转的导航工具。在 ASP.NET 以前版本中，这两个功能都需要数百行代码才能实现，从 ASP.NET 2.0 中免费获得这些功能可节约大量的时间。

与所有的数据绑定控件一样，GridView 控件必须有一个数据源控件提供数据。GridView 控件适用于与针对表格数据进行优化的数据源控件一起使用，如 SQL、Access 和 Date 控件，而不是树状数据的 XML 源控件。

GridView 控件支持以下功能。

（1）绑定到数据源控件。

（2）内置的排序功能。

（3）内置的更新和删除功能。

（4）内置的分页功能。

（5）内置的行选择功能。

（6）对 GridView 对象模型进行编程访问以动态设置属性和处理事件。

（7）诸如 CheckBoxField 和 ImageField 等新的列类型。

（8）用于超链接列的多个数据字段。

（9）用于选择、更新和删除的多个数据键字段。

（10）可通过主题和样式自定义的外观。

GridView 的主要属性如表 9.4 所示。

表 9.4　GridView 的主要属性

属　性	描　述
AutoGenerateColumns	获取或设置一个值，该值表明是否为数据源中的每个字段自动创建绑定字段
AutoGenerateDeleteButton	获取或设置一个值，该值表明是否为每个数据行产生一列“删除”按钮，使用户可以删除选择的记录
AutoGenerateEditButton	获取或设置一个值，该值表明是否为每个数据行产生一列“编辑”按钮，使用户可以编辑选择的记录
AutoGenerateSelectButton	获取或设置一个值，该值表明是否为每个数据行产生一列“选择”按钮，使用户可以选择所选一行的记录
BottomPagerRow	返回一个 GridViewRow 对象，该对象表示 GridView 控件中的底部页导航行
Columns	获取表示 GridView 控件中列字段的 DataControlField 对象的集合。注意：如果自动生成的话，该集合总是空的
DataKeyNames	获取或设置一个数组，该数组包含了显示在 GridView 控件中的项的主键字段的名称。该属性扩展并替代了 DataKeyField 属性
DataKeys	获取一个 DataKey 对象集合，这些对象表示 GridView 控件中的每一行的数据键值
EmptyDataText	获取或设置在 GridView 控件绑定到不包含任何记录的数据源时所呈现的空数据行中显示的文本
EnableSortingAndPagingCallbacks	获取或设置一个值，该值表示客户端回调是否用于排序和分页操作，默认值为 False

续表

属　性	描　述
PagerSettings	获取对 PagerSettings 对象的引用，使用该对象可以设置 GridView 控件中的页导航按钮的属性。PagerSettings 对象把所有与分页相关的属性包含在了一起
Rows	获取表示 GridView 控件中数据行的 GridViewRow 对象的集合，用来代替 DataGrid 中的 Items 属性
SelectedDataKey	返回 DataKey 对象，该对象包含 GridView 控件中当前选中行的数据键值
SelectedRow	获取对 GridViewRow 对象的引用，该对象表示控件中的选中行，替代 GridView 控件中的 SelectedItem 属性
SelectedValue	获取 GridView 控件中选中行的数据键值。类似于 SelectedDataKey
SortDirection	获取正在排序的列的排序方向，是一个只读属性
SortExpression	获取与正在排序的列关联的排序表达式，是一个只读属性
TopPagerRow	获取一个 GridViewRow 对象，该对象表示 GridView 控件中的顶部页导航行
UserAccessibleHeader	获取或设置一个值，该值指示 GridView 控件是否以易于访问的格式呈现其标题。提供此属性的目的是使辅助技术设备的用户更易于访问控件。确定是否用<TH>标记替换默认的<TD>标记

GridView 控件中的每一列都由一个 DataControlField 对象表示。默认情况下，AutoGenerateColumns 属性被设置为 True，为数据源中的每一个字段创建一个 AutoGenerateField 对象。然后每个字段作为 GridView 控件中的列呈现，其顺序与每一字段在数据源中出现的顺序相同。

通过将 AutoGenerateColumns 属性设置为 False，可以定义自己的列字段集合，也可以手动控制哪些列字段将显示在 GridView 控件中。不同的列字段类型决定控件中各列的行为。

GridView 控件的列字段类型如表 9.5 所示。

表 9.5　GridView 控件的列字段类型

列字段类型	说　明
BoundField	显示数据源中某个字段的值。这是 GridView 控件的默认列类型
ButtonField	为 GridView 控件中的每个项显示一个命令按钮。因此可以创建一列自定义按钮控件，如“添加”按钮或“移除”按钮
CheckBoxField	为 GridView 控件中的每一项显示一个复选框。此列字段类型通常用于显示具有布尔型的字段
CommandField	显示用来执行选择、编辑或删除操作的预定义命令按钮
HyperLinkField	将数据源中某个字段的值显示为超链接。此列字段类型允许将另一个字段绑定到超链接的 URL
ImageField	为 GridView 控件中的每一项显示一个图像
TemplateField	根据指定的模板为 GridView 控件中的每一项显示用户定义的内容。此列字段类型允许创建自定义的列字段

若要以声明方式定义列字段集合，应首先在 GridView 控件的开始和结束标记之间添加<Columns>开始和结束标记。接着，列出想包含在<Columns>之间的列字段。指定的列将以所列出的顺序添加到 Columns 集合中。Columns 集合存储该控件中的所有列字段，并允许以编程方式管理 GridView 控件中的列字段。

显式声明的列字段可与自动生成的列字段结合在一起显示。两者同时使用时，先呈现显式声明的列字段，再呈现自动生成的列字段。不过，自动生成的列字段不会添加到 Columns 集合中。

列字段是 GridView 的显示信息表现的核心，下面重点来分析和讲解各种类型列字段。这些列字段有一些通用的属性，如表 9.6 所示。

表 9.6　GridView 控件中列字段属性

列字段属性	说　明
DataField	显示的字段
Visible	是否隐藏列对象
ReadOnly	自定义格式化字符串应用到字段的值，当 HtmlEncode 属性为 True 时，将在自定义格式字符串中使用字段的编码字符串值
HeaderText	列对象的标头文本
FooterText	列对象的脚注文本
HeaderImageUrl	列对象的标头图像
ShowHeader	标头部分是否隐藏

（1）BoundField（绑定列）。GridView 数据绑定控件使用 BoundField 类以文本显示字段的值。GridView 控件将 BoundField 对象显示为一列。表 9.7 列出了 BoundField 常用属性。

表 9.7　BoundField（绑定列）常用属性

列字段属性	说　明
HtmlEncode	设置为 True，可以在显示字段的值之前对其进行 HTML 编码
DataFormatString	自定义格式化字符串应用到字段的值，当 HtmlEncode 属性为 True 时，将在自定义格式字符串中使用字段的编码字符串值
CommandField	显示用来执行选择、编辑或删除操作的预定义命令按钮

（2）ButtonField（按钮列）。表 9.8 中个字段显示为数据绑定控件中的按钮。数据绑定控件 GridView 使用 ButtonField 类为每个显示的记录显示一个按钮。GridView 控件将 ButtonField 对象显示为一列，如表 9.8 所示。

表 9.8　ButtonField（按钮列）属性

列字段属性	说　明
ButtonType	显示的按钮类型，可以选择 Button、Image、Link 类型。显示图像按钮时，请使用 ImageUrl 属性为 ButtonField 对象中的按钮指定要显示的图像
Text	ButtonField 中的所有按钮共享同一个标题
CommandName	命令名，在引发父数据绑定控件的命令事件时被调用

单击按钮字段中的按钮将引发父数据绑定控件的命令事件。可以提供命令事件的处理程序，

以便在单击命令按钮时提供要执行的自定义例程。GridView 控件引发 RowCommand 事件。若要确定引发命令事件的记录索引，可使用事件参数的 CommandArgument 属性，该事件参数传递到数据绑定控件的命令事件。ButtonField 类自动以适当的索引值填充 CommandArgument 属性。

(3) CommandField（命令列）。CommandField 显示了用于在数据绑定控件中执行选择、编辑、插入或删除操作的命令按钮。执行这些操作的命令按钮可以通过使用表 9.9 中显示的属性来显示或隐藏。

表 9.9　CommandField（命令列）属性

属　　性	说　　明
ShowDeleteButton	对于数据绑定控件中的每个记录，在 CommandField 字段中显示或隐藏“删除”按钮。“删除”按钮允许用户从数据源中删除记录
ShowEditButton	对于数据绑定控件中的每个记录，在 CommandField 字段中显示或隐藏“编辑”按钮。“编辑”按钮允许用户编辑数据源中的记录。当用户单击特定记录的“编辑”按钮时，该“编辑”按钮将由“更新”按钮和“取消”按钮代替。所有其他命令按钮也将被隐藏
ShowSelectButton	对于数据绑定控件中的每个记录，在 CommandField 字段中显示或隐藏“选择”按钮。“选择”按钮允许用户在数据绑定控件中选择记录
ShowCancelButton	显示或隐藏在记录处于编辑或插入模式时显示的“取消”按钮
ButtonType	显示的按钮类型
CausesValidation	若要避免在单击按钮时进行验证，则将 CausesValidation 属性设置为 False

当数据绑定控件与数据源控件（如 SqlDataSource 控件）结合使用时，数据绑定控件可以利用数据源控件的功能并提供自动删除、更新功能。对于其他数据源，需要提供在数据绑定控件的相应事件期间执行这些操作的例程。

(4) HyperLinkField（超链接列）。在数据绑定控件中显示为超链接的字段。为每个已显示的记录显示超链接。当用户单击超链接时，将被定向到此超链接相关联的网页。未绑定数据源的超链接属性设置如表 9.10 所示。

表 9.10　HyperLinkField（超链接列）属性

属　　性	说　　明
Text	超链接显示的标题
NavigateUrl	单击超链接时定位到的 URL

设置完 Text 属性和 NavigateUrl 属性后，HyperLinkField 对象中的所有超链接都将共享同一标题和导航 URL。同样，Target 属性也适用于所有超链接，如表 9.11 所示。

表 9.11　HyperLinkField（超链接列）绑定字段属性

属　　性	说　　明
DataTextField	字段绑定到标题
DataNavigateUrlFields	用于创建 URL 的字段，以逗号分隔的列表
DataTextFormatString	标题指定自定义的格式
DataNavigateUrlFormatString	导航 URL 指定自定义的格式
Target	在特定的窗口或框架中显示链接的内容

（5）ImageField（图像列）。在数据绑定控件中显示为图像的字段，用于为所显示的每个记录显示图像，如表 9.12 所示。

表 9.12 ImageField（图像列）属性

属　性	说　明
DataImageUrlField	绑定到包含图像 URL 的数据源中的字段
DataImageUrlFormatString	URL 值的格式
AlternateText	所有图像的备用文本
DataAlternateTextField	将数据源中的字段绑定到每个图像的 AlternateText 属性
DataAlternateTextFormatString	格式化备用文本，与 DataAlternateTextField 配合使用
NullImageUrl	当图像的 URL 值为空引用时，图像将无法显示。通过设置 NullImageUrl 属性，可以为空引用字段值显示备用图像
NullDisplayText	通过设置 NullDisplayText 属性可显示备用文本，而不是备用图像

（6）TemplateField（模板列）。虽然 CheckBoxField、ImageField、HyperLinkField 和 ButtonField 考虑到了数据的交互视图，但它们仍然有一些相关格式化的限制。当需要使用除 CheckBox、Image、HyperLink 以及 Button 之外的 Web 控件来显示数据时，如果要在一个 GridView 列中显示两个或者更多的数据字段的值，就要使用 GridView 提供的 TemplateField。

TemplateField 模板可以包括静态的 HTML、Web 控件以及数据绑定的代码。此外，TemplateField 还拥有各种可以用于不同情况页面所呈现的模板。例如，ItemTemplate 默认用于呈现每行中的单元格，而 EditItemTemplate 则用于编辑数据时的自定义界面。主要模板类型如表 9.13 所示。

表 9.13 模板类型

模板类型	说　明
AlternatingItemTemplate	为 TemplateField 对象中的交替项指定要显示的内容。包含一些 HTML 元素和控件，将为数据源中的每两行呈现一次 HTML 元素和控件。通常，可以使用此模板来为交替行创建不同的外观，例如，指定一个与在 ItemTemplate 属性中指定的颜色不同的背景色
EditItemTemplate	为 TemplateField 对象中处于编辑模式中的项指定要显示的内容
FooterTemplate	为 TemplateField 对象的脚注部分指定要显示的内容
HeaderTemplate	为 TemplateField 对象的标头部分指定要显示的内容
InsertItemTemplate	为 TemplateField 对象中处于插入模式中的项指定要显示的内容。只有 DetailsView 控件支持该模板
ItemTemplate	为 TemplateField 对象中的项指定要显示的内容，包含一些 HTML 元素和控件，将为数据源中的每一行呈现一次 HTML 元素和控件
SeperatorTemplate	包含在每项之间呈现的元素。典型的示例可能是一条数据之后显示一条直线（HR 元素），再显示下一条数据

在模板列中，最常用的类型是 TemplateField.ItemTemplate，它可以获取或设置用于显示数据绑定控件中的项的模板。

注意：可以选择定义 AlternatingItemTemplate 属性与 ItemTemplate 属性组合使用，以便为数据绑定控件中的其他所有项创建不同的外观。

若要指定模板，首先将开始和结束<ItemTemplate>标记放置在<TemplateField>元素的开始标记和结束标记之间。接着，在开始和结束<ItemTemplate>标记之间添加自定义内容。这些内容可以很简单（如纯文本），也可以很复杂（如在模板中嵌入其他控件）。从工具箱中选择合适的服务器控件放在指定的模板中，将控件的制定属性与数据源绑定。绑定时使用数据绑定表达式。

所有数据绑定表达式都必须包含在“<%#”字符和“%>”字符之间。数据绑定表达式使用 Eval 方法，将数据字段的值作为参数并将其作为字符串返回。

可以通过设置 GridView 控件的不同部分的样式属性自定义该控件的外观。表 9.14 列出了不同的样式属性。

表 9.14　GridView 样式属性

样 式 属 性	说　　明
AlternatingRowStyle	GridView 控件中的交替数据行的样式设置。当设置了此属性时，数据行交替使用 RowStyle 设置和 AlternatingRowStyle 设置进行显示
EditRowStyle	GridView 控件中正在编辑的行的样式设置
EmptyDataRowStyle	当数据源不包含任何记录时，GridView 控件中显示的空数据行的样式设置
FooterStyle	GridView 控件的脚注行的样式设置
HeaderStyle	GridView 控件的标题行的样式设置
PagerStyle	GridView 控件的页导航行的样式设置
RowStyle	GridView 控件的数据行的样式设置。当设置了 AlternatingRowStyle 属性时，数据行交替使用 RowStyle 设置和 AlternateRowStyle 设置进行显示
SelectedRowStyle	GridView 控件的选中行的样式设置

SQL 查询语句从数据源中返回记录较多，若在一页中显示，则影响页面美观，同时浏览不方便。为解决这个问题，可采用分页的方法，规定每页可显示的最大记录数。

GridView 控件有一个内置分页功能，可支持基本的分页功能。将 AllowPaging 属性设置为 True 可以启用分页，页的大小（即每次显示的项数）由 PageSize 属性指定。还可以通过设置 PageIndex 属性来设置 GridView 控件的当前页。

分页样式可以使用 PagerSettings 属性或通过提供页导航模板来指定更多的自定义行为。GridView 控件的 PagerSettings 是一个属性集合，可以通过设置 GridView 控件的 Mode 属性来自定义分页模式。表 9.15 介绍了几种不同的模式。

表 9.15　PagerSettings 属性

属 性 名 称	说　　明
NextPrevious	上一页按钮和下一页按钮
NextPreviousFirstLast	上一页按钮、下一页按钮、第一页按钮和最后一页按钮
Numeric	可直接访问页面的带编号的链接按钮
NumerticFirstLast	带编号的链接按钮、第一个链接按钮和最后一个链接按钮

在 Mode 属性设置为 NextPrevious、NextPreviousFirstLast 或 NumericFirstLast 值时，可以通过设置表 9.16 中所示的属性来自定义非数字按钮的文字。

表 9.16　文字属性

属性名称	说　明
FirstPageText	第一页按钮的文字
PreviousPageText	上一页按钮、下一页按钮、第一页按钮和最后一页按钮
NextPageText	下一页按钮的文字
LastPageText	最后一页按钮的文字

可以使用图像来自定义分页控件的外观。PagerSettings 类包含用于第一页、最后一页、上一页和下一页按钮的图像的 URL 属性，如表 9.17 所示。

表 9.17　URL 属性

属性名称	说　明
FirstPageImageUrl	为第一页按钮显示的图像的 URL
PreviousPageImageUrl	为上一页按钮显示的图像的 URL
NextPageImageUrl	为下一页按钮显示的图像的 URL
LastPageImageUrl	为最后一页按钮显示的图像的 URL

2. DetailsView 控件和 FormView 控件

许多应用程序需要一次作用于一条记录。一种方法是创建单条记录的视图，但是这需要自己编写代码。首先，需要获取记录，然后，将字段绑定到数据绑定表单，选择性地提供分页按钮来浏览记录。

当生成主/详细视图时，经常需要显示单条记录的内容。通常，用户从网格中选择一条主记录，让应用程序追溯所有可用字段。通过组合 GridView 和 DetailsView 控件，编写少量代码，就能够生成有层次结构的视图。

DetailsView 控件在表格中显示数据源的单个记录，此表格中每个数据行表示记录中的一个字段。此控件经常在主控/详细方案中与 GridView 控件一起使用。

DetailsView 控件能够自动绑定到任何数据源控件，使用其数据操作集。此控件能够自动分页、更新、插入和删除底层数据源的数据项，只要数据源支持这些操作。多数情况下，建立这些操作无须编写代码。

ASP.NET 2.0 引入了 FormView 控件，该控件在任意形式的模板中一次呈现单个数据项。DetailsView 和 FormView 之间的主要差异在于 DetailsView 具有内置的表格呈现方式，而 FormView 需要用户定义的模板用于呈现。FormView 和 DetailsView 对象模型在其他方面非常类似。

FormView 是新的数据绑定控件，使用起来像是 DetailsView 的模板化版本。它每次从相关数据源中选择一条记录显示，选择性地提供分页按钮，用于在记录之间移动。与 DetailsView 控件不同的是，FormView 不使用数据控件字段，而是允许用户通过模板定义每个项目的显示。FormView 支持其数据源提供的所有基本操作。

FormView 控件是作为通常使用的更新和插入接口而设计的，它不能验证数据源架构，不支持高级编辑功能，比如外键字段下拉。

FormView 和 DetailsView 有两方面的功能差异。首先，FormView 控件具有 ItemTemplate、EditItemTemplate 和 InsertItemTemplate 等属性，而 DetailsView 一个也没有。其次，FormView 缺少命令行。

DetailsView 和 FormView 属于单条记录控件，一次只显示一条记录。可以将它们看做一叠面朝上的卡片。无论什么时候这些卡片都存在，但是一段时间内只能将其中一张放置在最上面，必须向下浏览才能查看到其他卡片。单条记录控件具有导航功能，允许访问者查看下一条记录、跳到某条特定记录或者直接跳转到第一条或最后一条记录。DetailsView 控件在创建时提供了一些默认的布局，而 FormView 控件在创建整个布局时将创建一个空白面板。这两个数据绑定的控件都具有读取、编辑和创建新的记录的功能。

DetailsView 控件和 FormView 控件可以采用模板显示数据，其模板种类比较多，但是这两个控件最重要的功能却不是只采用模板显示数据。DetailsView 控件和 FormView 控件的主要功能是写入数据，GridView 控件虽然也具有写入功能，但是，GridView 只能更新已有记录的数据，不能创建新的记录。

当 DetailsView 控件和 FormView 数据绑定控件与数据源控件（如 SqlDataSource 控件）结合使用时，数据绑定控件可以利用数据源控件的功能并提供自动删除、更新和插入功能。当采用 DetailsView 控件进行删除、编辑和新建操作时，需要自己添加相应的命令按钮列来完成。而 FormView 控件绑定到指定的数据源控件时，FormView 控件会自动添加删除、更新和插入操作的按钮，并且可以利用数据源控件的功能执行删除、编辑和新建和分页功能。相对 DetailsView 控件来说，FormView 控件使用起来更简单。

DetailsView 控件的各种数据输入模式定义为 DetailsViewMode 枚举类型，FormView 控件的各种数据输入模式定义为 FormViewMode 枚举类型，两种枚举类型值如表 9.18 所示。

表 9.18 DetailsViewMode 和 FormViewMode 的枚举值

值	说 明
Edit	编辑模式，允许用户更新现有记录的值
Insert	插入模式，允许用户输入新记录的值
ReadOnly	显示模式，用户无法修改记录值

若要确定控件的当前模式，可使用 CurrentMode 属性。在执行插入或更新操作后，DetailsView 控件和 FormView 控件将恢复为由 DefaultMode 属性指定的模式。也可以通过设置 DefaultMode 属性指定一个备用恢复模式。若要以编程方式更改模式，则使用 ChangeMode 方法。

无论是 DetailsView 控件还是 FormView 控件，它们的数据输入模式都可通过编辑模板完成，其中插入模式中的项在 InsertItemTemplate 模板中完成，编辑修改则在 EditItemTemplate 模板中完成。

模板中控件显示字段的值，用双向数据绑定表达式 Bind，既可以使编辑项模板中的输入控件自动显示原始字段值，也可以将编辑项模板和插入项模板中的输入控件绑定到数据源的字段。

与 GridView 和 DetailsView 控件不同的是，FormView 没有其自己默认的显示布局。同时，它的图形化布局完全是通过模板自定义的。因此，每个模板都包括特定记录需要的所有命令按钮。大多数模板是可选的；但是，必须为该控件的配置模式创建模板。例如，要插入记录的话，必须定义 InsertItemTemplate。

FormView 控件的模板如表 9.19 所示。

表 9.19 FormView 控件的模板

模 板 类 型	说 明
EditItemTemplate	编辑数据时的显示模板，此模板通常包含用户可以用来编辑现有记录的输入控件和命令按钮

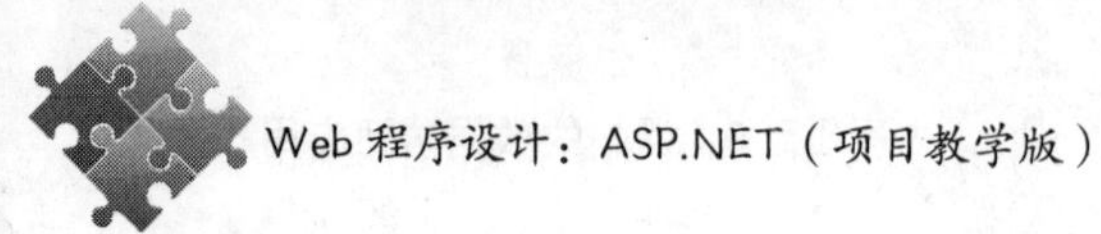

续表

模板类型	说明
EmptyDataTemplate	数据集为空时显示的模板，通常包含一些警告或提示信息，以告知用户数据源不包含任何内容
FooterTemplate	定义脚注行的内容
HeaderTemplate	定义标题行的内容
ItemTemplate	呈现只读数据时的模板，通常包含用来显示现有记录的值
InsertItemTemplate	插入记录时的模板，通常包含用户可以用来添加新记录的输入控件和命令按钮
PagerTemplate	启用分页功能时的模板，通常包含导航至另一个记录的控件

3. Repeater 和 DataList 控件

Repeater 和 DataList 控件可以用来呈现数据源提供的数据。与 FormView 和 DetailsView 控件不同的是，这两个控件都是以自定义的格式显示数据库记录的信息。

Repeater 控件是一个数据绑定容器控件，它生成一系列单个项。在呈现数据之前，使用模板定义网页上单个项的布局。页运行时，该控件为数据源中的每个项重复相应布局。

使用 Repeater 控件创建基本的模板数据绑定列表。Repeater 控件没有内置的布局或样式；必须在此控件的模板内显示声明所有的 HTML 布局、格式设置和样式标记。

Repeater 控件不同于其他数据列表控件之处在于它允许用户在其模板中放置 HTML 代码和标记。这样就可以创建复杂的 HTML 结构（如表格）。例如，若要在 HTML 表中创建一个列表，需要通过在 HeaderTemplate 中放置<table>标记来开始此表。然后，通过在 ItemTemplate 中放置<tr>标记、<td>标记和数据绑定项来创建该表的行和列。如果要使表中的交替项呈现不同的外观，使用与 ItemTemplate 相同的内容创建 AlternatingItemTemplate。最后，通过在 FooterTemplate 中放置</table>标记完成该表。

Repeater 控件的模板及其作用如表 9.20 所示。

表 9.20 Repeater 控件的模板及作用

模板	说明
AlternatingItemTemplate	与 ItemTemplate 元素类似，但在 Repeater 控件中隔行交替呈现。通过设置 AlternatingItemTemplate 元素的样式属性，可以为其指定不同的外观
FooterTemplate	脚注显示的模板，在所有数据呈现后呈现一次的元素。主要用于关闭在 HeaderTemplate 项中代开的元素（使用如</table>的标记）。注意：FooterTemplate 不能是数据绑定的
HeaderTemplate	标题现实的模板，在所有数据呈现之前呈现一次的元素。典型的用途是开始一个容器元素（如表）。注意：HeaderTemplate 项也不能是数据绑定的
ItemTemplate	为数据源中的每一行呈现一次的元素。若要显示 ItemTemplate 中的数据，必须声明一个或多个 Web 服务器控件并设置其数据绑定表达式，以使其计算为 Repeater 控件（即容器控件）的 DataSource 中的字段
SeperatorTemplate	在各行之间呈现的分隔元素，通常是分页符（ 标记）、水平线（<hr>标记）等。注意：SeperatorTemplate 项不能是数据绑定的

所有这些模板必须包含在 Repeater 控件的声明语句之中，而且必须是以手动填写代码的方式输入。

其中，ItemTemplate 模板是基本模板，必须定义 Repeater 控件才能顺利显示数据。

模板的意义很重大，但有些地方容易让人混淆。首先，模板本身不显示数据。相反，模板包含了实际显示数据的数据绑定控件，如标签。其次，Repeater 控件的多个模板都是单独设计的。再次，让人混淆的地方是为了修改模板必须进入特定模板的编辑模式，不能在设计视图中通过选择和修改字段而改变模板。在编辑模板之后必须显式地结束模板的编辑模式。最后，ASP.NET 2.0 在模板的内容中使用了 Style（样式），样式主要为外观提供属性（颜色、边界等）。如果在样式和模板中同时设置了颜色和边界，则以模板中的为准。使用了模板之后，将发现模板的功能非常强大。

DataList 控件和 Repeater 控件一样，在一个表格单元中显示一条记录的所有字段，这样一行可以不止包含一条记录。

DataList 控件和 Repeater 控件都可以在每个表格单元中显示一条记录，它们之间唯一的差别是 DataList 控件有默认的格式和模板，而 Repeater 控件需要设计人员进行较多的设置。

DataList 控件可以自定义数据库记录的呈现格式。显示数据的格式在创建的模板中定义。可以为项、交替项、选定项和编辑项创建模板。标头、脚注和分隔符模板也用于自定义 DataList 的整体外观。通过在模板中包括 Button 控件，可将列表项连接到代码，这些代码是用户得以在显示、选择和编辑模式之间进行切换。

DataList 控件的属性支持设置 Layout Repeat Direction 功能，从而使得记录可以在水平或垂直方向上增长，列的数量也是一样。一般地，在网站设计中用来在网页中设定的区域显示商品的信息比较合适。

DataList 控件的模板种类也非常丰富，DataList 控件的一个单元可以具有 ItemTemplate（普通的数据显示）、AlternatingItemTemplate（每隔一条记录使用相同的颜色）、SelectedTemplate（当选中数据时改变外观）、SeparatorTemplate（分割两个数据的样式）、FooterTemplate（数据页脚的样式）和 EditItemTemplate（在编辑的过程中改变外观）。每个模板都是单独设计的，修改模板时必须进入特定模板的编辑模式，不能在设计视图中通过选中和修改字段而改变模板。在编辑模板之后必须显式地结束模板的编辑模式。ASP.NET 2.0 在 DataList 模板的内容中也使用了 Style（样式）。样式主要为外观提供属性（颜色、边界等），如果在样式和模板中同时设置了颜色和边界，则以模板中的为准。

创建 DataList 控件类似于 GridView 控件。可以从工具箱中用鼠标拖放该数据绑定控件并创建一个新的数据源控件，将数据绑定控件。

绑定后修改模板，如果希望在每个 DataList 单元中显示一组不同的字段，就将表格单元的背景修改为粉红色或者为每个表格单元添加一个标记。

DataList 控件使用 HTML 表对应用模板的项的呈现方式进行布局。DataList 控件中的项通过单元格方式呈现，通过布局属性控制控件中项的顺序、方向和列数。表 9.21 描述了 DataList 控件支持的布局属性。

表 9.21　布局属性

属　　性	说　　明
RepeatLayout	Talbe：表布局，在表布局中，列表项在 HTML 表中呈现。由于在表布局中可设置表单元格属性（如网格线），这就提供了更多用于指定列表项外观的选项
	Flow：流布局，列表项在行内呈现，如同文字处理文档中一样
RepeatDirection	垂直布局和水平布局，默认情况下，DataList 控件中的项在单个垂直列中显示。但是，可以指定该控件包含多个列。这样可进一步指定这些项是垂直排序（类似于报刊栏）还是水平排序（类似于日历中的日）
RepeatColumns	无论 DataList 控件中的项是垂直排序还是水平排序，都可指定类表将有多少列

9.3.4 ADO.NET 的基本概念

ADO.NET 是微软的 Microsoft ActiveX Data Objects（ADO）的下一代产品，它不与 ADO 共享相同的编程模型，却拥有 ADO 的大部分功能。

1．ADO.NET 的特色

以前，数据处理主要依赖于基于连接的双层模型，当数据处理越来越多地使用多层结构时，程序员就得向断开方式转换，以便为它们的应用程序提供更佳的可缩放性。ADO.NET 正是这种能够支持 *n* 层的数据访问应用程序模型。

ADO.NET 是在微软的.NET 中创建分布式和数据共享应用程序的应用程序开发接口（API），它是一组处理数据的类。它提供了兼容于微软 SQL Server.NET、OLE DB.NET、ODBC.NET 和 XML 等数据源的接口，支持在线和离线的数据访问方式。以实现数据共享为目的的客户应用程序可以方便地使用 ADO.NET 连接到数据源，从中查询、管理和更新数据。使用起来比以前的 ADO 更灵活和有弹性，也提供了更多的功能。ADO.NET 的出现并不是要取代 ADO，而是要提供更有效率的数据存取。

ADO.NET 对象可以让用户快速、简单地存取各种数据。传统的主从式应用程序在执行时，都会保持与数据源的联机。但是在某些状况下与数据库一直保持联机没有必要，这样会浪费系统资源。有时我们只需将数据取回，就不需要保持对数据源的联机了。ADO.NET 被设计成对于数据处理不会一直保持联机的架构，应用程序只有在要取得数据或更新数据时才对数据源进行联机工作，所以应用程序所要管理的连接减少了；数据源不用一直与应用程序保持联机，负载减轻，效能自然也就提升了。不过应用程序有时需要数据源一直保持联机，如在线订票系统，此时可以使用 ADO 对象和数据源随时保持联机的状态。

ADO.NET 可以用于任何用户的应用程序，它提供了创建数据源的连接、高效地读取数据、修改和操纵数据的功能。通过 ADO.NET 的.NET 数据提供者，可以使数据源与组件、XML Web Service 以及应用程序之间进行通信和数据操作，.NET 数据提供程序包括以下程序。

（1）SQL Server .NET 数据提供程序。

（2）Oracle.NET 数据提供程序。

（3）OLE DB.NET 数据提供程序。

（4）ODBC.NET 数据提供程序。

2．ADO.NET 对象模型

（1）ADO.NET 对象模型简介。ADO.NET 对象模型由两部分构成：一个是数据集（DataSet），它与数据源断开并且无须知道所访问数据的来源；另一个是.NET 数据提供程序，它能够在数据源与应用程序之间建立连接，并执行针对数据源的 SQL 命令。.NET 数据提供程序又分为 Connection 对象、Command 对象、DataReader 对象和 DataAdapter 对象 4 个部分，如图 9.6 所示。

（2）数据提供程序。根据数据源不同，常用的.NET 数据提供程序可以分为 3 种，SQL Server 数据提供程序、OLE DB 数据提供程序以及与 ODBC 兼容的数据提供程序。所有的数据提供程序都位于 System.Data 命名空间中。每种.NET 数据提供程序都由 4 个主要组件组成。

① Connection 对象：用于连接到数据源。

② Command 对象：用于执行针对数据源的命令并且检索 DataReader 或者 DataSet，或者用于执行针对数据源的一个 INSERT、UPDATE 或 DELETE 命令。

③ DataReader 对象：一个已经连接的、前向只读的结果集。

④ DataAdapter 对象：用于从数据源产生一个 DataSet，并且更新数据源。

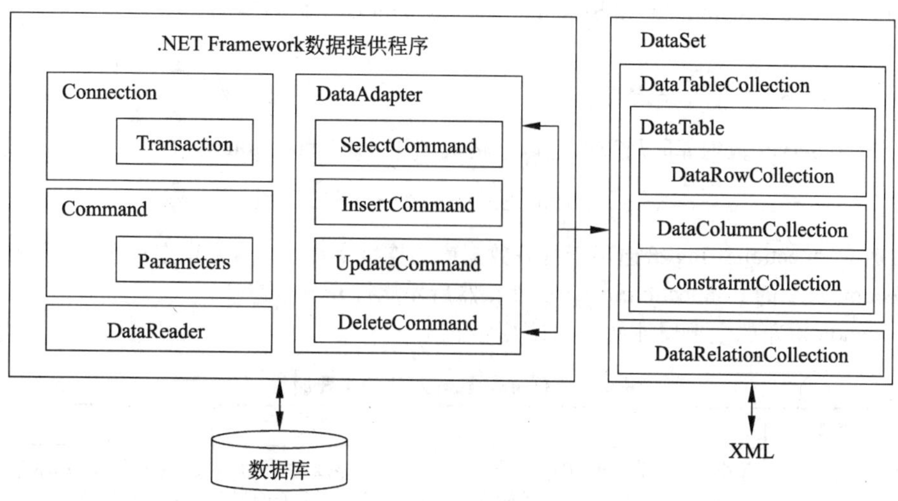

图 9.6 ADO.NET 结构

(3) 数据源应用程序的开发流程。虽然数据库应用程序访问的数据库不同，实现的功能也不同，但是开发流程基本相同，主要可以分为以下几个步骤。

① 创建数据库。

② 使用 Connection 对象创建到数据库的连接。

③ 使用 Command 对象对数据源执行 SQL 命令并返回数据。

④ 利用 DataReader 或 DataSet 对象读取和处理数据源的数据。

3. ADO.NET 的数据操作组件

要存取数据源中的数据，就要通过数据操作组件，数据操作组件就是 Connection 对象、Command 对象、DataReader 对象和 DataAdapter 对象。由于可以选择通过 3 种方法与数据库进行连接，所以 ADO.NET 提供了 3 组数据操作组件，每组数据操作组件内都有 Connection 对象、Command 对象、DataReader 对象和 DataAdapter 对象。为了易于分辨，将这 2 个对象分别加上不同的前缀，如表 9.22 所示。

表 9.22 ADO.NET 的数据操作组件

SQL Server 组件	OLE DB 组件	ODBC 组件
SqlConnection	OleDbConnection	OdbcConnection
SqlCommand	OleDbCommand	OdbcCommand
SqlDataReader	OleDbDataReader	OdbcDataReader
SqlDataAdapter	OleDbDataAdapter	OdbcDataAdapter

要使用 ADO.NET 中的对象，必须先引用 ADO.NET 的名称空间（Namespace）。微软为.NET 设计了数量相当可观的类别对象，名称空间中记录了对象的名称以及该对象定义所在的文件，这样编译器在编译程序时才知道这些对象要到哪里去加载。以下为引用名称空间的语法。

```
<%@ Import Namespace="对象类别的名称空间"%>
```

(1) Connection 对象。若要在 ASP.NET Web 应用程序中访问数据库，首要任务是创建数据库连接。.NET Framework 提供 3 种数据提供程序。

Microsoft SQL Server 2000 或者更高版本必须使用 SQL Server.NET 数据提供程序，而且在

使用之前必须导入 System.Data 和 System.Data.SqlClient 两个命名空间。

```
using System.Data;
using System.Data.SqlClient;
```

连接 SQL Server 数据库时可以按照以下格式创建 SqlConnection 对象。

```
SqlConnection conn=new SqlConnection(ConnectionString);
```

其中，参数 ConnectionString 给出用于打开数据库的连接字符串。若未指定该参数，则必须先设置 Connection 对象的 ConnectionString 属性，然后才能打开数据连接。

Connection 对象的主要属性如表 9.23 所示。

表 9.23　Connection 对象的主要属性

属　性	说　明
ConnectionString	获取或设置用于打开数据库的字符串。该属性值为连接字符串，其基本格式包括一系列由分号分隔的关键字/值对，通过等号（=）连接各个关键字及其值
ConnectionTimeout	获取在尝试建立连接时终止尝试并生成错误之前所等待的时间。该属性值为等待连接打开的时间，以 s 为单位，默认值为 15s，若设置为 0 则表示无限等待
Database	获取当前数据库或连接打开后要使用的数据库的名称
DataSource	获取数据源的服务器或文件名
Provider	获取在连接字符串的“Provider=”子句中指定的 OLE DB 提供程序的名称。SqlConnection 对象不支持该属性
State	获取连接的当前状态

Connection 对象的主要方法如表 9.24 所示。

表 9.24　Connection 对象的主要方法

方　法	说　明
BeginTransaction	开始数据库事务
ChangeDatabase(value)	为打开的连接更改当前数据库，其中参数 value 用于指定数据库名称
Close()	关闭到数据库的连接，这是关闭任何打开连接的首选方法
CreateCommand()	创建和返回一个与 Connection 相关联的 Command 对象
Open()	适应 ConnectionString 所指定的属性设置打开数据库连接

连接 SQL Server 数据库。若要在 ASP.NET 页中访问 SQL Server 数据库，可根据 SQL Server 的版本分别选用 SQL Server.NET 数据提供程序或 OLE DB.NET 数据提供程序来创建数据连接。

对于 SQL Server 6.5 或更早版本，建议使用 OLE DB.NET 数据提供程序建立数据连接；对于 SQL Server 7.0 及更早版本，建议使用 SQL Server.NET 数据提供程序建立数据连接。当使用.NET Frame 1.1 版创建 ASP.NET 应用程序时，也可以使用 ODBC.NET 数据提供程序连接到 SQL Server 数据库。下面仅介绍如何使用 SQL Server.NET 数据提供程序连接到 SQL Server 数据库。

以下代码说明如何通过 SqlConnection 对象连接到 SQL Server 数据库。

```
SqlConnection conn=new SqlConnection();
conn.ConnectionString="Data Source=localhost;Integrated Security=true;
```

```
Database=news2008";
    conn.Open();
    //在此处对指定的数据库进行查询、添加、更新和删除操作
    conn.Close();
```

在上述代码中，创建 SqlConnection 对象时没有指定连接字符串，必须对此连接对象的 ConnectionString 属性进行设置。

(2) Command 对象。Command 对象主要用来对数据库发出指令，例如，可以对数据库发出进行查询、新增、修改和删除数据等指令，以及调用存储在数据库中的预存程序等。Command 对象架构在 Connection 对象上，也就是说，Command 对象是通过连接到数据源的 Connection 对象来发出命令的。显然 Connection 连接到哪个数据库，Command 对象的命令就在哪个数据库执行。

① Command 数据命令属性，Command 命令的常用属性如表 9.25 所示。

表 9.25　Command 命令的常用属性

属　　性	说　　明
CommandText	获取或设置要对数据源执行的 Tansact-SQL 语句或存储过程
CommandTimeout	获取或设置在终止执行命令的尝试并生成错误之前的等待时间
CommandType	获取或设置一个值，该值指示如何解释 CommandText 属性
Connection	获取或设置 Command 对象所使用的连接对象
Parameters	获取或设置参数集合（OleDbParameterCollection 或 SqlParameterCollection），通过该集合可以向 SQL 语句或存储过程中传递参数

其中 CommandText 属性存储的字符串数据依赖于 CommandType 属性的类型。例如，当 CommandType 属性设置为 StoredProcedure 时，表示 CommandText 属性的值为存储过程的名称，而当 CommandType 属性设置为 TableDirect 时，CommandText 属性应设置为要访问的一个或者多个表的名称（SQL Server.NET 数据提供程序不支持该属性值）；如果 CommandType 设置为 Text，CommandText 则应为 SQL 语句。如果不显示设置 CommandType 的值，则 CommandType 默认为 Text。表 9.26 列举了 CommandType 的所有值。

表 9.26　CommandType 枚举

成 员 名 称	说　　明
StoredProcedure	存储过程的名称
TableDirect	在将 CommandType 属性设置为 TableDirect 时，应将 CommandText 属性设置为要访问的一个或多个表的名称。如果已命名的表包含特殊字符，那么用户需要使用转义符语法或包括限定字符 当调用“执行”(Execute）方法之一时，将返回命名表的所有行和列。为了访问多个表，请使用逗号分隔的列表（没有空格或空白)。其中包含要访问的多个表的名称。当 CommandText 属性命名多个表时，返回指定表的连接。注意：只有用于 OLEDB 的 NET.Framework 数据提供程序才支持 TableDirect
Text	SQL 文本命令（默认）

② Command 方法，4 个常用的执行方法如表 9.27 所示。

表 9.27 Command 对象的常用方法

方　法	说　明
ExecuteNonQuery	ExecuteNonQuery 方法主要用来更新数据。通常使用它来执行 UPDATE、INSERT 和 DELETE 语句。该方法返回值意义如下：对于 UPDATE、INSERT 和 DELETE 语句，返回值为该命令所影响的行数。对于所有其他类型的语句，返回值为-1。 Command 对象通过 ExecuteNonQuery 方法更新数据库的过程非常简单，需要进行如下步骤。 （1）创建数据库连接； （2）创建 Command 对象，并指定一个 SQL INSERT、UPDATE、DELETE 查询或存储过程； （3）把 Command 对象依附到数据库连接上； （4）调用 ExecuteNonQuery 方法； （5）关闭连接
ExecuteScalar	ExecuteScalar 方法执行返回单个值的命令。例如，如果想获取 news2008 数据库中新闻表中新闻的总数，则可以使用这个方法执行 SQL 查询：Select count(*) from News
ExecuteReader	ExecuteReader 方法执行命令，并使用结果集填充 DataReader 对象
ExecutexmlReader	ExecutexmlReader 方法为 SqlCommand 特有的方法，OleDbCommand 无此方法。该方法执行将返回 XML 字符串的命令。它将返回一个包含所返回的 XML 的 System.Xml.XmlReader 对象

（3）DataReader 对象。通过执行 Command 对象的 ExecuteReader 方法，将对数据源执行 SQL 命令并创建一个 DataReader 对象。DataReader 对象只能依次一直向下循序地读取数据源中的数据，而且这些数据是只读的，所以不但节省资源而且效率很好。使用 DataReader 对象不但效率较高，还可以降低网络的负载，这是因为它不用把数据全部传回。

DataReader 对象不能通过直接调用构造函数来生成，只能通过执行 Command 对象的 ExecuteReader 方法来创建。

创建 DataReader 对象后，即可在程序中访问该对象的属性和方法。DataReader 对象的常用属性和方法分别在表 9.28 和表 9.29 中列出。

表 9.28 DataReader 对象的常用属性

属　性	说　明
FieldCount	获取当前行中的列数。如果未放在有效的记录集中，则属性值为 0，否则为当前记录的列数，默认为-1
IsClosed	指示 DataReader 是否已关闭。如果 DataReader 已关闭，则属性值为 True，否则为 False
Item({index,name})	获取以本机格式表示的列的值。其中 index 为序列号，name 为列名称
RecordsAffected	通过执行 SQL 语句获取更改、插入或删除的行数

说明：IsClosed 和 RecordsAffects 是在 DataReader 关闭后仅有的可以调用的属性。

表 9.29 DataReader 对象的常用方法

方　法	说　明
Close()	关闭 DataReader 对象

续表

方　法	说　明
GetBoolean(ordinal)	获取指定列的布尔值形式的值。参数 ordinal 指定从零开始的序列号，ordinal 为 0 表示第 1 列，为 1 表示第 2 列，为 *n* 表示第 *n*+1 列。该方法的返回值为列的值
GetBytes(ordinal,dataindex,buffer,bufferindex,length)	按指定的列偏移量将字节流作为数组从给定的缓冲区偏移量开始读入缓冲区。参数 ordinal 指定从零开始的序列号；dataindex 指定字段中索引，从其开始读取操作；buffer 指定要将字节流读入的缓冲区；bufferindex 指定开始读取操作的 buffer 的索引；length 指定要复制到缓冲区中的最大长度。返回值为读取的实际字节数
GetDataTypeName(ordinal)	获取第 ordinal+1 列的数据类型名称
GetFieldType(ordinal)	获取第 ordinal+1 列的数据类型
GetName(ordinal)	获取第 ordinal+1 列的字段名称
GetOrdinal(name)	获取字段名称为 name 的字段序号
GetValue(ordinal)	获取第 ordinal+1 列的内容
GetValues(values)	获取所有字段的内容，并将字段内容存放在 Values 数组，Values 数组的大小最好与字段的数目相等，这样才能获取所有字段的内容
IsDbNull(ordinal)	判断第 ordinal+1 列是否为 Null。Flase 表示不为 Null，True 表示为 Null
Read()	读取下一条数据并返回布尔值，返回 True 表示还有下一条数据，返回 False 表示没有下一条数据

（4）DataAdapter 对象。DataAdapter 对象主要在数据源和 DataSet 之间进行数据传输的工作，它可以通过 Command 对象下达命令，将取得的数据放入 DataSet 对象中。在 ASP.NET Web 应用程序中，通过 DataAdapter 执行 SQL 语句或存储过程能够对数据库进行读/写，既可以从数据库将数据读入数据集，也可以从数据集将已更改的数据写回数据库。

DataAdapter 对象可以通过调用 DataAdapter 类的构造函数来创建，此构造函数有 4 种语法格式。例如，创建 SqlDataAdapter 对象的语法格式如下。

```
SqlDataAdapter da=new SqlDataAdapter();
SqlDataAdapter da=new SqlDataAdapter(selectCommand);
SqlDataAdapter da=new SqlDataAdapter(selectCommandText,selectConnection);
SqlDataAdapter da=new SqlDataAdapter(selectCommandText,selectConnectionString);
```

其中，参数 SelectCommand 是一个 Command 对象，它是 SELECT 语句或存储过程，被设置为 DataAdapter 的 SelectCommand 属性；SelectCommandText 是一个字符串，它是 SELECT 语句或将由 DataAdapter 的 SelectCommand 属性使用的存储过程；SelectConnection 是表示数据连接的 Connection 对象。

① DataAdapter 对象的主要属性。DataAdapter 对象的主要属性在表 9.30 中列出。

表 9.30　DataAdapter 对象的主要属性

属　性	说　明
DeleteCommand	获取或设置 SQL 语句或存储过程，用于从数据集中删除记录
InsertCommand	获取或设置 SQL 语句或存储过程，用于将新记录插入到数据源中
SelectCommand	获取或设置 SQL 语句或存储过程，用于选择数据源中的记录
UpdateCommand	获取或设置 SQL 语句或存储过程，用于更新数据源中的记录

在表 5.30 中列出的 DeleteCommand、InsertCommand、SelectCommand 和 UpdateCommand 属性都是命令对象，可见它们都拥有 Connection、CommandType 以及 CommandText 等属性。DataAdapter 是通过这些命令对象来执行 SQL 语句或存储过程的。

② DataAdapter 对象的主要方法。DataAdapter 对象的主要方法在表 9.31 中列出。

表 9.31　DataAdapter 对象的主要方法

方　法	说　明
Fill	DataSet 中添加或刷新行以匹配数据源中的行，并创建一个 DataTable
FillSchema	向指定的 DataSet 添加一个 DataTable
Update	从名为 Table 的 DataTable 指定的 DataSet 中每个已插入、已更新或已删除的行调用相应的 INSERT、UPDATE 或 DELETE 语句

使用 DataAdapter 对象时，首先创建一个数据连接，然后根据要执行的数据操作来设置相应命令对象的 Connection、CommandType 以及 CommandText 属性。CommandText 属性包含要执行的 SQL 语句或存储过程名称，对于不同的命令，对象应调用不同的方法来执行 SQL 语句或存储过程。对于 SelectCommand，则应调用 Fill 方法从数据源检索数据并用返回的数据来填充数据集；对于 InsertCommand、DeleteCommand 和 UpdateCommand，则应调用 Update 方法将针对数据集所做得更改保存到数据源。

调用 DataAdapter 对象的 Fill 方法时，会自动检查数据连接是否已经被打开，若已经被打开，则执行数据填充操作，并在数据集中创建名为 Table 的 DataTable 数据表对象；若发现未打开数据连接，则通过调用 Open 方法打开连接，然后执行数据填充操作。数据填充结束后，会自动调用 Close 方法关闭打开的数据连接。

③ DataAdapter 的主要事件。DataAdapter 的主要事件在表 9.32 中列出。

表 9.32　DataAdapter 对象的主要事件

事　件	说　明
FillError	当执行 DataAdapter 对象的 fill()方法发生错误时会触发此事件
RowUpdated	当调用 Update()方法并执行完 SQL 命令时会触发此事件
RowUpdating	当调用 Update()方法且在开始执行 SQL 命令之前会触发此事件

（5）DataSet 对象。DataSet 对象可以视为一个暂存区（Cache），可以把从数据库中查询到的数据保留起来，甚至可以将整个数据库显示出来。DataSet 不但可以存储多个 Table，还可以通过 DataAdapter 对象获取一些数据表结构（如主键等），并记录数据表间的关联。DataSet 对象可以说是 ADO.NET 中重量级的对象，它架构在 DataAdapter 对象之上，本身不具备与数据源沟通的能力。也就是说，DataAdapter 对象可作为 DataSet 对象和数据源间传输数据的桥梁。

一个 DataSet 表示整个数据集，其中包含对数据进行包含、排序和约束的表以及表间的关系。通过 DataAdapter 用现有数据库中的数据表填充 DataSet，或将 DataSet 的数据更新到数据库。DataSet 对象可以通过调用 DataSet 类的构造函数来创建，有以下两种语法格式。

```
DataSet ds=new DataSet();
DataSet ds=new DataSet(dataSetName);
```

其中，参数 dataSetName 指定 DataSet 的名称。如果未指定该参数，也可以在创建 DataSet 对象后通过设置 dataSetName 属性来指定 DataSet 的名称。

① DataSet 对象的主要属性如表 9.33 所示。

表 9.33　DataSet 对象的主要属性

属　　性	说　　明
DataSetName	获取或设置当前 DataSet 的名称
Tables	获取包含在 DataSet 表中的集合。该属性值为包含在此 DataSet 中的 DataTableCollection，如果不存在任何 DataTable 数据表对象，则为空值。通过 Tables 集合可以访问数据表某行某列的值
Relations	获取用于将表连接起来并允许从父表浏览到表的关系的集合

在这里，要着重介绍 DataTable 对象在 DataSet 中的应用。DataTable 对象表示 DataSet 中的数据表，该表由一些列（DataColumn 对象）组成，而且包含一些数据行{DataRow 对象}。DataTable 可以独立创建和使用，或用做 DataSet 的成员。使用 DataSet 对象的 Tables 属性可以访问 DataSet 中表的集合 DataTableCollection。通过 DataTableCollection 对象的 Count 属性可以获取表集合中数据表的总数，通过 Item 属性可以从集合中获取指定的 DataTable 对象。它可以通过调用 DataTable 类的构造函数来创建。语法如下。

```
DataTable dt=new DataTable();
DataTable dt=new DataTable(tableName);
```

其中，参数 tableName 指定表的名称。如果不指定该参数，则在添加到 DataTableCollection 集合中时提供默认名称，第 1 个表的名称为 Table，第 2 个表的名称为 Table1，依此类推。

DataTable 对象的主要属性和方法分别在表 9.34 和表 9.35 中列出。

表 9.34　DataTable 对象的主要属性

属　　性	说　　明
Columns	获取属于该表的集合 DataColumnCollection，该集合由 DataColumn 对象组成，每个 DataColumn 对象表示表中的一个列。若该集合中不存在任何 DataColumn 对象，则属性值为空值。使用 Column 属性可以访问表中的所有列
DataSet	获取该表所属的 DataSet
TableName	获取或设置 DataTable 的名称
Rows	获取属于该表的行的集合 DataRowCollection，此集合由该表的 DataRow 对象组成，每个 DataRow 对象表示表中的一个数据行。若集合中不存在任何 DataRow 对象，则为空值。使用 Rows 属性可以访问表中的所有数据行
PrimaryKey	获取或设置充当数据表主键的列的数组。该属性值为 DataColumn 对象的数组。为了识别表中的记录，表的主键必须唯一。表的主键还可以由两列或多列组成，所以 PrimaryKey 属性由 DataColumn 对象的数组组成

表 9.35　DataTable 对象的主要方法

方　　法	说　　明
AcceptChanges()	提交自上次调用 AcceptChanges 以来对该表进行的所有更改
Clear()	通过移除所有表中的所有行来清除任何数据的 DataTable
Clone()	复制 DataTable 的结构，该方法的返回值为新的 DataTable，其架构与当前 DataSet 的架构相同，但是不包含任何数据

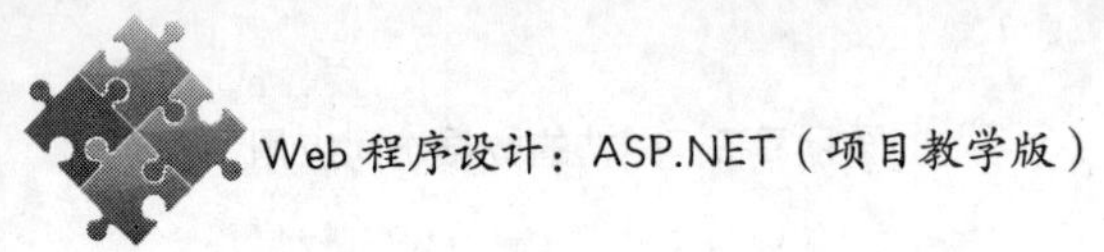

续表

方　法	说　明
Copy()	复制该 DataTable 的结构和数据。该方法的返回值为新的 DataTable 具有与该 DataTable 相同的结构（表结构、关系和约束）和数据
ImportRow(row)	将 DataRow 复制到 DataTable 中，保留属性设置、初始值和当前值。其中参数 row 指定要导入的行
NewRow()	创建与该表具有相同架构的新 DataRow，返回一个 DataRow。创建 DataRow 之后，可以通过 DataTable 对象的 Rows 属性将其添加到 DataRowCollection 中
RejectChanges()	回滚自该表加载以来或上次调用 AcceptChanges 以来对该表进行的所有更改

DataColumn 对象是用于创建 DataTable 架构的基本构造块，通过向 DataColumnCollection 添加一个或多个 DataColumn 对象来生成这个架构。DataColumnCollection 表示 DataTable 的 DataColumn 对象的集合，每个 DataColumn 对象表示表中的一列。通过 DataTable 的 Columns 属性可以访问 DataColumnCollection 集合。

使用 DataColumnCollection 对象的 Count 属性可以获取数据表包含的列的数目，使用 Item 属性则可以获取指定的 DataColumn。DataColumn 对象的主要属性如表 9.36 所示。

表 9.36　DataColumn 对象的主要属性

属　性	说　明
AllowDBNull	获取或设置一个值，指示属于该表的行，此列中是否允许空值
AutoIncrement	获取或设置一个值，指示添加到该表中的新行、列，是否将列的值自动递增
AutoIncrementSeed	获取或设置其 AutoIncrement 属性为 True 的列的起始值
AutoIncrementStep	获取或设置其 AutoIncrement 属性为 True 的列使用的增量
Caption	获取或设置列的标题。若列没有标题，则以列名称为标题
ColumnName	获取或设置 DataColumnCollection 中的列的名称
DataType	获取或设置存储在列中的数据的类型。该属性值是一个 Type 对象，它表示列的数据类型
DefaultValue	在创建新行时获取或设置列的默认值
Expression	获取或设置表达式，用于筛选行、计算列中的值或创建聚合列
MaxLength	获取或设置文本列的最大长度
Table	获取列所属的 DataTable
Unique	获取或设置一个值，指示列的每一行中的值是否必须是唯一的

通过 DataTable 对象的 Rows 属性可以访问 DataRowCollection 集合，该集合中的每个 DataRow 对象表示 DataTable 中的一行数据；DataRow 对象及其属性和方法用于检索、插入、删除和更新 DataTable 中的值。使用 DataRowCollection 对象时，可以通过 Count 属性获取表中的数据行的总数，通过 Item 属性获取指定索引处的数据行，通过调用 Find 方法获取具有指定主键值的数据行。

DataRow 对象的主要属性和方法如表 9.37 所示。

表 9.37 DataRow 对象的主要属性和方法

属性或方法	说　明
Item	获取或设置指定列中的数据。例如，使用 ds.Table[0].Row[1].Item[2]访问数据集的第一个表第二行第三列中的数据
BeginEdit()	对 DataRow 对象开始编辑操作
CancelEdit()	取消对该行的当前编辑
Delete()	删除指定的数据行
EndEdit()	终止发生在该行的编辑

② DataSet 对象的主要方法如表 9.38 所示。

表 9.38 DataSet 对象的主要方法

方　法	说　明
AcceptChanges()	提交自加载此 DataSet 或上次调用 AcceptChanges 以来对 DataSet 进行的所有更改
Clear()	通过移除所有表中的所有行来清除任何数据的 DataSet
Clone()	复制 DataSet 的结构，包括所有 DataTable 架构、关系和约束，单不复制任何数据。该方法的返回值为新的 DataSet，其架构与当前 DataSet 的架构相同，但是不包含任何数据
Copy()	复制该 DataSet 的结构和数据。该方法的返回值为新的 DataSet 具有与该 DataSet 相同的结构（表架构、关系和约束）和数据
GetChanges(rowStates)	获取 DataSet 的一个副本，该副本包含自上次加载以来或自调用 AcceptChanges 以来对该数据集进行的所有更改，其中参数 rowStates 取 DataRowState 枚举值之一
HasChanges([rowStates])	获取一个值，该值指示 DataSet 是否有更改，包括新增行、已删除的行或已修改的行。其中参数 rowStates 取 DataRowState 枚举值之一，如果 DataSet 有更改，则返回值为 True，否则为 False
RejectChanges()	回滚自创建 DataSet 以来或上次调用 DataSet.AcceptChanges 以来对 DataSet 进行的所有更改

9.3.5 利用 SQL 语句的数据库访问操作

1．利用 SELECT 语句查询记录

数据库的查询操作在网站中经常用到，也就是使用 SELECT 语句从数据库中取得记录集。SQL 语言中 SELECT 语句的常用格式为：

```
SELECT 字段名列表 FROM 基本表或（和）视图集合 [WHERE 条件表达式][ORDER BY 列名[集合]…]
```

ADO.NET 访问数据库的方法可以分为下述两种。

(1) 使用 Command 对象和 DataReader 对象，也就是有连接的环境中，其步骤如下。

① 使用 Connection 对创建一个到数据库的连接。

② 使用 Command 对象通过 Connection 对象从数据库中取得一个记录集合。

③ 把记录集合放到 DataReader 中。

④ 关闭数据库连接。

(2) 使用 DataAdapter 对象和 DataSet 对象，也就是在无连接的环境中，步骤如下。

① 使用 Connection 对象创建一个到数据库的连接。

② 使用 DataAdapter 对象通过 Connection 对象从数据库中取得一个记录集合（实际 DataAdapter 自动创建了一个 Command，记录集合是通过 Command 取得的）。

③ 把记录集合暂存到 DataSet。

④ 如果需要，返回第②步 DataSet 可以容纳多个数据集合。

⑤ 关闭数据库连接。

⑥ 在 DataSet 上进行所需要的操作。

这两种方法的区别：使用 DataReader 对象速度快，占用服务器资源少，但是 DataReader 只能对数据进行读取，不能进行其他操作；而 DataSet 对象不仅可以编辑数据，而且一次可以存放多个数据集合，但速度比 DataReader 对象慢，资源占用多。

2. 利用 INSERT 语句插入记录

数据库的插入操作在网站中经常用于注册、留言以及其他信息的添加，所使用的 SQL 语句为 INSERT 语句。

在 SQL 中，插入记录的语句为 INSERT，该命令的常用格式如下。

```
INSERT INTO 表名[(字段名1,字段名2,…,字段名n)] VALUES(值1,值2,…,值n)
```

语句中 VALUES 子句和可选的字段名列表中必须使用圆括号。表名后的字段名可以省略，如果省略则全部的字段值都要输入，并且要按照表中字段的顺序来输入。

3. 利用 DELETE 语句删除记录

在 SQL 中，删除记录的语句为 DELETE 语句，该语句比较简单，它的常用格式如下。

```
DELETE FROM 表名 [WHERE 条件]
```

DELETE 语句中可以使用 WHERE 子句，表示删除符合条件的记录，若不使用 WHERE 子句，则会删除表中的所有记录。

由于 SQL 中没有逻辑删除和物理删除之分，也没有 UNDO 语句，因此在执行这条语句时千万要小心。

4. 利用 UPDATE 语句更新记录

在 SQL 中，插入记录的语句为 UPDATE，该语句允许用户在已知的表中对现有的记录进行修改。该命令的常用格式如下。

```
UPDATE 表名 SET 字段名1=表达式1,字段名2=表达式2,… [WHERE 条件]
```

如果不使用 WHERE 子句，则所有记录的字段都会修改为相同的记录。

9.3.6 状态管理

1. Web 应用状态概述

与所有基于 HTTP 的技术一样，Web 窗体页是无状态的，每次将网页发送到服务器时，都会创建网页类的一个新实例，经过处理并呈现给浏览器，最终丢弃该实例。因此，如果超出了单个页的生命周期，页信息将不存在。也就是说，不能在当前的发送中访问到前面发送过程中的数据。但是在实际应用中，往往需要在不同的发送之间保存信息（如购物车），这就需要专门的技术来维护这些不同发送过程中的数据（也就是应用程序的状态）。我们需要通过保存应用程序的状态信息来维护不同发送过程中的数据，这就称为应用程序的状态维护（或状态管理）。

状态维护是对同一页或不同页的多个请求维护状态和页信息的过程。在 ASP.NET 2.0 中，提供了多种方式用于在服务器往返过程之间维护状态，一般包括客户端和服务器端维护技术。客户端技术包括视图状态、控件状态、隐藏域、Cookie 和查询字符串，它们以不同的方式将状态信息存储在客户端；而服务器端一般将状态信息存储在服务器内存中（也有存储在其他介质，如数据库），主要包括应用程序状态和会话状态。

以上这些状态维护技术各有其优缺点，因此，对这些状态管理技术的选择主要取决于你的应用程序，并且应基于以下条件。

（1）需要存储的信息量有多大。

（2）客户端是接受持久性的还是内存中的 Cookie。

（3）要将信息存储在客户端还是服务器上。

（4）信息是否为敏感信息。

（5）对应用程序设定了什么样的性能和带宽条件。

（6）目标浏览器和设备具有什么样的功能。

（7）是否需要存储基于用户的信息。

（8）信息需要存储多长时间。

（9）使用 Web 场（多个服务器）、Web 园（一个计算机上的多个进程）还是单个进程来运行应用程序。

2．客户端状态维护技术

使用客户端状态维护技术设计在页中或客户端计算机上存储信息，而在各往返行程间不会在服务器上维护任何信息。下面介绍视图状态、控件状态、隐藏域、Cookies 和查询字符串对象的应用。

1）视图状态

视图状态是 ASP.NET 页框架默认情况下用于保存往返过程之间的页和控件值的方法。它是一个字典对象，通过 Page 类的 ViewState 属性公开，这是页用来在往返行程之间保留页和控件属性值的默认方法。

在处理页时，页和控件的当前状态会散列为一个字符串，并在页中保存为一个隐藏域或多个隐藏域。当将页回发到服务器时，页会在页初始化阶段分析视图状态字符串，并还原页中的属性信息。例如，在文本框里输入"Hello"后提交服务器处理，经过处理返回到浏览器后控件中的内容还是 Hello。另外，还可以使用视图状态来存储特定值，例如，ViewState ["view1"]="Hello"。在视图状态中可以存储的数据类型有字符串、整数、布尔值、Array 对象、ArrayList 对象、哈希表和自定义类型等。而且这些数据类型必须是可序列化的数据，这样视图状态才可以将这些数据序列化为 XML。

通过设置@Page 指令或 Page 的 EnableViewState 属性指示当前页请求结束时该页是否保持其视图状态以及它包含的任何服务器控件的视图状态，代码为<%@ Page EnableViewState="false"%>。该属性默认值为 true，若属性值设置为 false，ASP.NET 用于检测回发的页中也可能呈现隐藏的视图状态字段。也可以通过调用 Page 类的 EnableViewState 属性来设置，代码为 Page.EnableViewState=false;。若不需要将这个页面的视图状态关闭，而只是关闭某一个控件的视图状态，那么可以删除@Page 指令中的 EnableViewState 属性值设置或将它设置为 true，然后将控件的 EnableViewState 设置为 false，这样就可以关闭该控件的视图状态，而其他控件仍然保持默认设置，也就是启用视图状态。

如果要控制所有页面是否启用视图状态信息，那么可以在配置文件 Web.config 的 system.web 节点下，修改 Pages 元素的 EnableViewState 属性，代码如下：

```
<system.web>
   <pages enableViewState="false"></pages>
</system.web>
```

这样所有页面都禁用视图状态，不过仍可以在单独页面中设定开启视图状态信息，只是该页面的设置将覆盖 Web.config 文件的设置。

关于视图状态的内部处理机制，如图 9.7 所示。

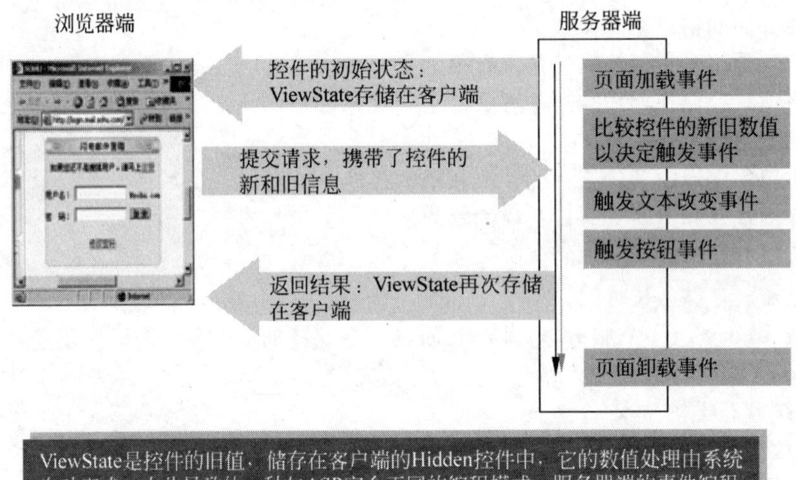

图 9.7　视图状态内部处理机制

下面通过一个邮箱注册的例子来了解如何使用视图状态。

如图 9.8 所示，首先要在页面上添加一个 HTML 控件 Input（Hidden），并设置其 ID 为 stepID，然后右击控件，在弹出的快捷菜单中选择“作为服务器端控件运行”命令。客户端控件要用服务器端代码来写，所以要转换为服务器控件来运行。要在页面上拖放 4 个 Panel，其中后 3 个 Panel 顺次放在第 1 个 Panel 里，Panel 是用来限定控件的范围的。在为第 2 个“下一步”按钮填写代码时，直接选择事件就可以了。但是要将 Panel3 和 Panel4 的 Visible 属性设为 false。

```
protected void Page_Load(object sender, EventArgs e)
{
    if (!Page.IsPostBack)
    {
          this.stepID.Value = "2";
          ViewState["stepID"] = 2;
    }
    Panel3.Visible = false;
    Panel4.Visible = false;
}
```

视图状态页面中“第一个步骤”里边的“下一步”按钮的单击事件，代码如下所示。

```
protected void Button1_Click(object sender, EventArgs e)
{
```

```
        string pID = "Panel" + ViewState["stepID"].ToString();
        Panel prev = (Panel)this.Panel1.FindControl(pID);
        prev.Visible = false;
        ViewState["stepID"] = ((int)ViewState["stepID"]) + 1;
        string pnID = "Panel" + ViewState["stepID"].ToString();
        Panel next = (Panel)this.Panel1.FindControl(pnID);
        next.Visible = true;
}
```

第一个步骤：		
姓名：		
	下一步	

第二个步骤：		
邮箱：		
	上一步	下一步

第三个步骤：		
电话：		
	上一步	完成

图 9.8 视图状态页面

“第二个步骤”里边的“下一步”按钮直接选择和“第一个步骤”里边的“下一步”按钮相同的事件。“第二个步骤”里边的“上一步”按钮的单击事件，代码如下所示。

```
protected void Button2_Click(object sender, EventArgs e)
{
        string pID = "Panel" + ViewState["stepID"].ToString();
        Panel prev = (Panel)this.Panel1.FindControl(pID);
        prev.Visible = false;
        ViewState["stepID"] = ((int)ViewState["stepID"])-1;
        string ppID = "Panel" + ViewState["stepID"].ToString();
        Panel pprev = (Panel)this.Panel1.FindControl(ppID);
        pprev.Visible = true;
}
```

“第三个步骤”里边的“上一步”按钮直接选择和“第二个步骤”里边的“上一步”按钮相同的事件。“第三个步骤”里边的“完成”按钮的单击事件，代码如下所示。

```
protected void Button5_Click(object sender, EventArgs e)
{
      //字符串查询
      Server.Transfer("~/ViewStateResult.aspx?name=" + txtName.Text + "&Email="
```

```
+ txtEmail.Text + "&Phone=" + txtPhone.Text);
    }
    //将结果在下一个页面中显示出来
    protected void Page_Load(object sender, EventArgs e)   //ViewStateResult.aspx
    {
        string name = Request.QueryString["name"];
        string email = Request.QueryString["Email"];
        string phone = Request.QueryString["Phone"];
        Response.Write( "姓名：" + name + "<br>" + "邮箱：" + email + "<br>" + "
电话：" + phone);
    }
```

使用视图状态的优点如下。

(1) 无须任何服务器资源。视图状态包含在页代码内的结构中。

(2) 简单的实现。

(3) 页和控件状态的自动保持。

(4) 增强的安全功能。视图状态中的值是散列的、压缩的并且是为 Unicode 实现而编码的，这意味着比隐藏域具有更高的安全性状态。

使用视图状态的缺点如下。

(1) 性能。由于视图状态存储在页本身，因此如果存储较大的值，在用户显示页和发送页时，页的速度就会减慢。

(2) 安全性。视图状态存储在页的隐藏域中。虽然视图状态以哈希格式存储数据，但它可以被篡改。如果直接查看页输出源，就可以看到隐藏域中的信息，这会导致潜在的安全性问题。

2) 控件状态

ASP.NET 页框架提供了 ControlState 属性作为在服务器往返过程中存储自定义控件数据的方法。例如，如果编写的自定义控件使用多个不同的选项卡来显示不同的信息，为使此控件能够按预期方式工作，控件需要知道在往返过程中选中了哪个选项卡。视图状态可用于此目的，但是开发人员可能在页级将视图状态关闭，这将破坏控件。与视图状态不同的是，控件状态不能被关闭，因此它提供了存储控件状态数据更可靠的方法。

使用控件状态的主要优点如下。

(1) 无须任何服务器资源。默认情况下，控件状态存储在页上的隐藏域中。

(2) 可靠性。因为控件状态不像视图状态那样可以关闭，控件状态是管理控件状态的更可靠的方法。

(3) 通用性。可以编写自定义适配器来控制如何存储控件状态数据和控件状态数据的存储位置。

同时，使用控件状态也存在一些缺点，即它需要进行一定量的编程工作。虽然 ASP.NET 页框架为控件状态提供了基础，但是控件状态是一个自定义的状态保持机制。为了充分利用控件状态，必须编写代码来保存和加载控件状态。

3) 隐藏域

ASP.NET 允许将信息存储在 HiddenField 控件中，此控件将呈现为一个标准的 HTML 隐藏域，设置为<input type= " hidden " />元素。隐藏域在浏览器中不以可见的形式呈现，但可以像对待标准控件一样设置属性。当向服务器提交页时，隐藏域的内容将在 HTTP 窗体集合中随同其他控件的值一起发送。因此，隐藏域可以被看成是一个存储库，将希望直接存储在页中的任何特定页的信息放置其中。

如果使用隐藏域，则必须使用 HTTP Post 方法向服务器提交页，而不是使用通过 URL 请求该页的方法（HTTP Get 方法）向服务器提交页。

安全说明：恶意用户可以很容易地查看和修改隐藏域的内容。不要在隐藏域中存储任何敏感信息或保障应用程序正确运行的信息。

使用隐藏域的优点如下。

（1）隐藏域在页上存储和读取，无须任何服务器资源。

（2）几乎所有的浏览器和客户端设备都支持具有隐藏域的窗体。

（3）隐藏域是标准的 HTML 控件，无须复杂的编程逻辑。

使用隐藏域的缺点如下。

（1）如果直接查看页输出源，就可以看到隐藏域中的信息，这将导致潜在的安全性问题。

（2）隐藏域不支持复杂数据类型，只提供一个字符串值域来存放信息。

（3）隐藏域存储在页本身，因此如果存储较大的值，用户显示页和发送页时的速度就会减慢。

（4）如果隐藏域中的数据量过大，某些代理和防火墙将阻止对包含这些数据的页的访问。

4）Cookie

用户在访问某网站时，并没有输入自己的用户名信息，但在该网站的页面上却显示了包含该用户名的欢迎信息。有时当访问一个论坛时，还会自动显示在该论坛上的浏览记录。在 ASP.NET 中，Cookie 对象提供了一种在客户端保存信息的方法。

Cookie 对象代表属于特定 User 对象的 Cookies 集合中的单个浏览器 Cookie，该对象是基于 System.Web.HttpCookie 类实现的，可以在客户端长期保存信息，一般保存在 C:\Documents and Settings\用户名\Cookies 目录下。

其中，每个文本文件对应着一个该用户访问过的网站，可以随时读取，但每个网站只能读取与自己对应的 Cookie。如果最初设置 Cookie 的 Web 浏览器在响应中发送更新后的值，则 Cookie 中的值会自动更改。

Cookie 的使用限制有如下 3 条。

（1）IE 和 Netscape 浏览器都支持 Cookie，但 IE 4.0 之前的版本需要通过设置来接受 Cookie，IE 5.0 以上的版本默认是接受 Cookie 的。

（2）大多数浏览器支持文件大小最多为 4096B 的 Cookie，所以不能在 Cookie 中保存大量的数据，一般只在 Cookie 中保存用户 ID 或其他标识信息，用户的详细信息可以通过用户 ID 在网站的数据库中查询得到。

（3）浏览器还限制了站点可以在客户端保存 Cookie 的数量，大多数浏览器只允许每个站点保存 20 个 Cookie，如果试图保存更多的 Cookie，则最先保存的 Cookie 会被删除。

对 Cookie 对象的使用是通过 Request 对象和 Response 对象来实现的，主要的操作有 3 种：创建并设置 Cookie、删除 Cookie 和获取 Cookie 的内容。

（1）创建和设置 Cookie 对象。

在创建 Cookie 时，一般需要指定 3 个值，即 Cookie 的名称、其中保存的值和该 Cookie 的有效期。每个 Cookie 必须具有唯一的名称，Cookie 是按名称保存的，如果创建了两个名称相同的 Cookie，则前者将被后者覆盖。指定了过期时间和日期的 Cookie，一般都保存到用户的磁盘上，当用户再次访问某站点时，浏览器会先检查该站点的 Cookie 集合，如果某个 Cookie 已经过期，则浏览器不会把这个 Cookie 随页面请求一起发送给服务器，而是删除已经过期的 Cookie。即使没有指定 Cookie 的有效期，还是可以创建 Cookie 的，但这样创建的 Cookie 不会被保存到用户的磁盘上。当用户关闭浏览器或会话超时，该 Cookie 就会被删除。当用户使用的是一台公用计算机，并且不希望把 Cookie 保存到计算机的磁盘上时，就可以使用这种非永久性的 Cookie。

创建或修改 Cookie 对象的语法如下。

```
Response. Cookies["CookiesName"]["关键字"]|[.属性]=字符串;
Response. Cookies["Cookie 名称"].Expires=Cookie 的有效期;
```

当 Cookie 对象已经存在时，使用下面的语句可以修改 Cookie 对象的值；如果该 Cookie 对象不存在，则创建一个 Cookie 对象。按照上面的语法规范，当每个 Cookie 对象只对应着一个要保存的信息值时，["关键字"]可以省略，例如：

```
Response. Cookies["userName"].Value="admin";
Response. Cookies["userInfo"].Expires=DateTime.Now.AddDays(1);
```

Cookie 对象中只保存了一个信息，即用户名信息。在这种情况下，关键字信息可以省略，直接为该 Cookie 对象的属性赋值；在创建或修改 Cookie 对象时，可以赋值的属性只有 Value 属性。如果想要将多个信息保存到一个 Cookie 中，就需要用到多子键 Cookie，也称为多关键字 Cookie。

```
Response. Cookies["userInfo"] ["userName"] ="admin";
Response. Cookies["userInfo"]["lastVisit"]=DateTime.Now.ToString();
Response. Cookies["userInfo"].Expires=DateTime.Now.AddDays(1);
```

其中，userInfo 是 Cookie 的名称，userName 和 lastVisit 都是这个 Cookie 的关键字，也称为子键。

（2）读取 Cookie 对象。

可以使用 Request 对象中的 Cookies 属性来读取 Cookie 的值。将创建或修改 Cookie 对象语法中的 Response 用 Request 替换，即得到读取 Cookie 对象的代码，语法如下。

```
Request.Cookies["Cookie 名称"].["关键字"]|[.属性];
```

如果一个 Cookie 没有定义关键字，那么[“关键字”]是可以省略的。这里可获取的属性有两个，Value 和 HasKeys。其中，Value 代表了该 Cookie 的值，HasKeys 表示该 Cookie 是否包含了关键字，这是一个布尔型的属性。如果读取了一个未定义的 Cookie 或关键字，则会发生异常，此时的返回值为空。

例子：创建 Cookie 文件，保存访问次数和上一次访问时间。程序运行结果如图 9.9 所示，代码如下。

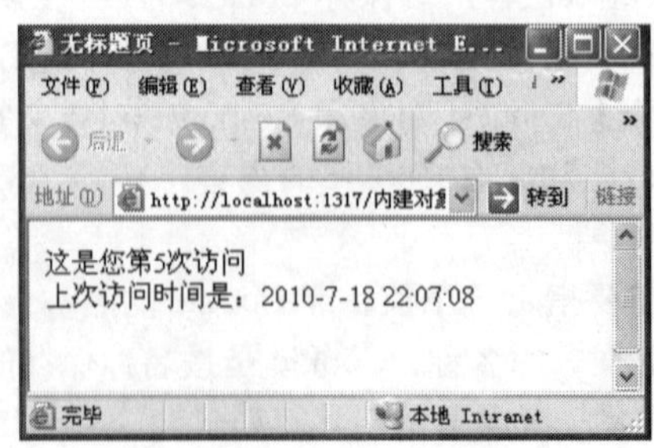

图 9.9　运行结果

```
protected void Page_Load(object sender, EventArgs e)
```

```
{
    int vNumber;
    string IVisitTime;
    if (Request.Cookies["visit"] == null)
    {
        vNumber = 1;
        IVisitTime = "未访问过本网站";
    }
    else
    {
        vNumber=Int32.Parse(Request.Cookies["visit"]["vnumber"])+1;
        IVisitTime=Request.Cookies["visit"]["ivisttime"].ToString();
    }
    //输出访问网站的次数及上次访问时间
    Response.Write("<h2 align='center'>Cookie 对象应用示例 </h2>");
    Response.Write("这是您第"+vNumber.ToString()+"次访问本站");
    Response.Write("您上次访问时间是："+IVisitTime);
    //将访问次数和上次访问时间写入到 Cookie 对象中
    Response.Cookies["visit"]["vnumber"]=vNumber.ToString();
    Response.Cookies["visit"]["ivisttime"]=DateTime.Now.ToString();
    Response.Cookies["visit"].Expires=DateTime.Now.AddYears(1);
}
```

在 Cookie 文件中存放访问次数和上次访问时间的信息。使用名称为 visit 的 Cookie 对象存放用户访问网站的信息，关键字 vnumber 中的值表示用户访问网站的次数，关键字 ivisttime 中的值表示用户上次访问网站的时间。首先判断是否存在 Cookie 对象 visit，如果不存在，则说明是首次访问本站，设置访问次数为 1，上次访问网站的时间为未访问过；如果不是第一次访问，则取出 Cookie 对象中保存的访问次数值，将其增加 1，存放到 vNumber 变量中，并将上次访问时间取出，存放到 IVisitTime 变量中；最后，将 vNumber 和 IVisitTime 变量的结果输出，并将访问网站的次数和上次访问本站的时间重新写到 Cookie 对象 visit 中，以便下次访问网站时使用，同时设置 Cookie 对象的过期时间为 1 年。

5）查询字符串

查询字符串是在页 URL 的结尾附加的信息，例如：http://localhost/Default.aspx?name=admin&password=111。在上面的 URL 路径中，查询字符串以问号（？）开始，并包含两个属性/值对，一个名为 name，另一个名为 password。

查询字符串提供了一种维护状态信息的方法，方法很简单，但是使用上有限制。例如，利用查询字符串可以很容易地将信息从一页传送到它本身或另一页。

举例：在 1.aspx 窗体中输入用户名和密码后，利用查询字符串的形式，将用户名和密码传递给 2.aspx 窗体，在 2.aspx 窗体中利用 Request 对象的 QueryString 来获取用户名和密码信息。

(1) aspx 窗体中包含两个标签、两个文本框和一个 Button 按钮，如图 7.10 所示。

```
protected void Button1_Click(object sender, EventArgs e)
{
    string name = TextBox1.Text;
    string password = TextBox2.Text;
    Server.Transfer(string.Format("2.aspx? name={0}&password={1}", name, 
password), false);
}
```

（2）aspx 窗体中设置如下显示内容，如图 9.11 所示。

```
protected void Page_Load(object sender, EventArgs e)
{
    string name = Request.QueryString["name"];
    string password = Request.QueryString["password"];
    Response.Write("用户名："+ name+"<br>"+"密码：" + password);
}
```

图 9.10　Request 页面状态

图 9.11　页面传值后显示的页面

使用查询字符串的优点如下。

（1）无须任何服务器资源。查询字符串包含在对特定 URL 的 HTTP 请求中。

（2）广泛的支持。几乎所有浏览器和客户端设备均支持传递查询字符串中的值。

（3）简单的实现。ASP.NET 完全支持查询字符串方法，包括使用 HttpRequest.Params 属性读取查询字符串的方法。

使用查询字符串的缺点如下。

（1）安全性。可以通过浏览器用户界面直接看到查询字符串中的信息。查询值通过 URL 向 Internet 公开，因此在某些情况下可能存在安全性问题。

（2）有限的容量。大多数浏览器和客户端设备对 URL 长度有 255 个字符的限制。

3．服务器端状态维护技术

1）应用程序状态

ASP.NET 应用程序是单个 Web 服务器上的某个虚拟目录及其子目录范围内的所有文件、页、处理程序、模块和代码的总和。ASP.NET 允许用户使用应用程序状态来保存每个活动的 Web 应用程序的值，这些值保存在 SystemWeb.HttpApplicationState 类的实例中。HttpApplicationState 类的实例在客户端第一次从某个特定的 ASP.NET 应用程序虚拟目录中请求任何 URL 资源时创建。对于 Web 服务器上的每个 ASP.NET 应用程序都要创建一个单独的实例，然后通过内部 Application 对象公开对每个实例的引用。

应用程序状态是一种全局存储机制，可从 Web 应用程序中的所有页面访问。因此，应用程序状态可用于存储需要在服务器往返行程之间及页请求之间维护的信息。

应用程序状态的实现可以提高 Web 应用程序的性能。例如，如果将常用的、相关的静态数据集放置到应用程序状态中，则可以通过减少对数据库的数据请求总数来提高站点性能。但是，这里存在一种性能平衡，当服务器负载增加时，包含大块信息的应用程序状态变量就会降低 Web 服务器的性能。

应用程序状态存储在一个键/值字典中，可以将特定于应用程序的信息添加到此结构以在页请求期间读取它。通常在 Glabal.asax 文件中的应用程序启动事件中初始化某个应用程序状态值。也可以通过调用 HttpApplicationState 类的 Add 方法将某个对象值添加到应用程序状态集合中，例如：

```
Application.Add("counter",1);
```

由于 Web 应用是多线程的，因此应用程序状态变量可以同时被多个线程访问。为了防止产生无效数据，在设置值前，必须锁定应用程序状态，只供一个线程写入。具体方法就是通过调用 HttpApplicationState 类的 Lock 和 UnLock 方法进行锁定和取消锁定。例如：

```
Application.Lock();
Application["counter"]=((int)Application["counter"])+1;
Application.UnLock();
```

在调用了 Lock 方法之后，Application 对象被锁住，在调用 UnLock 方法之前，其他的用户都无法访问 Application 对象，这样就避免了 Application 对象在修改的过程中出现脏读。

通过调用 HttpApplicationState 类的 Get 方法读取变量的值。例如：

```
int Counter=(int)Application.Get("counter");
```

直接读取 counter 变量的值，不过，在编写实际应用时，还是要先判断该应用程序状态集合中是否存在该变量，然后再读取。

可以调用 HttpApplicationState 类的 Set 方法，传递变量名和变量值来更新已添加的变量的值。如果传递的变量在应用程序状态集合中不存在，则添加该变量。例如：

```
Application.Set("counter",5);
```

通过调用 HttpApplicationState 类的 Clear 或 RemoveAll 方法，移除应用程序状态集合中的所有变量；也可以调用 Remove 或 RemoveAt 方法来清除某一个变量。例如：

```
Application.Remove("counter");
Application.RemoveAt(0);
```

使用 Application 的优点如下。

(1) 易于实现。应用程序状态易于使用，为 ASP 开发人员所熟悉，并且与其他.NET Framework 类一致。

(2) 全局范围。由于应用程序状态可供应用程序中的所有页来访问，因此在应用程序状态中存储信息可能意味着仅保留信息的一个副本（例如，相对于在会话状态或在单独页中保存信息的多个副本）。

使用应用程序状态的缺点如下。

(1) 全局范围。应用程序状态的全局性可能也是一项缺点。在应用程序状态中存储的变量仅对于该应用程序正在其中运行的特定进程而言是全局的，并且每一应用程序进程可能具有不同的值。因此，不能依赖应用程序状态来存储唯一值或更新网络源和网络场配置中的全局计数器。

(2) 持久性。因为在应用程序状态中存储的全局数据是易失的，所以如果包含这些数据的 Web 服务器进程被损坏（最有可能是因服务器崩溃、升级或关闭而损坏），将丢失这些数据。

(3) 资源要求。应用程序状态需要服务器内存，这会影响服务器的性能以及应用程序的可缩放性。

2）会话状态

Session（会话）对象用于存储特定的用户会话所需的信息，从一个用户开始访问某个特定的主页开始，到用户离开为止。服务器可以分配给这个用户一个 Session，以存储特定的用户信息。用户在应用程序的页之间跳转时，存储在 Session 对象中的变量不会被清除；而用户在应用程序中访问页面时，这些变量会始终存在。Session 实际上就是服务器与客户机之间的“会话”。

HTTP 是一个无状态的协议，这意味着它不会自动提示一个请求序列是否都来自相同的客户端，甚至不提示单个浏览器实例是否仍在活跃地查看某个页或站点。因此，如果没有其他基础架构的帮助，要想生成需要维护某些跨请求状态信息的 Web 应用程序，如购物车等，就会非常困难。

与 Application 对象一样，Session 对象也可以存取变量。但是，Session 对象存储的变量只针对某个特定的用户，而 Application 对象存储的变量则可以被该应用程序的所有用户共享。

当不同的用户登录同一个页面时，服务器会为每一个用户分配一个 Session。这些 Session 应该是各不相同的，不然就无法正确识别用户。也就是说，当一个 Session 创建以后，它应该具有唯一性标识，每一个 Session 都具有独一无二的 SessionID。

如果站点服务器想知道用户是否已经离开，Session 是否已经结束，就需要对 Session 设置一个超时期限。如果用户在这个期限内没有对站点内的任意一个页面提出请求或者刷新页面，那么服务器就可以认为用户已经离开了站点，而结束为该用户创建的 Session。系统默认的 Session 超时期限为 20min，可以由“Internet 服务管理器”来更改这个默认值。

Session 对象拥有 OnStart 和 OnEnd 事件，它们都存在于文件 Global.asax 中。当一个 Session 对象被创建时，将触发 Session_OnStart 事件；当一个 Session 对象被终止时，将触发 Session_OnEnd 事件。

ASP.NET 会话状态支持若干用于会话数据的存储选项。通过在应用程序的 Web.config 文件中为 SessionState 元素的 mode 属性分配一个 SessionStateMode 枚举值，可以指定 ASP.NET 会话状态使用的模式。SessionStateMode 枚举值有如下几个选项。

（1）InProc 模式：将会话状态存储在 Web 服务器的内存中，这是默认设置。

（2）StateServer 模式：将会话状态存储在一个名为 ASP.NET 状态服务的单独进程中，这确保了在重新启动 Web 应用程序时会保留会话状态，并让会话状态可用于网络场中的多个 Web 服务器。

（3）SQL Server 模式：将会话状态存储到一个 SQL Server 数据库中，这确保了在重新启动 Web 应用程序时会保留会话状态，并让会话状态可用于网络场中的多个 Web 服务器。

（4）Custom 模式：允许用户指定自定义存储提供程序。

（5）Off 模式：禁用会话状态。

使用会话状态的优点如下。

（1）易于实现。会话状态功能易于使用，为 ASP 开发人员所熟悉，并且与其他.NET Framework 类一致。

（2）会话特定的事件。会话管理事件可以由应用程序引发和使用。

（3）持久性。放置于会话状态变量中的数据可以经得住 Internet 信息服务（IIS）重新启动和辅助进程重新启动，而不丢失会话数据，这是因为这些数据存储在另一个进程空间中。

（4）平台可缩放性。会话状态对象可在多计算机和多进程配置中使用，因而优化了可缩放性方案。

（5）尽管会话状态最常见的用途是与 Cookie 一起向 Web 应用程序提供用户标识功能，但会话状态可用于不支持 HTTP Cookie 的浏览器。

使用会话状态的缺点如下。

会话状态变量在被移除或替换前保留在内存中，因而可能降低服务器性能。如果会话状态变量包含类似大型数据集的信息块，则会因服务器负荷的增加而影响 Web 服务器的性能。

3）综合应用

举例：Application 和 Session 综合应用，统计当前在线人数和访问网站的总人数。

（1）在程序的 Glabal.asax 文件中设置如下内容。

```
void Application_Start(object sender, EventArgs e)
{
    // 在应用程序启动时运行的代码
    Application["count_online"] = 0;
    Application["count_visited"] = 0;
}
 void Session_Start(object sender, EventArgs e)
{
    // 在新会话启动时运行的代码
    Application.Lock();
    Application["count_online"] = (int )Application["count_online"]+1;
    Application["count_visited"] = (int)Application["count_visited"] + 1;
    Application.UnLock();
}
 void Session_End(object sender, EventArgs e)
{
    // 在会话结束时运行的代码
    Application.Lock();
    Application["count_online"] = (int)Application["count_online"]-1;
    Application.UnLock();
}
```

（2）窗体显示文件设置如下内容。

```
protected void Page_Load(object sender, EventArgs e)
{
    //在运行时要注意一下时间,默认一个会话的时间是 20min,改成 1min,
    //要等到默认的时间过去了,再重新打开,才能看到在线人数和总人数不一样多
    Label1.Text  ="当前在线有"+Application["count_online "].ToString()+"人";
    Label2.Text  ="有"+ Application["count_visited"].ToString()+"人访问过
本网站";
}
```

注意：程序运行时，Session 会话的默认时间为 20min，要等到默认时间结束之后，再打开网站，才可以看到在线人数和访问过的人数是不一致的。为了测试方便，需要在配置文件中设置<SessionState mode="InProc" timeout="1"/>，模式必须为 InProc，才能执行 Session_End 方法，默认时间改为 1min。如果会话模式设置为 StateServer 或 SQL Server，则不会引发 Session_End 事件。

9.3.7 扩展知识

1）CKEditor 控件

CKEditor 是文本编辑器，CKFinder 是 CKEditor 的一个插件，用来上传图片和 Flash。

使用 CKEditor 的操作步骤如下。

(1) 在 ASP.NET 网站中新建文件夹以存放 ckeditor 和 ckfinder 文件。

以 HtmlEdit 文件夹为例，文件结构如下。

```
--HtmlEdit
  --ckeditor
  --ckfinder
```

(2) 解压缩 ckeditor 和 ckfinder 压缩文件包。

复制 ckeditor 文件夹下 adapters、images、lang、plugins、skins、themes、ckeditor.js、config.js、contents.css 到 HtmlEdit→ckeditor 文件夹下。

复制 ckfinder 文件夹下 core、ckfinder.html、ckfinder.js、config.ascx 到 HtmlEdit→ckfinder 文件夹下。

(3) 复制 ckfinder\bin\Debug\CKFinder.dll 文件到网站 Bin 目录下。

可右击网站→新建 ASP.NET 文件夹→Bin 文件夹。也可以新建其他文件夹，例如第三方 DLL 统一放在 Library 文件夹下，然后添加对其引用。

(4) 新建 UploadFiles 文件夹，该文件夹的作用是将 ckfinder 上传文件保存在此处。

(5) 配置 ckeditor\config.js 文件。

将下面的代码复制到 config.js 文件的函数体内。

```
var ckfinderPath = "HtmlEdit";
config.filebrowserBrowseUrl = ckfinderPath + '/ckfinder/ckfinder.html';
config.filebrowserImageBrowseUrl = ckfinderPath + '/ckfinder/ckfinder.html?
Type=Images';
config.filebrowserFlashBrowseUrl = ckfinderPath + '/ckfinder/ckfinder.html?
Type=Flash';
config.filebrowserUploadUrl = ckfinderPath + '/ckfinder/core/connector/
aspx/connector.aspx?command=QuickUpload&type=Files';
config.filebrowserImageUploadUrl = ckfinderPath + '/ckfinder/core/connector/
aspx/connector.aspx?command=QuickUpload&type=Images';
config.filebrowserlashUploadUrl = ckfinderPath + '/ckfinder/core/connector/
aspx/connector.aspx?command=QuickUpload&type=Flash';
```

唯一需要修改的是 ckfinderPath 变量的值。它代表 ckfinder 所在的路径。注意要使用绝对路径。

(6) 配置 ckfinder\config.ascx 文件。

config.ascx 文件中只有两个函数，CheckAuthentication()和 SetConfig()。

CheckAuthentication()函数用来确定用户权限。只有取得权限的用户才能够上传图片等文件。它返回 bool 值，true 代表有权限，false 代表没有权限。(测试时，可以让其返回 true，免去验证的麻烦) 通常在此函数中的操作是验证 Session 中是否有用户登录成功的信息，如果存在返回 true，否则返回 false。

因此，一般的代码如下。

```
object isLogin = Session["IsLogin"];
  if(isLogin != null && Convert.ToBoolean(isLogin) == true)
  {
        return true;
  }
  return false;
```

在登录界面中验证用户，登录成功，Session["IsLogin"]=true。

SetConfig()函数配置上传文件信息。

其中比较重要的有 BaseUrl，Thumbnails.Url。BaseUrl 为上传文件夹路径，Thumbnails.Url 为图片缩略图路径。将 BaseUrl 赋值为步骤（4）中建立的 UploadFiles 文件夹。即上传文件统一存放在此文件夹中。

特别需要注意的是路径从网站根目录开始。不要使用波浪线“~”表示从网站根目录开始，因为 ckeditor 使用 img HTML 标签表示图片，HTML 标签无法识别波浪线“~”这个 ASP.NET 中特有的东西。

```
BaseUrl="~/UploadFiles/";
```

另外需要注意一点，注释掉 Thumbnails.Dir 的赋值语句。

(7) 上述都配置成功后。首先，引入 JavaScript 文件。

```
<head>
      <script src="HtmlEdit/ckeditor/ckeditor.js" type="text/javascript">
</script>
          <title>CKEditor Test Page</title>
</head>
```

然后，加入 Text 文本框，并设置 CssClass。

```
<form id="form1" runat="server">
<div><b><big>Edit your document</big> </b>
<asp:TextBox ID="txtContent" CssClass="ckeditor" TextMode="MultiLine"
Columns="50" Rows="10" runat="server" /><br /><br />
<asp:Button ID="btnSubmit" Text="All Done" runat="server" onclick="btnSubmit_
Click" />
<hr />
<asp:Literal ID="ltlResult" runat="server" /></div> </form>
```

就像使用普通的 TextBox 一样，使用 Text 属性获取值。

```
protected void btnSubmit_Click(object sender, EventArgs e)
 {
      ltlResult.Text = txtContent.Text;
 }
```

(8) 网站 backup 文件夹下有 ckeditor & ckfinder 完整文件压缩包。

2）JavaScript 脚本

ASP.NET 继承了 ASP 的简单性和易用性，同时克服了 ASP 程序结构化较差，难于阅读和理解的缺点。特别是服务器端控件和事件驱动模式的引入，使得 Web 应用程序的开发更接近于过去桌面程序的开发。在各种各样介绍 ASP.NET 的文章和书籍中，都把重点放在了服务器控件和.Net Framework SDK 上，因为这是 ASP.NET 中最新和最具革命性的改进；与此相反，在过去的 Web 开发中占据重要地位的客户端脚本 JavaScript（也包括 VBScript）则少有提及，似乎有了服务器端程序，已经不需要客户端脚本了。但是，服务器端的程序毕竟需要一次浏览器与 Web 服务器的交互，对于 ASP.NET 来说，就是一次页面的提交，需要来回传送大量的数据，而很多工作（如输入验证或者删除确认等）完全可以用 JavaScript 来实现。可见，探讨在 ASP.NET 中如何使用 JavaScript 仍然很有必要。

(1) 为页面上的某个服务器控件添加 JavaScript 事件。

服务器控件最终生成的仍然是普通的 HTML，比如<asp:TextBox>生成 inputtext。表单中的每个 HTML 控件都有它自己的 JavaScript 事件，如 TextBox 中的 onchange 事件、Button 中的 onclick 事件、ListBox 中的 onchange 事件等。若为服务器控件添加客户端的事件，则需要用到 Attributes 属性。

Attributes 属性包含了 Web 服务器控件的所有属性的集合。这使得用户可以以编程方式控制与 Web 服务器控件关联的属性。它用来为最终生成的 HTML 添加自定义的一些标记。假设 Web Form 上有一个保存按钮 btnSave，希望在用户单击此按钮时提示用户是否需要保存（比如一旦保存就无法恢复等），则应在 Page_Load 事件中添加如下代码。

```
void Page_Load(Object sender, EventArgs e)
{
    Button1.Attributes.Add("onclick","javascript:return confirm('你确定保存吗？');");
}
```

注意：return 是不可省的，否则即使用户单击了“取消”按钮，数据仍然会保存。只有在 onload 中或类似于 onload 的初始化过程中添加才有效，而且先执行脚本函数，无法改变执行顺序。

(2) 为 GridView 中的每一行添加 JavaScript 事件。

假设 GridView 中的每一行有一个“删除”按钮，希望在用户单击此按钮时提示用户是否确实要删除此条记录，以防用户点错了行，或仅仅是无意中单击了“删除”按钮。

因为每一行都有一个删除按钮，它是 GridView 中的子控件，所以不能直接引用。在这种情况下，需要用到 GridView 的 onrowdatabound 事件。onrowdatabound 事件发生在 GridView 的每一行数据绑定到 GridView 之后（即每一行激发一次）。首先在 GridView 的声明中添加如下代码。

```
<asp:GridView ID="GridView1" runat="server" AutoGenerateColumns="False"
DataKeyNames="U_id" DataSourceID="SqlDataSource1" onrowdatabound="GridView1_
RowDataBound"></asp:GridView>
```

此处说明 onrowdatabound 事件发生时调用 GridView1_RowDataBound 方法，在代码后置文件中添加此方法的定义。

```
protected void GridView1_RowDataBound(object sender,GridViewRowEventArgse)
{
    if(e.Row.RowType==DataControlRowType.DataRow)
    {
        LinkButton mybutton=(LinkButton)e.Row.FindControl("LinkButton1");
        mybutton.Attributes.Add("onclick","javascript:return confirm('是否删除?");");
    }
}
```

(3) 用 Response.Write 方法写入脚本。

在单击按钮后，先操作数据库，显示已经完成时，可以在最后调用的地方加入以下代码。

```
Response.Write("<script type='text/javascript'>alert();</script>");
```

这个方法有个缺陷，即不能调用脚本文件中的自定义函数，只能调用内部函数，而具体调用的自定义函数只能在 Response.Write 写上函数定义，例如：

```
Response.Write("<script type='text/javascript'>function myfun(){…}</script>");
```

以上简单讨论了在 ASP.NET 中插入 JavaScript 的几种情况。合理地在服务器程序中插入客户端的 JavaScript 脚本，可以提高程序的运行效率并提供更友好的用户界面。

9.4 项目实施

9.4.1 任务 1：后台显示和添加用户界面

后台显示和添加用户界面 admin_AllUsers.aspx，应用了 admin.master 母版页，在源视图中添加如下代码，设计界面如图 9.12 所示。

```
    <asp:Content ID="Content1" ContentPlaceHolderID="ContentPlaceHolder1" Runat=
"Server">
    <table style="width: 500px; height: 500px"><tr>
    <td style="width: 500px; height: 15px; text-align:center">系统用户管理</td>
</tr>
    <tr><td style="width: 500px; height:auto" align="center"><asp:GridView ID=
"GridView1" runat="server" AutoGenerateColumns="false" AllowPaging="True"
PageSize="5" OnPageIndexChanged="GridView1_PageIndexChanged" OnPageIndexChanging=
"GridView1_PageIndexChanging"><Columns>
    <asp:TemplateField HeaderText="用户编号"><EditItemTemplate><asp:TextBoxID=
"t1" runat="server" Text='<%# Bind("U_id") %>'></asp:TextBox></EditItemTemplate>
    <ItemTemplate><table style="text-align:center"><tr align="center"><td>
    <asp:Label ID="lab1" runat="server" Text='<%# Bind("U_id") %>'></asp:Label>
</td></tr></table></ItemTemplate></asp:TemplateField>
    <asp:TemplateField HeaderText="用户账号"><EditItemTemplate><asp:TextBox
ID="t2" runat="server" Text='<%# Bind("UserName") %>'></asp:TextBox>
</EditItemTemplate>
    <ItemTemplate><table style="text-align:center"><tr align="center"><td>
    <asp:Label ID="lab2" runat="server" Text='<%# Bind("UserName") %>'></asp:
Label></td></tr></table></ItemTemplate></asp:TemplateField>
    <asp:TemplateField HeaderText="电子邮箱"><ItemTemplate><table style="text-
align:center">
    <tr align="center"><td><asp:Label ID="lab3" runat="server" Text='<%# Bind
("Email")%>'></asp:Label></td></tr></table></ItemTemplate></asp:TemplateField>
    <asp:TemplateField HeaderText="用户权限"><ItemTemplate><table style="text-
align:center">
    <tr align="center"><td><asp:Label ID="lab4" runat="server" Text='<%# Bind
("Lever")%>'></asp:Label></td></tr></table></ItemTemplate></asp:TemplateField>
    <asp:TemplateField HeaderText="修改"><ItemTemplate> <table style="text-
align:center">
    <tr align="center"><td><asp:Label ID="lab5" runat="server" Width="25px"><a
href="admin_EditUser.aspx?cid=<%# DataBinder.Eval(Container.DataItem,"U_id")
%>">修改</a></asp:Label></td> </tr></table></ItemTemplate> </asp:TemplateField>
    <asp:TemplateField HeaderText="删除"><ItemTemplate><table style="text-
```

```
align:center"><tr align="center"><td><asp:Label ID="lab6" runat="server" Width=
"25px"><a href="admin_DeleteUser.aspx?cid=<%# DataBinder.Eval(Container. DataItem,
"U_id") %>">删除</a></asp:Label></td></tr></table></ItemTemplate> </asp: TemplateField>
</Columns></asp:GridView><br /><asp:Button ID="Button2" runat= "server"
OnClick="Button2_Click" Text="返回" /></td></tr><tr><td style="width: 500px"
align="center"><asp:LinkButton ID="LinkButton1" runat= "server" OnClick=
"LinkButton1_Click">点击这里添加新的用户资料</asp:LinkButton> </td></tr>
    <tr><td style="width: 500px" align="center"><asp:Panel ID="Panel1" runat=
"server" Width="450px" Visible="False"  ><br />添加用户信息<br /><br />
    用户名称：<asp:TextBox ID="TextBox1" runat="server"></asp:TextBox>
    <asp:RequiredFieldValidator ID="RequiredFieldValidator1" runat="server"
ControlToValidate="TextBox1" ErrorMessage="RequiredFieldValidator">*</asp:
RequiredFieldValidator><br />
    用户密码：<asp:TextBox ID="TextBox2" runat="server"></asp:TextBox>
    <asp:RegularExpressionValidator ID="RegularExpressionValidator1" runat=
"server" ControlToValidate="TextBox2" ErrorMessage="RegularExpressionValidator"
ValidationExpression="\w{6,12}">*</asp:RegularExpressionValidator><br />
    用户邮箱：<asp:TextBox ID="TextBox3" runat="server"></asp:TextBox>
    <asp:RegularExpressionValidator ID="RegularExpressionValidator2" runat=
"server" ErrorMessage="RegularExpressionValidator" ValidationExpression= "\w+
([-+.']\w+)*@\w+([-.]\w+)*\.\w+([-.]\w+)*" ControlToValidate="TextBox3">* </asp:
RegularExpressionValidator><br />
    用户权限：<asp:DropDownList ID="DropDownList1" runat="server" Width="156px">
    <asp:ListItem Selected="True">管理员</asp:ListItem><asp:ListItem>普通用户
</asp:ListItem>
    </asp:DropDownList><br /><br /><asp:Button ID="Button1" runat="server"
Text= "添加" OnClick="Button1_Click" /><br /></asp:Panel></td></tr></table> </asp:
Content>
```

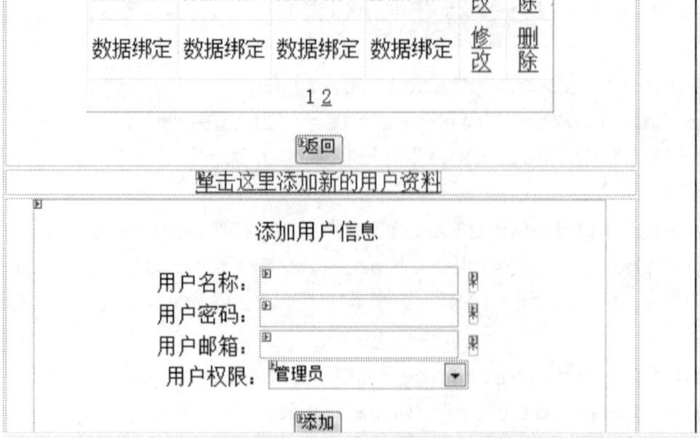

图 9.12　后台显示和添加用户界面

后台显示和添加用户界面 admin_AllUsers.aspx 中，GridView 控件没有进行自动获取字段，而是通过手动进行字段的获取。单击 LinkButton 按钮后，可以打开添加用户信息内容，如果没有单击 LinkButton 按钮，那么 Panel 控件中添加用户信息的内容将都不显示。后台显示和添加用户界面 admin_AllUsers.aspx 的代码隐藏页将实现如下内容。

(1) 在加载页面时，如果不是管理员登录，那么界面将跳转到 admin_login.aspx 登录界面。如果管理员登录成功，则通过调用 BLL 层的 UserLogic 类的 GetDataAdmin()方法在界面中的 GridView 控件中显示系统中已有的用户信息。因为 GridView 控件启动分页功能，因此要设计 PageIndexChanging 事件进行页面的即时添加和内容加载。

(2) 单击 LinkButton 按钮，Panel 控件中的添加用户信息的内容将全部显示出来。

(3) 单击“添加”按钮，可以将添加到文本框中的内容添加到用户表中，此过程通过调用 BLL 层的 UserLogic 类的 AddUser()方法实现，之后会弹出对话框“添加成功”信息。

在后台显示和添加用户界面 admin_AllUsers.aspx 的代码隐藏页中添加的代码如下所示。

```
MODEL.UserInfo Ma = new MODEL.UserInfo();
BLL.UserLogic Ba = new BLL.UserLogic();
protected void Page_Load(object sender, EventArgs e)
{
    if(!Page.IsPostBack)
    {
        if(Session["admin"] == null)
        {
            Response.Redirect("admin_login.aspx");
        }
        LoadData();
    }
}
public void LoadData()
{
     GridView1.DataSource = Ba.GetDataAdmin();
     GridView1.DataBind();
}
     protected void LinkButton1_Click(object sender, EventArgs e)
{
     Panel1.Visible = true;
}
protected void Button1_Click(object sender, EventArgs e)
{
     Ma.UserName = TextBox1.Text.Trim();
     Ma.Password = FormsAuthentication.HashPasswordForStoringInConfigFile
(TextBox2.Text.Trim(), "MD5");
     Ma.UserEmail = TextBox3.Text.Trim();
     Ma.Lever = DropDownList1.SelectedValue.Trim();
     if(Ba.AddUser(Ma))
     {
         Response.Write("<script  language=javascript>alert('添加成功')
</script>");
     }
     Panel1.Visible = false;
     LoadData();
}
```

```
    protected void Button2_Click(object sender, EventArgs e)
    {
        Response.Redirect("admin_Default.aspx");
    }
    protected void GridView1_PageIndexChanging(object sender, GridViewPage-
EventArgs e)
    {
        GridView1.PageIndex = e.NewPageIndex;
        LoadData();
    }
    protected void GridView1_PageIndexChanged(object sender, EventArgs e)
    {
        LoadData();
    }
```

9.4.2 任务 2：后台修改用户界面

后台修改用户界面 admin_EditUser.aspx，应用 admin.master 母版页，设计界面如图 9.13 所示。

图 9.13 修改用户界面

后台修改用户界面 admin_EditUser.aspx 的源视图添加如下内容。

```
    <asp:Content ID="Content1" ContentPlaceHolderID="ContentPlaceHolder1" Runat=
"Server">
    <div><table style="text-align:center"><tr style="width:500px">
    <td colspan="2" style="width:500px">修改用户信息</td></tr>
    <tr style="width:500px"><td style="width:200px">用户编号：</td>
    <td style="width:300px"><asp:Label ID="Label1" runat="server"></asp:Label>
</td></tr>
    <tr style="width:500px"><td style="width:200px">用户名称：</td>
    <td style="width:300px"><asp:TextBox ID="TextBox1" runat="server"></asp:
TextBox></td>
    </tr><tr style="width:500px"><td style="width:200px">用户密码：</td>
    <td style="width:300px"><asp:TextBox ID="TextBox2" runat="server"></asp:
TextBox></td>
    </tr><tr style="width:500px"><td style="width:200px">用户邮箱：</td>
    <td style="width:300px"><asp:TextBox ID="TextBox3" runat="server"></asp:
TextBox></td>
    </tr><tr style="width:500px"><td style="width:200px">用户权限：</td>
    <td style="width:300px"><asp:DropDownList ID="DropDownList1" runat="server">
    <asp:ListItem Selected="True">管理员</asp:ListItem><asp:ListItem>普通用户
</asp:ListItem></asp:DropDownList></td></tr><tr style="width:500px">
```

```
<td colspan="2" style="width:500px"><asp:Button ID="Button1" runat="server"
Text="确定修改" OnClick="Button1_Click" /> <asp:Button ID="Button2" runat=
"server" OnClick="Button2_Click" Text="返回" /></td></tr></table> </div></asp:
Content>
```

后台修改用户界面 admin_EditUser.aspx 中，Label 标签中显示的用户编号，是通过 admin_AllUsers.aspx 窗体传递过来的，当管理员在 admin_AllUsers.aspx 窗体中点击任意一个用户的修改时，都将打开 admin_EditUser.aspx 界面，并且将用户编号通过地址栏传递过来，因此在 admin_EditUser.aspx 界面中通过查询字符串来接收变量的值。将传递的这个用户编号的值作为 Where 条件进行查询，通过调用 BLL 层的 UserLogic 类的 QueryUserInfoByID()方法，获取用户的姓名、邮箱等用户信息，并可以在此界面中对用户的信息进行修改，通过调用 BLL 层的 UserLogic 类的 UpdateUserInfo()方法来修改用户信息。

后台修改用户界面 admin_EditUser.aspx 代码隐藏页中的内容如下所示。

```
MODEL.UserInfo Ma = new MODEL.UserInfo();
BLL.UserLogic Ba = new BLL.UserLogic();
protected void Page_Load(object sender, EventArgs e)
{
     if(!Page.IsPostBack)
     {
         if (Request.QueryString["cid"] == null)
         {
              Response.Write("<script language=javascript>alert('数据库操
作出错，请正确操作！')</script>");
         }
         else
         {
              DataBindText(int.Parse(Request.QueryString["cid"].ToString()));
         }
     }
}
public void DataBindText(int id)
{
     DataSet ds = Ba.QueryUserInfoByID(id);
     Label1.Text = ds.Tables[0].Rows[0][0].ToString();
     TextBox1.Text = ds.Tables[0].Rows[0][1].ToString();
     TextBox3.Text = ds.Tables[0].Rows[0][3].ToString();
}
protected void Button2_Click(object sender, EventArgs e)
{
     Response.Redirect("admin_AllUsers.aspx");
}
protected void Button1_Click(object sender, EventArgs e)
{
     Ma.U_id = int.Parse(Label1.Text.Trim());
     Ma.UserName = TextBox1.Text.Trim();
     Ma.Password = FormsAuthentication.HashPasswordForStoringInConfigFile
(TextBox2.Text.Trim(), "MD5");
     Ma.UserEmail = TextBox3.Text.Trim();
     Ma.Lever = DropDownList1.SelectedValue.Trim();
     if(Ba.UpdateUserInfo(Ma))
```

```
        {
            Response.Redirect("admin_AllUsers.aspx");
        }
    }
```

9.4.3 任务 3：后台删除用户界面

后台删除用户界面 admin_DeleteUser.aspx 窗体，没有任何界面的设计部分，因此可以应用母版页创建，也可以单独创建。

后台删除用户界面 admin_DeleteUser.aspx 窗体中，主要是根据在 admin_AllUsers.aspx 窗体中单击任何一个用户的信息时所获取的用户编号进行操作的，在删除用户界面中，根据窗体所传递的变量作为 Where 条件进行查询，获取变量时采用查询字符串的方式来获取用户编号的值，然后通过这个值来调用 BLL 层的 UserLogic 类的 DeleteAdmin()方法。

后台删除用户界面 admin_DeleteUser.aspx 窗体中代码隐藏页的代码内容如下所示。

```
MODEL.UserInfo Ma = new MODEL.UserInfo();
BLL.UserLogic Ba = new BLL.UserLogic();
protected void Page_Load(object sender, EventArgs e)
{
    if(!IsPostBack)
    {
        if(Request.QueryString["cid"] == null)
        {
            Response.Write("<script language=javascript>alert('数据库操
作出错，请正确操作！')</script>");
        }
        else
        {
            Ma.U_id = int.Parse(Request.QueryString["cid"].ToString());
            if(Ba.DeleteAdmin(Ma))
            {
                Response.Redirect("admin_AllUsers.aspx");
            }
            else
            {
                Response.Write("<script language=javascript>alert('数据
库操作出错，请正确操作！')</script>");
            }
        }
    }
}
```

9.4.4 任务 4：后台显示和添加新闻类别界面

后台显示和添加新闻类别 admin_BigClass.aspx 窗体，应用母版页 admin.master，界面的源视图的内容如下所示，界面设计效果图如图 9.14 所示。

```
<asp:Content ID="Content1" ContentPlaceHolderID="ContentPlaceHolder1" Runat=
"Server">
<table style="width:600px; text-align:center"><tr><td>管理新闻类别</td>
```

```
</tr><tr>
    <td style="height: 200px"><asp:GridView ID="GridView1" runat="server"
AutoGenerateColumns="false" Width="550px" Height="140px" AllowPaging="True"
OnPageIndexChanged="GridView1_PageIndexChanged" OnPageIndexChanging= "GridView1_
PageIndexChanging" PageSize="5"><Columns>
    <asp:TemplateField HeaderText="栏目编号"><ItemTemplate><table style="text-
align:center">
    <tr><td><asp:Label ID="Label1" runat="server" Text='<%# Bind("B_id")%>'
></asp:Label>
    </td></tr></table></ItemTemplate></asp:TemplateField>
    <asp:TemplateField HeaderText="栏目名称"><ItemTemplate><table style="text-
align:center">
    <tr><td><asp:Label ID="Label2" runat="server" Text='<%# Bind("Name")%>'>
</asp:Label>
    </td></tr></table></ItemTemplate></asp:TemplateField>
    <asp:TemplateField HeaderText="栏目属性"><ItemTemplate><table style="text-
align:center">
    <tr><td><asp:Label ID="Label3" runat="server" Text='<%# Bind("Flag")%>'>
</asp:Label>
    </td></tr></table></ItemTemplate></asp:TemplateField>
    <asp:TemplateField HeaderText="修改栏目"><ItemTemplate><table style="text-
align:center">
    <tr><td><asp:Label ID="Label4" runat="server"><a href="admin_EditBig.
aspx?cid=<%# DataBinder.Eval(Container.DataItem,"B_id") %>">修改</a></asp: Label>
</td></tr></table>
    </ItemTemplate></asp:TemplateField>
    <asp:TemplateField HeaderText="删除栏目"><ItemTemplate><table style="text-
align:center">
    <tr><td><asp:Label ID="Label5" runat="server"><a href="admin_DeleteBig.
aspx?cid=<%# DataBinder.Eval(Container.DataItem,"B_id")%>">删除</a></asp: Label>
</td></tr></table>
    </ItemTemplate></asp:TemplateField></Columns></asp:GridView></td></tr><tr>
<td>
    <asp:LinkButton ID="LinkButton1" runat="server" OnClick="LinkButton1_Click">
添加新的新闻类别</asp:LinkButton></td></tr><tr><td><asp:Panel ID="Panel1" runat=
"server" Width="400px" Visible="False">添加新闻类别<br />
    类别名称：<asp:TextBox ID="TextBox1" runat="server"></asp:TextBox><br />
    <asp:Button ID="Button1" runat="server" Text="添加" OnClick="Button1_Click" />
</asp:Panel>
    </td></tr></table></asp:Content>
```

后台显示和添加新闻类别 admin_BigClass.aspx 界面中，GridView 控件不自动进行获取字段的值，而是通过手动绑定的方式来获取表中字段的值。添加新闻类别的信息是在一个 Panel 控件中，当单击 LinkButton 按钮时，Panel 控件中的添加新闻类别的信息才会显示出来，否则 Panel 控件不显示。GridView 控件启用了分页功能，因此需要设置 GridView 控件的 PageIndexChanging 事件来保证 GridView 控件中的页面和页面中的数据进行即时绑定。通过调用 BLL 层的 BigClassLogic 类的 GetData_BigClass()方法来显示数据库中所有的新闻类别，作为 GridView 控件的数据源。添加新闻类别时调用了 BLL 层的 BigClassLogic 类的 AddBigClass()方法，并将 TextBox 文本框中的内容添加到新闻类别表中。

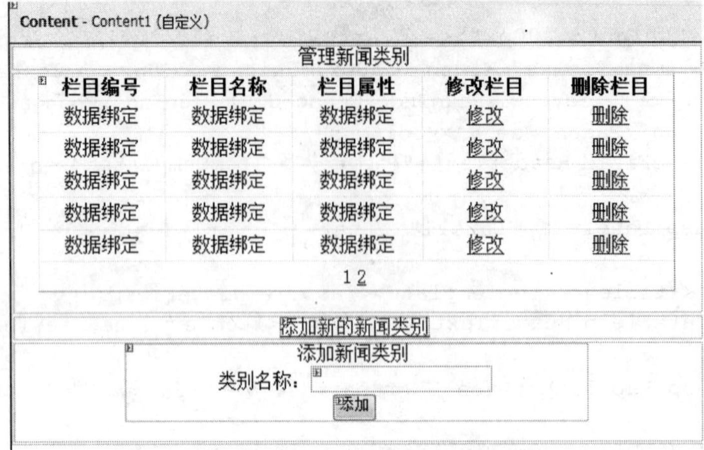

图 9.14　显示和添加新闻类别界面

后台显示和添加新闻类别 admin_BigClass.aspx 窗体中代码隐藏页的代码如下所示。

```
MODEL.BigClassInfo Mb = new MODEL.BigClassInfo();
BLL.BigClassLogic Bb = new BLL.BigClassLogic();
protected void Page_Load(object sender, EventArgs e)
{
     if(!IsPostBack)
     {
          if(Session["admin"] == null)
          {
               Response.Redirect("admin_login.aspx");
          }
          LoadData();
     }
}
public void LoadData()
{
     GridView1.DataSource = Bb.GetData_BigClass();
     GridView1.DataBind();
}
protected void LinkButton1_Click(object sender, EventArgs e)
{
     Panel1.Visible = true;
}
protected void GridView1_PageIndexChanging(object sender, GridViewPage-
EventArgs e)
{
     GridView1.PageIndex = e.NewPageIndex;
}
protected void GridView1_PageIndexChanged(object sender, EventArgs e)
{
     LoadData();
}
protected void Button1_Click(object sender, EventArgs e)
{
```

```
        Mb.Name = TextBox1.Text.Trim();
        if(Bb.AddBigClass(Mb))
        {
            Response.Write("<script language=javascript>alert('添加成功！')
        </script>");
        }
        TextBox1.Text = "";
        TextBox1.Focus();
        LoadData();
    }
```

9.4.5 任务 5：修改新闻类别界面

修改新闻类别界面 admin_EditBig.aspx，应用了母版页 admin.master，界面的源视图中的代码如下所示，界面设计的效果图如图 9.15 所示。

```
    <asp:Content ID="Content1" ContentPlaceHolderID="ContentPlaceHolder1" Runat=
"Server">
    <table style="text-align:center; width:400px"><tr><td>修改新闻类别</td></tr>
    <tr><td>新闻类别：<asp:Label ID="Label1" runat="server"></asp:Label></td>
</tr>
    <tr><td>类别名称：<asp:TextBox ID="TextBox1" runat="server"></asp:TextBox>
</td></tr>
    <tr><td>是否可见：<asp:DropDownList ID="DropDownList1" runat="server"><asp:
ListItem Selected="True">显示</asp:ListItem><asp:ListItem>隐藏</asp:ListItem>
</asp:DropDownList>
    </td></tr><tr><td><asp:Button ID="Button1" runat="server" OnClick="Button1_
Click" Text="确定修改" />   <asp:Button ID="Button2" runat="server"
OnClick="Button2_Click" Text="返回" /></td></tr></table></asp:Content>
```


图 9.15　修改新闻类别界面

修改新闻类别界面 admin_EditBig.aspx 中的 Label 标签中显示的内容是通过查询字符串来获取的，从 admin_BigClass.aspx 窗体跳转的时候，获取了新闻类别的编号，根据这个编号来调用 BLL 层的 BigClassLogic 类的 GetBigClassByID()方法，来获取选中的新闻类别编号和新闻类别名称。通过调用 BLL 层的 BigClassLogic 类的 UpdateBigClassNameAndFlag()方法来修改新闻类别。

修改新闻类别界面 admin_EditBig.aspx 窗体的代码隐藏页中的代码如下所示。

```
    MODEL.BigClassInfo Mb = new MODEL.BigClassInfo();
    BLL.BigClassLogic Bb = new BLL.BigClassLogic();
    protected void Page_Load(object sender, EventArgs e)
```

```
{
    if(!IsPostBack)
    {
        if(Request.QueryString["cid"] == null)
        {
            Response.Write("<script language=javascript>alert('数据库操
作出错，请正确操作！')</script>");
        }
        else
        {
            DataBindText(int.Parse(Request.QueryString["cid"].
ToString()));
        }
    }
}
public void DataBindText(int id)
{
    DataSet ds = Bb.GetBigClassByID(id);
    Label1.Text = ds.Tables[0].Rows[0][0].ToString();
    TextBox1.Text = ds.Tables[0].Rows[0][1].ToString();
}
protected void Button2_Click(object sender, EventArgs e)
{
    Response.Redirect("admin_BigClass.aspx");
}
protected void Button1_Click(object sender, EventArgs e)
{
    Mb.B_id = int.Parse(Label1.Text.Trim());
    Mb.Name = TextBox1.Text.Trim();
    Mb.Flag = DropDownList1.SelectedValue.Trim();
    if (Bb.UpdateBigClassNameAndFlag(Mb))
    {
        Response.Redirect("admin_BigClass.aspx");
    }
}
```

9.4.6 任务 6：删除新闻类别界面

删除新闻类别界面 admin_DeleteBig.aspx 中，无须设计任何界面内容，因此可以应用母版页创建，也可以单独创建一个普通窗体。

在删除新闻类别界面 admin_DeleteBig.aspx 中，当删除一个新闻类别的时候，需要根据查询字符串来获取新闻类别的编号，通过调用 BLL 层的 BigClassLogic 类的 DeleteBigClassByID()来删除新闻类别。但是需要注意的是，删除了一个新闻类别，相应的这个新闻类别中的所有新闻和新闻的评论都必须删除。因此还需要调用 BLL 层的 NewsLogic 类的 DeleteNewsByBigClassID()方法和 CommentsLogic 类的 DeleteAllByNewsID()方法来分别删除该新闻栏目中的新闻内容和所有的新闻评论内容。

删除新闻类别界面 admin_DeleteBig.aspx 窗体的代码隐藏页中的代码如下所示。

```
MODEL.BigClassInfo Mb = new MODEL.BigClassInfo();
BLL.BigClassLogic Bb = new BLL.BigClassLogic();
MODEL.NewsInfo M_news = new MODEL.NewsInfo();
```

```
    BLL.NewsLogic B_news = new BLL.NewsLogic();
    MODEL.CommentsInfo M_answer = new MODEL.CommentsInfo();
    BLL.CommentsLogic B_answer = new BLL.CommentsLogic();
    protected void Page_Load(object sender, EventArgs e)
    {
        if(!IsPostBack)
        {
            if(Request.QueryString["cid"] == null)
            {
                Response.Write("<script language=javascript>alert('数据库操
作出错，请正确操作！')</script>");
            }
            else
            {
                Mb.B_id = int.Parse(Request.QueryString["cid"].ToString());
                M_news.BigClassID = int.Parse(Request.QueryString["cid"].
ToString());
                M_answer.NewID = int.Parse(Request.QueryString["cid"].
ToString());
                //删除新闻栏目
                if(Bb.DeleteBigClassByID(Mb))
                {
          //删除新闻栏目的同时删除该栏目对应的新闻信息及该新闻的全部评论信息
                    if(B_news.DeleteNewsByBigClassID(M_news) && B_answer.
DeleteAllByNewsID(M_answer))
                    {
                        Response.Redirect("admin_BigClass.aspx");
                    }
                    else
                    {
                        Response.Write("<script language=javascript>alert
('数据库操作出错，请正确操作！')</script>");
                    }
                }
                else
                {
                    Response.Write("<script language=javascript>alert ('数
据库操作出错，请正确操作！')</script>");
                }
            }
        }
    }
```

9.4.7 任务 7：发布新闻内容界面

发布新闻内容界面 admin_AddNews.aspx，应用了母版页 admin.master，窗体的设计效果如图 9.16 所示。

在发布新闻内容界面 admin_AddNews.aspx 窗体的源视图中添加的如下代码。

```
    <asp:Content ID="Content1" ContentPlaceHolderID="ContentPlaceHolder1" Runat=
"Server">
    <table style="width:480px; text-align:left"><tr align="center"><td style=
```

```
"width: 450px">
    发布新闻</td></tr><tr><td style="width: 450px">
    新闻标题：<asp:TextBox ID="TextBox1" runat="server" Width="317px"></asp:
TextBox>
    </td></tr><tr><td style="width: 450px; height: 22px;">
    新闻类别：<asp:DropDownList ID="DropDownList1" runat="server" Width="115px">
    </asp:DropDownList></td></tr><tr><td style="width: 450px">
    <asp:Label ID="Label1" runat="server" Text="新闻内容："></asp:Label> 
 
    </td></tr><tr><td style="text-align:center"> <asp:TextBox ID="TextBox2"
runat="server" Columns="50" Rows="10" TextMode="MultiLine"></asp:TextBox>
 </td></tr>
    <tr><td style="width: 450px">
    发布人：<asp:TextBox ID="TextBox3" runat="server">yangyue</asp:TextBox> </td>
</tr>
    <tr><td align="center" style="width: 450px; height: 26px;">
    <asp:Button ID="Button1" runat="server" Text="提交" OnClick="Button1_Click"/>
 
    <asp:Button ID="Button2" runat="server" Text="重置" OnClick="Button2_Click"/>
</td></tr></table></asp:Content>
```

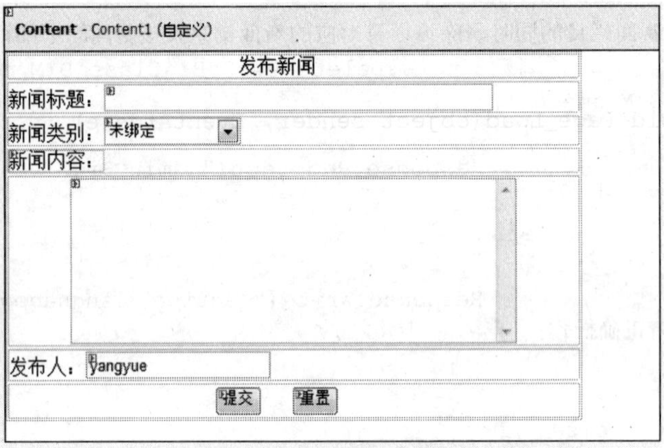

图 9.16　发布新闻内容界面

在设计界面当中，新闻内容所用到的文本框是一个多行的文本框，并且在这个文本框中应用了 CKEditor 控件，需要给 TextBox 的 CssClass 属性进行设置，CssClass="ckeditor"，应用了这个控件后的运行效果如图 9.17 所示。

在发布新闻内容界面 admin_AddNews.aspx 中，会调用 BLL 层的 BigClassLogic 类和 NewsLogic 类，以及 MODEL 层的 NewsInfo 类。

自定义方法 DataBindDrownList()，将新闻类别绑定到控件上，通过调用 BLL 层的 BigClassLogic 类的 GetBigClass()方法来获取数据表中的新闻类别。将调用的内容赋值给下拉列表框，其中 name 的值赋给 Text 属性，B_id 的值赋给 Value 属性。

添加新闻调用的是 BLL 层的 NewsLogic 类的 AddNews()方法。

发布人后的文本框里，显示的是保存在 Session 里的管理员名字。

图 9.17　CKEditor 控件

发布新闻内容界面的代码如下所示。

```
BLL.BigClassLogic B_bc = new BLL.BigClassLogic();
MODEL.NewsInfo M_news = new MODEL.NewsInfo();
BLL.NewsLogic B_news = new BLL.NewsLogic();
protected void Page_Load(object sender, EventArgs e)
{
     if(!Page.IsPostBack)
     {
          if(Session["admin"] == null)
          {
               Response.Write("<script language=javascript>alert('你还没有
登录系统，请返回主页登录系统！');</script>");
          }
          else
          {
               DataBindDrownList();
               TextBox3.Text = Session["admin"].ToString();
          }
     }
}
   //自定义方法 DataBindDrownList()，将新闻类别绑定到控件上
   public void DataBindDrownList()
   {
        DataSet ds = B_bc.GetBigClass();
        for(int i = 0; i < ds.Tables[0].DefaultView.Count; i++)
        {
             ListItem item = new ListItem();
             item.Text = ds.Tables[0].Rows[i]["name"].ToString();
             item.Value = ds.Tables[0].Rows[i]["B_id"].ToString();
             DropDownList1.Items.Add(item);
             DropDownList1.SelectedIndex = -1;
        }
```

```
    }
    protected void Button1_Click(object sender, EventArgs e)
    {
        M_news.Title = TextBox1.Text.Trim();
        M_news.BigClassID = int.Parse(DropDownList1.SelectedValue.ToString());
        M_news.Info = TextBox2.Text;
        M_news.UserName = TextBox3.Text.Trim();
        if(B_news.AddNews(M_news))
        {
            Response.Write("<script language='JavaScript'>if(confirm('按[确定]
继续发布,按[取消]返回系统主页'))");
            Response.Write("{window.location='admin_AddNews.aspx';}");
            Response.Write("else {window.location='admin_Default.aspx';}
</script>");
        }
        else
        {
            Response.Write("<script language=javascript>alert('数据库操作有错
误！');");
            Response.Write("</script>");
        }
    }
    protected void Button2_Click(object sender, EventArgs e)
    {
        TextBox1.Text = "";
        TextBox2.Text = "";
    }
```

9.4.8 任务 8：审核新闻界面

审核新闻页面 admin_CheckNews.aspx 中，应用了 admin.master 母版页，界面中的源视图中添加了如下内容，设计的效果图如图 9.18 所示。

```
    <table style="text-align:center; width:500px">
    <tr><td>审核最新新闻</td></tr>
    <tr><td> <asp:GridView ID="GridView1" runat="server" AutoGenerateColumns=
"false">
    <Columns><asp:TemplateField HeaderText="编号"><ItemTemplate>
    <table style="text-align:center"><tr><td><asp:Label ID="Label2" runat="server"
Text='<%#Bind("N_Id") %>'></asp:Label></td> </tr></table></ItemTemplate>
    </asp:TemplateField><asp:TemplateField HeaderText="新闻标题"><ItemTemplate>
    <table style="text-align:center"><tr><td><a href="../ListView.aspx?cid=
<%# DataBinder.Eval(Container.DataItem,"N_Id") %>" title="" target="_blank"> <asp:
Label ID="Label3" runat="server" Text='<%# Bind("Title") %>'></asp: Label></a>
</td></tr></table>
    </ItemTemplate></asp:TemplateField><asp:TemplateField HeaderText="所属栏目">
<ItemTemplate><table style="text-align:center"><tr><td>
    <a href="../BigTypeNews.aspx?sort=<%# DataBinder.Eval(Container.DataItem,
"Bigclassid") %>" title="" target="_blank"><asp:Label ID="Label4" runat= "server"
Text='<%# Bind("Name") %>'></asp:Label></a></td></tr></table> </ItemTemplate>
</asp:TemplateField>
    <asp:TemplateField HeaderText="发布者"><ItemTemplate><table style="text-
```

```
align:center">
    <tr><td><asp:Label ID="Label5" runat="server" Text='<%# Bind("Username")%>'>
</asp:Label></td></tr></table></ItemTemplate></asp:TemplateField>
    <asp:TemplateField HeaderText="发布时间"><ItemTemplate><table style="text-
align:center">
    <tr><td><asp:Label ID="Label6" runat="server" Text='<%# Convert.ToDateTime
(DataBinder.Eval(Container.DataItem,"Infotime")).ToShortDateString() %>'></asp:
Label></td></tr></table></ItemTemplate></asp:TemplateField>
    <asp:TemplateField HeaderText="新闻状态"><ItemTemplate><table style="text-
align:center">
    <tr><td><asp:Label ID="Label7" runat="server" Text='<%# Bind("Flag") %>'>
</asp:Label>
    </td></tr></table></ItemTemplate></asp:TemplateField><asp:TemplateField
HeaderText="操作"><ItemTemplate><table style="text-align:center"><tr><td>
    <a href="CheckNews.aspx?cid=<%# DataBinder.Eval(Container.DataItem,"N_Id")%>
&sort=<%# DataBinder.Eval(Container.DataItem,"Bigclassid") %>"><asp:Label ID=
"Label8" runat="server">进行审核</asp:Label></a></td></tr></table> </ItemTemplate>
    </asp:TemplateField></Columns></asp:GridView></td></tr><tr><td>
    <asp:Label ID="Label1" runat="server" Text="没有需要审核的新闻"></asp:Label>
</td></tr></table>
```

Content - Content1 (自定义)

审核最新新闻

编号	新闻标题	所属栏目	发布者	发布时间	新闻状态	操作
数据绑定	数据绑定	数据绑定	数据绑定	数据绑定	数据绑定	进行审核
数据绑定	数据绑定	数据绑定	数据绑定	数据绑定	数据绑定	进行审核
数据绑定	数据绑定	数据绑定	数据绑定	数据绑定	数据绑定	进行审核
数据绑定	数据绑定	数据绑定	数据绑定	数据绑定	数据绑定	进行审核
数据绑定	数据绑定	数据绑定	数据绑定	数据绑定	数据绑定	进行审核

没有需要审核的新闻

图 9.18　审核新闻界面

审核新闻页面 admin_CheckNews.aspx 中，GirdView 控件不是自动获取字段的值，而是通过手动进行配置的。编号是绑定新闻编号 N_Id 字段的值；新闻标题作为超链接，链接到 ListView.aspx，新闻编号 N_Id 字段的值作为中间变量做超链接使用，而新闻标题链接的文本内容是 Title 字段的值；所属栏目作为超链接，链接到 BigTypeNews.aspx 窗体，新闻类别编号 Bigclassid 字段的值作为中间变量，做超链接使用，而所属栏目链接的文本内容是 Name 字段的值；发布者绑定 Username 字段的值；发布时间绑定 Infotime 字段的值，但是要将从数据库中读取的信息转成时间类型；新闻状态绑定 Flag 字段的值；对应的操作是超链接到 CheckNews.aspx 窗体，并且将新闻编号 N_Id 字段的值和新闻类别编号 Bigclassid 字段的值作为中间变量进行传递。Label 标签的内容是"没有需要审核的新闻"，这个 Label 标签的内容的显示与否与 GridView 控件是否有内容有关，如果数据库中已经没有需要审核的新闻，那么 Label 标签中的文本内容会显示，若数据库中还有需要审核的新闻，那么 Label 标签的内容不会显示出来。

审核新闻页面 admin_CheckNews.aspx 中，创建 BLL.NewsLogic 类的对象。自定义方法 LoadData()，用以初始化数据，调用 BLL 层的 NewsLogic 类的 GetNewsOfFlag0()方法来显示数据。自定义方法 GetDS()，获取没有通过审核的数据集合，返回 NewsLogic 类的 GetNewsOfFlag0()方法的数据。需要判断 GetDS()方法的返回值，如果有返回值，那么 Label 标签就不显示，如果没有返回值，就显示 Label 标签里的文本内容。

审核新闻页面 admin_CheckNews.aspx 的代码隐藏页中的代码如下所示。

```
BLL.NewsLogic B_news = new BLL.NewsLogic();
protected void Page_Load(object sender, EventArgs e)
{
     if(!Page.IsPostBack)
     {
          if(Session["admin"]==null)
          {
             Response.Redirect("admin_login.aspx");
          }
          if(GetDS().Tables[0].Rows.Count > 0)
          {
            Label1.Visible = false;
          }
          else
          {
            Label1.Visible = true;
          }
          LoadData();
      }

}
//自定义方法 LoadData(),用以初始化数据
public void LoadData()
{
     GridView1.DataSource = B_news.GetNewsOfFlag0();
     GridView1.DataBind();
}
//自定义方法 GetDS(),获取没有通过审核的数据集合
public DataSet GetDS()
{
     return B_news.GetNewsOfFlag0();
}
```

9.4.9 任务 9：进行审核界面

进行审核 CheckNews.aspx 页面中，界面无须任何设计，可以应用母版页，也可以直接创建。

进行审核 CheckNews.aspx 页面中，使用查询字符串来获取进行审核的新闻的编号，通过调用 BLL 层的 NewsLogic 类的 CheckNewsByID()方法来审核该新闻，并且新闻通过审核的同时设置该新闻有效，即正式成为某栏目下可显示的新闻，且该栏目下的新闻总数加 1，加 1 操作通过调用 BLL 层的 BigClassLogic 类的 UpdateNewsCount()方法来执行。

```
MODEL.NewsInfo M_news = new MODEL.NewsInfo();
BLL.NewsLogic B_news = new BLL.NewsLogic();
MODEL.BigClassInfo M_bc = new MODEL.BigClassInfo();
```

```
    BLL.BigClassLogic B_bc = new BLL.BigClassLogic();
    protected void Page_Load(object sender, EventArgs e)
    {
         if(!Page.IsPostBack)
         {
               if(Request.QueryString["cid"] == null)
               {
                    Response.Write("<script language=javascript>alert('数据库操
作出错，请正确操作！')</script>");
               }
               else
               {
                    M_news.N_id = int.Parse(Request.QueryString["cid"].ToString());
                    M_bc.B_id = int.Parse(Request.QueryString["sort"].ToString());
                    //新闻通过审核的同时设置该新闻有效，即正式成为某栏目下可显示的新闻，
且该栏目下的新闻总数+1
                    if (B_news.CheckNewsByID(M_news) && B_bc.UpdateNewsCount(M_bc))
                    {
                         Response.Write("<script language=javascript>alert('审
核成功，单击[确定]返回审核页面！')</script>");
                         Response.Redirect("admin_CheckNews.aspx");
                    }
                    else
                    {
                    Response.Write("<script language=javascript>alert('审核失败！')
</script>");
                    }
               }
         }
    }
```

9.4.10 任务 10：栏目新闻界面

由于管理员和普通用户都可以查询同一栏目下的所有新闻，栏目新闻界面 BigTypeNews.aspx 采用 Top.master 母版页，窗体的源视图中的内容如下所示，设计效果如图 9.19 所示。

```
    <div style="margin:0 auto; text-align:center"><table style="width: 80%;">
<tr>
    <td>       <asp:Label ID="Label1" runat="server"></asp:
Label><br />
    </td></tr><tr><td style="text-align: center;"><asp:Repeater ID="Repeater1"
runat="server">
    <ItemTemplate><table><tr style="text-align:center"><td style="height:24;"
align="center"> </td>
    <td style="height:24; border-bottom:#999999 1px dotted" colspan="2"><a
href='listview.aspx?cid=<%# DataBinder.Eval(Container.DataItem,"N_Id") %>'target=
"_blank">
    <%# DataBinder.Eval(Container.DataItem,"Title") %></a><font color="#999999">
[<%# Convert.ToDateTime(DataBinder.Eval(Container.DataItem,"Infotime")).
ToShortDateString() %>]
    (阅读<font color="#ff0000"><%# DataBinder.Eval(Container.DataItem,"Hit")
%></font>次)
    </font></td></tr></table></ItemTemplate></asp:Repeater></td></tr><tr>
```

```
    <td style=" height: 36px; text-align: center;"><br /><asp:LinkButton ID=
"LinkButton1" runat="server" OnClick="LinkButton1_Click">第一页</asp: LinkButton>
<asp:LinkButton ID="LinkButton2" runat="server" OnClick="LinkButton2_Click">
上一页</asp:LinkButton>
    <asp:LinkButton ID="LinkButton3" runat="server" OnClick="LinkButton3_Click">
下一页</asp:LinkButton><asp:LinkButton ID="LinkButton4" runat="server" OnClick=
"LinkButton4_Click">最后一页</asp:LinkButton><br /><br />
    第<asp:Label ID="Label2" runat="server" Text="1"></asp:Label>页  共
<asp:Label ID="Label3" runat="server"></asp:Label>页</td></tr></table></div>
```

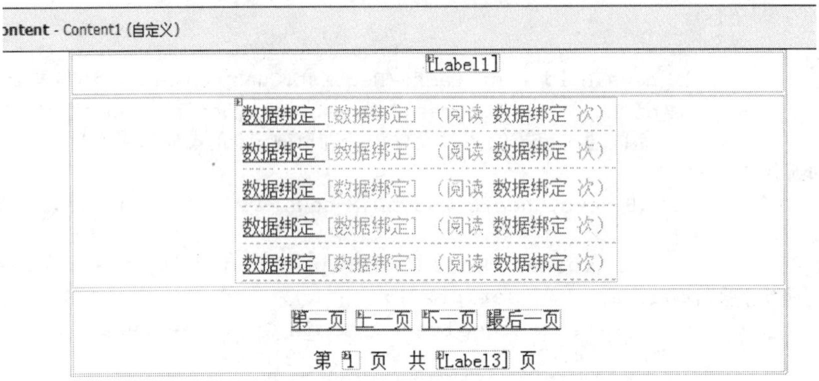

图 9.19　栏目新闻界面

栏目新闻界面 BigTypeNews.aspx 中，Label1 标签中显示新闻类别的名称，根据查询字符串来获取传递给这个窗体的新闻类别编号，根据这个新闻类别编号调用 BLL 层的 BigClassLogic 类的 GetBigClassByID()方法来获取新闻名称，也可自定义 DataBindcsort()方法来动态获取新闻栏目名称。Repeater 控件中显示新闻的标题和浏览的次数，而且新闻的标题是可以作为超链接，链接到 listview.aspx 窗体。为 Repeater 控件启动分页功能，自定义方法 Bind()，为新闻分页并绑定新闻数据，在这个方法里，使用 PagedDataSource 类实现 Repeater 控件的分页功能，并通过调用 BLL 层的 NewsLogic 类的 GetDataByBigClass()方法来获取该新闻类别中的所有新闻内容。

栏目新闻界面 BigTypeNews.aspx 代码隐藏页的内容如下所示。

```
BLL.BigClassLogic B_bc = new BLL.BigClassLogic();
MODEL.BigClassInfo M_bc = new MODEL.BigClassInfo();
BLL.NewsLogic B_news = new BLL.NewsLogic();
MODEL.NewsInfo M_news = new MODEL.NewsInfo();
protected int pagesize;
public int id;
protected void Page_Load(object sender, EventArgs e)
{
    if(!Page.IsPostBack)
    {
        if(Request.QueryString["sort"].ToString() != null)
        {
            DataBindcsort();
            M_news.BigClassID = int.Parse(Session["id"].ToString());
            this.Bind();
```

```
            }
            else
            {
                Response.Write("<script language=javascript>alert('数据库操
作有错误！');");
                Response.Write("window.history.back();</script>");
            }
        }
    }
    //动态获取新闻栏目名称
    public void DataBindcsort()
    {
        Session["id"] = Request.QueryString["sort"].ToString();
        M_bc.B_id = Convert.ToInt32(Session["id"].ToString());
        if(B_bc.GetBigClassByID(M_bc.B_id).Tables[0].Rows.Count > 0)
        {
            Label1.Text = B_bc.GetBigClassByID(M_bc.B_id).Tables[0].Rows[0]
[1].ToString();
            Label1.Font.Bold = true;
            this.Title = B_bc.GetBigClassByID(M_bc.B_id).Tables[0].Rows[0]
[1].ToString() + "专题栏目";
        }
    }
    //为新闻分页并绑定新闻数据
    public void Bind()
    {
        //取得当前页的页码
        int curpage = Convert.ToInt32(this.Label2.Text);
        //使用 PagedDataSource 类实现 Repeater 控件的分页功能
        PagedDataSource ps = new PagedDataSource();
        Session["id"] = Request.QueryString["sort"].ToString();
        M_bc.B_id = Convert.ToInt32(Session["id"].ToString());
        //获取数据集
        DataSet ds = B_news.GetDataByBigClass(M_bc.B_id);
        ps.DataSource = ds.Tables[0].DefaultView;
        //是否可以分页
        ps.AllowPaging = true;
        //显示的数量
        ps.PageSize = 8;
        //取得当前页的页码
        ps.CurrentPageIndex = curpage - 1;
        LinkButton1.Enabled = true;
        LinkButton2.Enabled = true;
        LinkButton3.Enabled = true;
        LinkButton4.Enabled = true;
        if(ps.IsFirstPage)
        {
            LinkButton1.Enabled = false;
            LinkButton2.Enabled = false;
        }
        if(ps.IsLastPage)
        {
```

```
            LinkButton3.Enabled = false;
            LinkButton4.Enabled = false;
        }
        //显示分页数量
        Label3.Text = Convert.ToString(ps.PageCount);
        //绑定 Repeater1 控件
        Repeater1.DataSource = ps;
        Repeater1.DataBind();
    }
    protected void LinkButton1_Click(object sender, EventArgs e)
    {
        Label2.Text = "1";
        Bind();
    }
    protected void LinkButton2_Click(object sender, EventArgs e)
    {
        Label2.Text = Convert.ToString(Convert.ToInt32(Label2.Text) - 1);
        Bind();
    }
    protected void LinkButton3_Click(object sender, EventArgs e)
    {
        Label2.Text = Convert.ToString(Convert.ToInt32(Label2.Text) + 1);
        Bind();
    }
    protected void LinkButton4_Click(object sender, EventArgs e)
    {
        Label2.Text = Label3.Text;
        Bind();
    }
```

9.4.11 任务 11：新闻内容界面

新闻内容界面 ListView.aspx 中，管理员和用户都可以查看，因此使用 Top.master 母版页，窗体的源视图如下所示，设计的效果图如图 9.20 所示。

```
    <table style="text-align:center"><tr><td><asp:Repeater ID="Repeater1" runat=
"server">
    <ItemTemplate><table width="95%" border="0" style="text-align:center"
cellpadding="0" cellspacing="0"><tr><td style="height:50px;" colspan="2" align=
"center" class="tit"><%# DataBinder.Eval(Container.DataItem,"Title") %></td>
</tr><tr>
    <td style="width:40%; height:30px; border-top:#666666 1px solid; border-
bottom:#666666 1px solid">双击自动滚屏</td><td style="width:60%; border- top:
#666666 1px solid; border-bottom:#666666 1px solid">
    发布者：<%# DataBinder.Eval(Container.DataItem,"username") %>发布时间：<%#
Convert.ToDateTime(DataBinder.Eval(Container.DataItem,"Infotime")).ToShortDa-
teString() %>
    阅读：<font color="#ff0000"><%# DataBinder.Eval(Container.DataItem,"Hit") %>
</font>次
    评论：<font color="#ff0000"><%#
    GetAnswerCindexByNewsID(int.Parse(DataBinder.Eval(Container.DataItem,"N_
Id").ToString())) %></font>次</td></tr><tr><td colspan="2"><br /><div style=
"font-size:12px">
```

```
    <%# checkcontent(DataBinder.Eval(Container.DataItem,"info").ToString())%>
</div></td></tr>
    <tr align="right"><td colspan="2" style="height:30px"></td></tr><tr align=
"left">
    <td colspan="2"></td></tr></table></ItemTemplate></asp:Repeater></td></tr>
<tr>
    <td style="font-size:10pt"><asp:Repeater ID="Repeater2" runat="server">
<ItemTemplate>
    <table width="95%" border="0" cellpadding="0" cellspacing="0"><tr><td><hr />
</td></tr>
    <tr><td colspan="8"><table width="100%" border="0" cellpadding="0"
cellspacing="0">
    <tr><td style="width:70px" align="left">网友姓名：</td><td style= "width:
60px" align="left"><%# DataBinder.Eval(Container.DataItem,"C_user") %> </td>
    <td style="width:70px" align="left">留言时间：</td><td style="width:130px"
align="left"><%# DataBinder.Eval(Container.DataItem,"C_time") %></td>
    <td style="width:30px" align="left">QQ：</td><td style="width:80px" align=
"left"><%# DataBinder.Eval(Container.DataItem,"C_qq") %></td>
    <td style="width:70px" align="left">E-mail：</td><td style="width:70px"
align="left">
    <a href="mailto:<%# DataBinder.Eval(Container.DataItem,"C_email") %>"><%#
DataBinder.Eval(Container.DataItem,"C_email") %></a></td>
    <td style="width:150px" align="left">第<font color="#FF0000"><%# DataBinder.
Eval(Container.DataItem,"cindex") %></font>楼</td></tr></table></td></tr> <tr>
    <td colspan="8"><hr/></td></tr><tr><td style="width:70px" align="left"
valign="top">
    留言内容：</td><td colspan="6" align="left" valign="top">
    <%# DataBinder.Eval(Container.DataItem,"C_word") %></td></tr></table>
</ItemTemplate>
    </asp:Repeater></td></tr><tr><td align="right" style="background-color:
#74ECE8; height: 20px;"><a href="MoreComments.aspx?NewsID=<% =NewsID() %>&NewsTitle=
<% =NewsTitle() %>"><asp:Label ID="Label1" runat="server" Font-Bold="true"
Text="更多评论..."></asp:Label></a></td></tr><tr><td><b>我要评论</b><br />
    网友名称：<asp:TextBox ID="TextBox1" runat="server"></asp:TextBox>
    QQ：<asp:TextBox ID="TextBox2" runat="server"></asp:TextBox>
    E-mail：<asp:TextBox ID="TextBox3" runat="server"></asp:TextBox><br />
    评论内容：<asp:TextBox ID="TextBox4" runat="server" Columns="80" Rows="5"
TextMode="MultiLine"></asp:TextBox><br />
    <asp:Button ID="Button1" runat="server" Text="提交评论" OnClick="Button1_
Click" /><br />
    <b>本站发表读者评论,只代表读者个人观点 </b>
    |<a href="javascript:window.close()"><asp:Label ID="Label3" runat="server"
Text="关闭窗口"></asp:Label></a></td></tr></table>
```

新闻内容界面 ListView.aspx 中增加了一个功能，就是双击自动滚动屏幕，因此需要在母版页 Top.master 中添加此功能，添加的代码如下所示。

```
    <script type="text/javascript">
    var currentpos,timer;
    function initialize()
```

```
{
currentpos=0;
timer=setInterval("scrollPage()",1);      //使用定时器不断执行滚动操作
}
function stopScroll()
{
clearInterval(timer);                     //清空页面中的定时器
}
function scrollPage()
{
currentpos++;
window.scroll(0,currentpos);              //滚屏操作
}
document.onmousedown=stopScroll;          //开始滚屏
document.ondblclick=initialize;           //结束滚屏
</script>
```

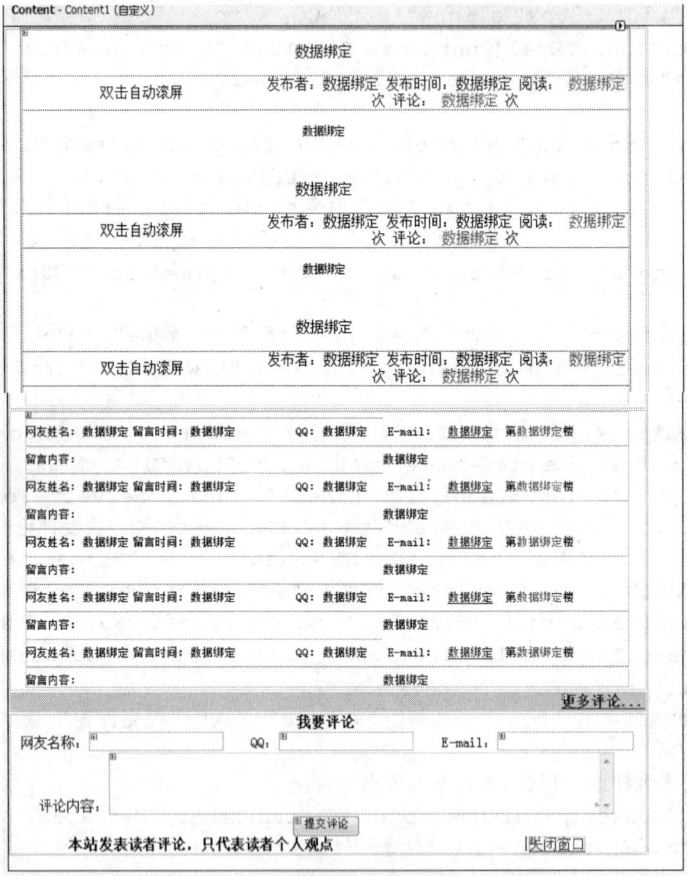

图 9.20　新闻内容界面

新闻内容界面 ListView.aspx 中，使用 Repeater 控件绑定所选中的新闻内容，显示对该新闻的所有评论，并且可以发表评论内容。自定义方法 NewsTitle()，根据查询字符串获取的当前新闻 ID 值通过调用 BLL 层的 NewsLogic 类的 DataBindNews()类获取新闻的标题。自定义方法 GetAnswerCindexByNewsID()，根据查询字符串获取的当前新闻 ID 值通过调用

BLL 层的 CommentsLogic 类的 GetCindexByNewsID()来获取该新闻的评论总数。自定义方法 DataBindNews()，通过调用 BLL 层的 NewsLogic 类的 DataBindNews()方法给 Repeater1 控件绑定新闻的数据源。自定义方法 DataBindAnswer()，通过调用 BLL 层的 CommentsLogic 类的 GetCommentsByNewsID()给 Repeater2 控件绑定评论数据到控件（前 3 条评论）。添加新闻评论时，通过调用 BLL 层的 CommentsLogic 类的 AddCommentsByNewsID()方法，将用户输入的内容添加到评论表中。

新闻内容界面 ListView.aspx 代码隐藏页中的代码如下所示。

```
MODEL.NewsInfo M_news = new MODEL.NewsInfo();
BLL.NewsLogic B_news = new BLL.NewsLogic();
MODEL.CommentsInfo M_comments = new MODEL.CommentsInfo();
BLL.CommentsLogic B_comments = new BLL.CommentsLogic();
protected void Page_Load(object sender, EventArgs e)
{
    if(!IsPostBack)
    {
        if(Request.QueryString["cid"] != null)
        {
            ViewState["cid"] = Request.QueryString["cid"];
            M_news.N_id = int.Parse(Request.QueryString["cid"].ToString());
            B_news.UpdateHits(M_news.N_id);
            DataBindNews();
            this.Title = NewsTitle();
            M_comments.NewID = M_news.N_id;
            DataBindAnswer(M_comments.NewID);
        }
        else
        {
            Response.Write("<script language=javascript>alert('数据库操
作有错误！');");
            Response.Write("window.history.back();</script>");
        }
    }
}
//自定义方法 NewsTitle(),根据当前新闻 ID 获取新闻的标题
public string NewsTitle()
{
    return B_news.DataBindNews(int.Parse(ViewState["cid"].ToString())).
Tables[0].Rows[0][1].ToString();
}
//自定义方法 GetAnswerCindexByNewsID(),根据当前新闻 ID 获取该新闻的评论总数
public string GetAnswerCindexByNewsID(int NewsID)
{
    return B_comments.GetCindexByNewsID(NewsID).Tables[0].Rows[0][0].ToString();
}
//自定义方法 NewsID(),获取当前新闻的 ID
public string NewsID()
{
    return ViewState["cid"].ToString();
}
//自定义方法 DataBindNews(),给控件绑定新闻的数据源
```

```
public void DataBindNews()
{
    DataSet ds = B_news.DataBindNews(M_news.N_id);
    Repeater1.DataSource = ds;
    Repeater1.DataBind();
    ds.Clear();
    ds.Dispose();
}
//自定义方法 DataBindAnswer(),绑定评论数据到控件（前 3 条评论）
public void DataBindAnswer(int newsID)
{
    DataSet ds = B_comments.GetCommentsByNewsID(newsID);
    Repeater2.DataSource = ds;
    Repeater2.DataBind();
    ds.Clear();
    ds.Dispose();
}
//自定义方法 checkcontent(),信息验证
public string checkcontent(string content)
{
    content = Regex.Replace(content, @"&amp;nbsp;",@" ");
    content = Regex.Replace(content, @"&amp;", @"&");
    content = Regex.Replace(content, @"&lt;", @"<");
    content = Regex.Replace(content, @"&gt;", @">");
    content = Regex.Replace(content, @"&quot;", @"'");
    content = Regex.Replace(content, @"../../uppic/", @"../Web/uppic");
    return content;
}
//将评论信息添加到数据库中同时在当前页面显示
protected void Button1_Click(object sender, EventArgs e)
{
    M_comments.C_user = TextBox1.Text.Trim();
    M_comments.C_qq = TextBox2.Text.Trim();
    M_comments.C_email = TextBox3.Text.Trim();
    M_comments.C_word = TextBox4.Text.Trim();
    M_comments.C_time = DateTime.Now.ToString();
    M_comments.NewID = int.Parse(ViewState["cid"].ToString());
    if(B_comments.AddCommentsByNewsID(M_comments))
    {
        Response.Write("<script language=javascript>alert('添加评论成
功!');");
    }
    else
    {
        Response.Write("<script language=javascript>alert('添加评论失
败! ');");
    }
    //重载新闻评判信息
    DataBindAnswer(M_comments.NewID);
    //清空文本控件的值
    TextBox1.Text = "";
    TextBox1.Focus();
```

```
        TextBox2.Text = "";
        TextBox3.Text = "";
        TextBox4.Text = "";
    }
```

9.4.12 任务 12：更多新闻评论界面

更多新闻评论界面 MoreComments.aspx，应用母版页 Top.master，窗体的源视图如下所示，设计效果图如图 9.21 所示。

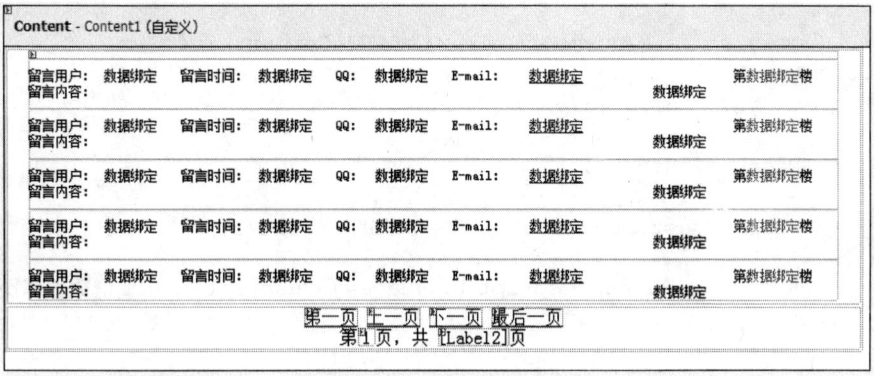

图 9.21 更多新闻评论界面

```
    <table style="width:770px; text-align:center"><tr><td>
    <asp:Repeater ID="Repeater1" runat="server"><ItemTemplate><table width=
"95%" border="0" cellspacing="0" cellpadding="0"><tr><td colspan="8"><hr />
</td></tr><tr><td colspan="8">
    <table width="100%" border="0" cellpadding="0" cellspacing="0"><tr style=
"font-size:9pt">
    <td style="width:60px" align="left">留言用户：</td><td style="width:60px"
align="left"><%# DataBinder.Eval(Container.DataItem,"C_user") %></td>
    <td style="width:60px" align="left">留言时间：</td><td style="width:60px"
align="left"><%# Convert.ToDateTime(DataBinder.Eval(Container.DataItem,
"C_time")).ToShortDateString() %></td><td style="width:30px" align="left">QQ:
</td>
    <td style="width:60px" align="left"><%# DataBinder.Eval(Container.DataItem,
"C_qq") %></td>
    <td style="width:60px" align="left">E-mail：</td><td style="width:90px" align=
"left"><a href="mailto:<%# DataBinder.Eval(Container.DataItem,"C_ email") %>">
<%# DataBinder.Eval(Container.DataItem,"C_email") %></a></td><td style=
"width:150px" align="right">第<font color="#FF0000"><%# DataBinder. Eval
(Container.DataItem,"Cindex")%></font>楼</td></tr></table></td></tr><tr style=
"font-size: 9pt">
    <td style="width:70px" align="left" valign="top">留言内容：</td><td colspan="7">
    <div style="text-align:center"><%# DataBinder.Eval(Container.DataItem,"C_
word") %>
    </div></td></tr></table></ItemTemplate></asp:Repeater></td></tr><tr><td>
    <asp:LinkButton ID="LinkButton1" runat="server" OnClick="LinkButton1_Click">
第一页</asp:LinkButton><asp:LinkButton ID="LinkButton2" runat="server"OnClick=
"LinkButton2_Click">上一页</asp:LinkButton><asp:LinkButton ID= "LinkButton3"
```

```
runat="server" OnClick="LinkButton3_Click">下一页</asp: LinkButton> <asp:LinkButton
ID="LinkButton4" runat="server" OnClick="LinkButton4_Click">最后一页</asp:
LinkButton>
    <br />第<asp:Label ID="Label1" runat="server" Text="1"></asp:Label>页，共
<asp:Label  ID="Label2"  runat="server"  Text=""></asp:Label> 页 </td></tr>
</table>
```

更多新闻评论界面 MoreComments.aspx 中，通过查询字符串来获取想要查看所有评论的某一条新闻的编号和新闻题目，根据这个编号调用 BLL 层的 CommentsLogic 类的 GetAllCommentsByNewsID() 方法来获取这条新闻的所有的评论内容。

```
MODEL.CommentsInfo M_comments = new MODEL.CommentsInfo();
BLL.CommentsLogic B_comments = new BLL.CommentsLogic();
protected void Page_Load(object sender, EventArgs e)
{
    if(!Page.IsPostBack)
     {
         if(Request.QueryString["NewsID"] == null)
         {
        Response.Write("<script language=javascript>alert('数据库操作出错!
')</script>");
         }
         else
         {
            this.Bind();
          this.Title = Request.QueryString["NewsTitle"].ToString() + "的
全部评论列表!";
            //设置评论页面的标题
         }
     }
}
//自定义方法 Bind(),为新闻评论分页并绑定评论数据
public void Bind()
{
    int curpage = Convert.ToInt32(Label1.Text);
    //使用 PagedDataSource 类实现 Repeater 控件的分页功能
    PagedDataSource ps = new PagedDataSource();
    M_comments.NewID = int.Parse(Request.QueryString["NewsID"].ToString());
    DataSet ds = B_comments.GetAllCommentsByNewsID(M_comments.NewID);
    ps.DataSource = ds.Tables[0].DefaultView;
    ps.AllowPaging = true;
    ps.PageSize = 6;
    ps.CurrentPageIndex = curpage - 1;
    LinkButton1.Enabled = true;
    LinkButton2.Enabled = true;
    LinkButton3.Enabled = true;
    LinkButton4.Enabled = true;
    if(ps.IsFirstPage)
    {
         LinkButton1.Enabled = false;
         LinkButton2.Enabled = false;
    }
```

```
        if(ps.IsLastPage)
        {
            LinkButton3.Enabled = false;
            LinkButton4.Enabled = false;
        }
        Label2.Text = Convert.ToString(ps.PageCount);
        Repeater1.DataSource = ps;
        Repeater1.DataBind();
    }
    protected void LinkButton1_Click(object sender, EventArgs e)
    {
        Label1.Text = "1";
        Bind();
    }
    protected void LinkButton2_Click(object sender, EventArgs e)
    {
        Label1.Text = Convert.ToString(Convert.ToInt32(Label1.Text) - 1);
        Bind();
    }
    protected void LinkButton3_Click(object sender, EventArgs e)
    {
        Label1.Text = Convert.ToString(Convert.ToInt32(Label1.Text) + 1);
        Bind();
    }
    protected void LinkButton4_Click(object sender, EventArgs e)
    {
        Label1.Text = Label2.Text;
        Bind();
    }
```

9.4.13 任务 13：管理新闻评论界面

管理新闻评论界面 admin_Comments.aspx 窗体，应用了母版页 admin.master，窗体的源视图内容如下所示，设计效果图如图 9.22 所示。

```
    <table style="width:500px; text-align:center"><tr><td>新闻评论管理</td> </tr>
    <tr><td>查询新闻评论（请选择新闻 ID）：
    <asp:DropDownList ID="DropDownList1" runat="server"><asp:ListItem>请选择
</asp:ListItem></asp:DropDownList> 
    <asp:Button ID="Button1" runat="server" Text="查 询" OnClick="Button1_
Click"/> 
    <asp:Button ID="Button2" runat="server" Text="查询全部" OnClick="Button2_
Click" /></td>
    </tr><tr><td style="height: 123px"><asp:GridView ID="GridView1" runat="server"
AllowPaging="True" PageSize="5" AutoGenerateColumns="False"><Columns>
    <asp:TemplateField HeaderText="选择"><ItemTemplate><table style="text-
align:center"><tr>
    <td><asp:CheckBox ID="CheckBox1" runat="server" /></td></tr></table>
</ItemTemplate>
    </asp:TemplateField><asp:BoundField DataField="C_id" HeaderText="评论编号" />
<asp:BoundField DataField="C_user" HeaderText="评论用户" /><asp:BoundField
```

```
DataField="C_word" HeaderText="评论内容" /><asp:BoundField DataField="C_ time" HeaderText="评论时间" /><asp:BoundField DataField="NewsID" HeaderText= "新闻编号" /></Columns><PagerStyle ForeColor="Black" /></asp:GridView></td> </tr><tr>
    <td align="left"><asp:Button ID="Button3" runat="server" Text="全部选择" OnClick="Button3_Click" /><asp:Button ID="Button4" runat="server" Text="删除选中项" OnClick="Button4_Click" /><asp:Button ID="Button5" runat="server" Text="删除选定新闻 ID 的新闻的全部评论" OnClick="Button5_Click" /></td></tr> </table>
```

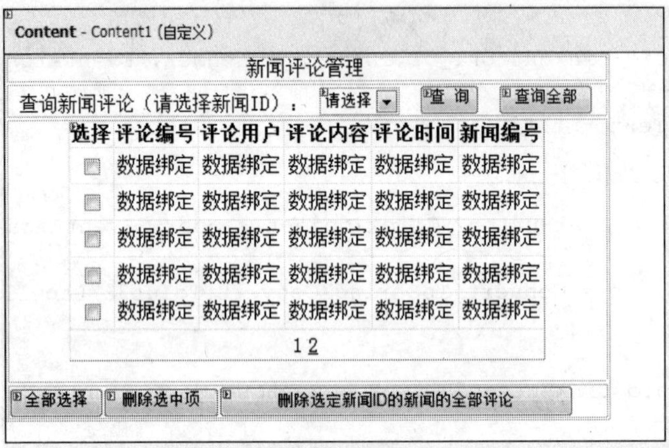

Content - Content1 (自定义)

新闻评论管理					
查询新闻评论（请选择新闻ID）：请选择 查 询 查询全部					
选择	评论编号	评论用户	评论内容	评论时间	新闻编号
☐	数据绑定	数据绑定	数据绑定	数据绑定	数据绑定
☐	数据绑定	数据绑定	数据绑定	数据绑定	数据绑定
☐	数据绑定	数据绑定	数据绑定	数据绑定	数据绑定
☐	数据绑定	数据绑定	数据绑定	数据绑定	数据绑定
☐	数据绑定	数据绑定	数据绑定	数据绑定	数据绑定
1 2					
全部选择 删除选中项 删除选定新闻ID的新闻的全部评论					

图 9.22　管理新闻评论界面

管理新闻评论界面 admin_Comments.aspx 窗体中，自定义方法 DataBindDList()，通过调用 BLL 层的 NewsLogic 类的 GetNewsID()方法来显示新闻 ID 值。自定义方法 DataBindComments()，通过调用 BLL 层的 CommentsLogic 类的 GetAllAnswer()方法来显示所有的评论。自定义方法 CutString()，通过调用 DAL 层的 FormatString 类的 CutString()方法来截取字符串。

```
MODEL.CommentsInfo Ma = new MODEL.CommentsInfo();
DAL.FormatString fs = new DAL.FormatString();
BLL.CommentsLogic Ba = new BLL.CommentsLogic();
BLL.NewsLogic B_news = new BLL.NewsLogic();
protected void Page_Load(object sender, EventArgs e)
{
    if (!IsPostBack)
    {
        if (Session["admin"] == null)
        {
            Response.Redirect("admin_login.aspx");
        }
        DataBindComments();
        DataBindDList();
        Button5.Attributes.Add("onclick", "return confirm('真的要删除全部
记录吗？')");
    }
}
//自定义方法,用以显示新闻 ID
public void DataBindDList()
{
```

```
        DropDownList1.DataSource = B_news.GetNewsID();
        DropDownList1.DataTextField = "N_id";
        DropDownList1.DataValueField = "N_id";
        DropDownList1.DataBind();
    }
    //自定义方法,用以显示所有的评论
    public void DataBindComments()
    {
        GridView1.DataSource = Ba.GetAllAnswer();
        GridView1.DataBind();
    }
    //自定义方法,用以截取字符串
    public string CutString(string str, int len)
    {
        return fs.CutString(str, len);
    }
    //选取所有的评论
    protected void Button3_Click(object sender, EventArgs e)
    {
        foreach (GridViewRow gvr in GridView1.Rows)
        {
            CheckBox cb = (CheckBox)gvr.Cells[0].FindControl("CheckBox1");
            if(cb.Checked)
            { }
            else
            {
                cb.Checked = true;
            }
        }
    }
    //用以选取选定新闻 ID 新闻的所有的评论
    protected void Button1_Click(object sender, EventArgs e)
    {
        Ma.NewID = int.Parse(DropDownList1.SelectedValue.ToString());
        GridView1.DataSource = Ba.GetAllCommentsByNewsID(Ma.NewID);
        GridView1.DataBind();
    }
    //用以选取所有新闻的所有的评论
    protected void Button2_Click(object sender, EventArgs e)
    {
        DataBindComments();
        Response.Redirect("admin_Comments.aspx");
    }
    //删除选定新闻 ID 的新闻的所有评论
    protected void Button5_Click(object sender, EventArgs e)
    {
        Ma.NewID = int.Parse(DropDownList1.SelectedValue.ToString());
        Ba.DeleteAllByNewsID(Ma);
        DataBindComments();
        Response.Redirect("admin_Comments.aspx");
    }
    //删除复选框选中的新闻评论
```

```
protected void Button4_Click(object sender, EventArgs e)
{
    bool F = false;
    for (int i = 0; i < GridView1.Rows.Count; i++)
    {
        CheckBox cb = (CheckBox)GridView1.Rows[i].Cells[0].FindControl
("CheckBox1");
        if(cb.Checked == true)
        {
            Ma.C_id = int.Parse(GridView1.Rows[i].Cells[1].Text.ToString());
            F = true;
            Ba.DeleteCommentsByCommentsID(Ma);
        }
    }
    DataBindComments();
    if (!F)
    {
        Response.Write("<script language=javascript>alert('你没有选中任何
项！')</script>");
    }
}
```

9.4.14 任务 14：管理现有新闻界面

管理现有新闻 admin_NewsList.aspx 窗体，应用了母版页 admin.master，窗体的源视图中的内容如下所示，设计效果图如图 9.23 所示。

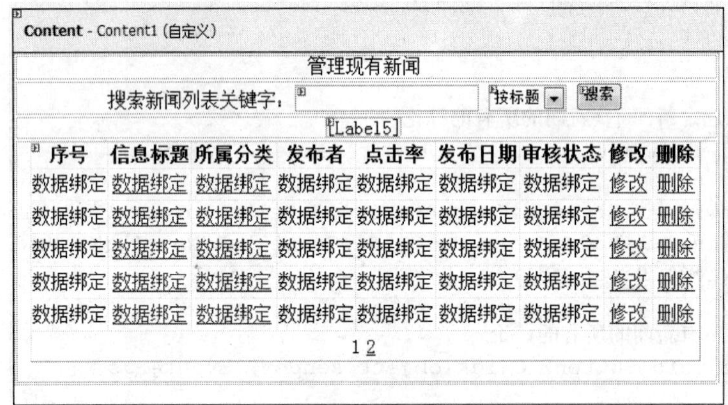

图 9.23 管理现有新闻界面

```
<table style="width:600px; text-align:center"><tr><td>管理现有新闻</td>
</tr><tr><td>
搜索新闻列表关键字：<asp:TextBox ID="TextBox1" runat="server"></asp:TextBox>
<asp:DropDownList ID="DropDownList1" runat="server"><asp:ListItem Selected=
"True">按标题</asp:ListItem><asp:ListItem>按内容</asp:ListItem> </asp:
DropDownList>
<asp:Button ID="Button1" runat="server" Text="搜索" OnClick="Button1_Click" />
</td></tr>
<tr><td><asp:Label ID="Label5" runat="server"></asp:Label></td></tr><tr>
<td>
```

```
<asp:GridView ID="GridView1" runat="server" AllowPaging="True" OnPageIndex-
Changed="GridView1_PageIndexChanged"OnPageIndexChanging="GridView1_PageIndex-
Changing" PageSize="5" AutoGenerateColumns="false"><Columns>
    <asp:BoundField DataField="N_id" HeaderText="序号" />
    <asp:TemplateField HeaderText="信息标题"><ItemTemplate>
    <a href="ListView.aspx?cid=<%# DataBinder.Eval(Container.DataItem,"N_id")
%>" target="_blank" title=""><asp:Label ID="Label1" runat="server" Text=
'<%# CutString(DataBinder.Eval(Container.DataItem,"Title").ToString(),14) %>'>
</asp:Label></a>
    </ItemTemplate></asp:TemplateField><asp:TemplateField HeaderText="所属分类">
    <ItemTemplate><table style="text-align:center"><tr><td><a href="BigTypeNews.
aspx?sort=<%# DataBinder.Eval(Container.DataItem,"BigClassID") %>" target= "_blank"
title="">
    <asp:Label ID="Label2" runat="server" Text='<%# Bind("Name") %>'></asp:
Label></a></td>
    </tr></table></ItemTemplate></asp:TemplateField><asp:BoundField DataField=
"UserName" HeaderText="发布者" /><asp:BoundField DataField="Hit" HeaderText=
"点击率" /><asp:BoundField DataField="InfoTime" HeaderText="发布日期" /><asp:
BoundField DataField="Flag" HeaderText="审核状态" /><asp:TemplateField HeaderText=
"修改"><ItemTemplate><table style="text-align:center"><tr><td>
    <asp:Label ID="Label3" runat="server" ForeColor="blue">
    <a href="admin_EditNews.aspx?cid=<%# DataBinder.Eval(Container.DataItem,
"N_id") %>">修改</a></asp:Label></td></tr></table></ItemTemplate></asp:
TemplateField>
    <asp:TemplateField HeaderText="删除"><ItemTemplate><table style="text- align:
center"><tr>
    <td><asp:Label ID="Label4" runat="server" ForeColor="blue">
    <a href="admin_DeleteNews.aspx?cid=<%# DataBinder.Eval(Container.DataItem, "N_
id") %>">删除</a></asp:Label></td></tr></table></ItemTemplate></asp: TemplateField>
</Columns>
    </asp:GridView></td></tr></table>
```

管理现有新闻 admin_NewsList.aspx 窗体中，首先会自定义方法 LoadNewInfo()，在 GridView 控件中通过调用 BLL 层的 NewsLogic 类的 GetData_news()方法来加载数据。自定义方法 LoadNewInfo(int BigClassID)，通过点击 Lable 标签中的任意一种新闻类别，通过调用 BLL 层的 NewsLogic 类的 GetData_news(BigClassID)方法来显示同一种新闻类别内的所有新闻。自定义带参方法 CutString()，通过调用 DAL 层的 FormatString 类的 CutString()方法来对字符串截取。通过调用 BLL 层的 NewsLogic 类的 AdminQueryByNewsTitle()方法和 AdminQueryByNewsInfo()方法来进行按照标题和内容分别进行模糊查询。

管理现有新闻 admin_NewsList.aspx 窗体的代码隐藏页中的内容如下所示。

```
BLL.BigClassLogic B_bc = new BLL.BigClassLogic();
BLL.NewsLogic B_news = new BLL.NewsLogic();
DAL.FormatString fs = new DAL.FormatString();
MODEL.NewsInfo M_news = new MODEL.NewsInfo();
protected void Page_Load(object sender, EventArgs e)
{
    if(!Page.IsPostBack)
    {
        if(Session["admin"] == null)
        {
```

```
                Response.Redirect("admin_login.aspx");
            }
            DataSet sortDS = B_bc.GetBigClass();
            string content = "";
            for(int i = 0; i < sortDS.Tables[0].DefaultView.Count; i++)
            {
                content = content + "<td align='center' onmouseover=this.
bgColor='#FFFFFF'; onmouseout=this.bgColor='#CCCCCC'; bgColor='#cccccc'>";
                content = content + "<a href='admin_NewsList.aspx?sort=" +
sortDS.Tables[0].Rows[i][0].ToString() + "'>" + "<font size=2 color='# 000000'>"
+ sortDS.Tables[0].Rows[i][1].ToString() + "</font></a> </td>";
            }
            content = content + "<td align='center' onmouseover=this.bgColor=
'#FFFFFF'; onmouseout=this.bgColor='#CCCCCC'; bgColor='#cccccc'>";
            content = content + "<a href='admin_NewsList.aspx'>" + "<font
size=2 color='#000000'>从新排序" + "</font></a></td>";
            Label5.Text = content;
            //分栏目获取新闻列表
            if(Request.QueryString["sort"] == null)
            {
                LoadNewInfo();
            }
            else
            {
                M_news.BigClassID = int.Parse(Request.QueryString["sort"].
ToString());
                LoadNewInfo(M_news.BigClassID);
            }
        }
    }
    //自定义方法 LoadNewInfo(),加载数据方法
    public void LoadNewInfo()
    {
        GridView1.DataSource = B_news.GetData_news();
        GridView1.DataBind();
    }
    //自定义方法 LoadNewInfo(int BigClassID),加载数据方法
    public void LoadNewInfo(int BigClassID)
    {
        GridView1.DataSource = B_news.GetData_news(BigClassID);
        GridView1.DataBind();
    }
    //自定义带参方法 CutString(),字符串截取方法
    public string CutString(string str, int len)
    {
        return fs.CutString(str, len);
    }
    protected void GridView1_PageIndexChanged(object sender, EventArgs e)
    {
        LoadNewInfo();
    }
    protected void GridView1_PageIndexChanging(object sender, GridViewPage-
```

```
EventArgs e)
{
    GridView1.PageIndex = e.NewPageIndex;
}
protected void Button1_Click(object sender, EventArgs e)
{
    //处理模糊查询方向
    if(DropDownList1.SelectedValue.ToString().Equals("title"))
    {
        M_news.Title = TextBox1.Text.Trim();
        GridView1.DataSource = B_news.AdminQueryByNewsTitle(M_news);
        GridView1.DataBind();
    }
    else
    {
        M_news.Info = TextBox1.Text.Trim();
        GridView1.DataSource = B_news.AdminQueryByNewsInfo(M_news);
        GridView1.DataBind();
    }
}
```

9.4.15 任务 15：修改现有新闻界面

修改现有新闻界面 admin_EditNews.aspx 中，应用母版页 admin.master，窗体的源视图中的代码如下所示，设计效果图如图 9.24 所示。

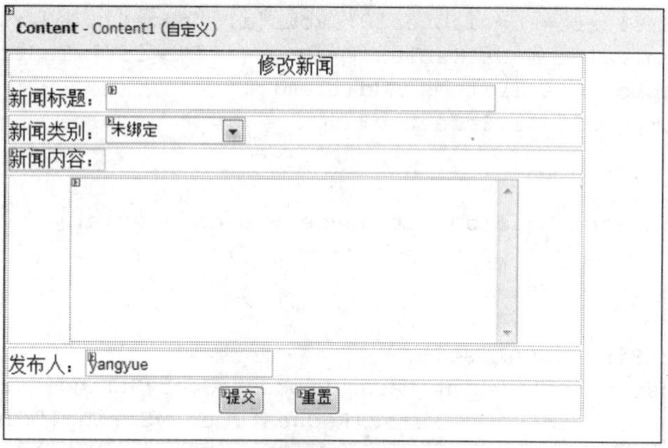

图 9.24 修改新闻界面

```
<table style="width:480px; text-align:left"><tr align="center"><td style=
"width: 450px">修改新闻</td></tr><tr><td style="width: 450px">新闻标题：<asp:
TextBox ID="TextBox1" runat="server" Width="317px"></asp:TextBox></td> </tr>
<tr>
    <td style="width: 450px; height: 22px;">新闻类别：<asp:DropDownList ID=
"DropDownList1" runat="server" Width="115px"></asp:DropDownList></td></tr><tr>
<td style="width: 450px">
    <asp:Label ID="Label1" runat="server" Text="新闻内容："></asp:Label> 
 </td>
    </tr><tr><td style="text-align:center"> <asp:TextBox ID="TextBox2"
runat="server" Columns="50" CssClass="ckeditor" Rows="10" TextMode="MultiLine">
```

```
</asp:TextBox> 
    </td></tr><tr><td style="width: 450px">发布人：<asp:TextBox ID="TextBox3"
runat="server">yangyue</asp:TextBox></td></tr><tr>
    <td align="center" style="width: 450px; height: 26px;"><asp:Button ID=
"Button1" runat="server" Text="提交" OnClick="Button1_Click" />  <asp:Button
ID="Button2" runat="server" Text="重置" OnClick="Button2_Click"/> </td></tr>
</table>
```

修改现有新闻界面 admin_EditNews.aspx 中，自定义方法 DataBindDrownList()，通过调用 BLL 层的 BigClassLogic 类的 GetBigClass()方法，将新闻类别绑定到下拉列表框控件上。通过查询字符串获取新闻编号，根据这个新闻编号调用 BLL 层的 NewsLogic 类的 DataBindNews()方法，来获取用户选中的新闻内容。通过调用 BLL 层的 NewsLogic 类的 UpdateNews()方法来更新新闻内容。

修改现有新闻界面 admin_EditNews.aspx 代码隐藏页中的代码如下所示。

```
BLL.BigClassLogic B_bc = new BLL.BigClassLogic();
MODEL.NewsInfo M_news = new MODEL.NewsInfo();
BLL.NewsLogic B_news = new BLL.NewsLogic();
//自定义方法 DataBindDrownList(),将新闻类别绑定到控件上
public void DataBindDrownList()
{
     DataSet ds = B_bc.GetBigClass();
     for(int i = 0; i < ds.Tables[0].DefaultView.Count; i++)
     {
          ListItem item = new ListItem();
          item.Text = ds.Tables[0].Rows[i]["name"].ToString();
          item.Value = ds.Tables[0].Rows[i]["B_id"].ToString();
          DropDownList1.Items.Add(item);
          DropDownList1.SelectedIndex = -1;
     }
}
protected void Page_Load(object sender, EventArgs e)
{
     if(!Page.IsPostBack)
     {
          DataBindDrownList();
          Session["id"] = int.Parse(Request.QueryString["cid"].ToString());
          M_news.N_id = int.Parse(Request.QueryString["cid"].ToString());
          DataSet ds = B_news.DataBindNews(M_news.N_id);
          if(ds.Tables[0].Rows.Count > 0)
          {
               TextBox1.Text = ds.Tables[0].Rows[0][1].ToString();
               TextBox2.Text = ds.Tables[0].Rows[0][2].ToString();
               TextBox3.Text = ds.Tables[0].Rows[0][4].ToString();
          }
     }
}
protected void Button1_Click(object sender, EventArgs e)
{
     M_news.Title = TextBox1.Text.Trim();
     M_news.BigClassID = int.Parse(DropDownList1.SelectedValue.ToString());
```

```
        M_news.Info = TextBox2.Text.Trim();
        M_news.UserName = TextBox3.Text.Trim();
        if(B_news.UpdateNews(M_news))
        {
            Response.Write("<script language='JavaScript'>if(confirm('按[确
定]返回现有新闻页面，按[取消]返回系统主页'))");
            Response.Write("{window.location='admin_NewsList.aspx';}");
            Response.Write("else {window.location='admin_Default.aspx';}
</script>");
        }
    }
    protected void Button2_Click(object sender, EventArgs e)
    {
        TextBox1.Text = "";
        TextBox2.Text = "";
    }
```

9.4.16 任务 16：删除现有新闻界面

删除现有新闻界面 admin_DeleteNews.aspx 中，不用设计界面的样式，因此可以应用母版页，也可以直接创建窗体。

删除现有新闻界面 admin_DeleteNews.aspx 中，通过查询字符串来获取新闻编号，根据新闻编号来调用 BLL 层的 NewsLogic 类的 GetBigClassIDByNewsID()方法来获取该新闻所在的新闻类别组的编号。通过调用 BLL 层的 NewsLogic 类的 DeleteNewsByID()方法和 BLL 层的 CommentsLogic 类的 DeleteAllByNewsID()方法，根据新闻编号来删除该条新闻，并且删除该新闻的所有的评论内容。删除该新闻的同时，通过调用 BLL 层的 BigClassLogic 类的 UpdateNewsCountDEL()方法，删除该新闻所在的新闻类别里的新闻个数。

删除现有新闻界面 admin_DeleteNews.aspx 代码隐藏页中的代码如下所示。

```
    BLL.NewsLogic B_news = new BLL.NewsLogic();
    MODEL.NewsInfo M_news = new MODEL.NewsInfo();
    BLL.CommentsLogic B_comments = new BLL.CommentsLogic();
    MODEL.CommentsInfo M_comments = new MODEL.CommentsInfo();
    BLL.BigClassLogic B_bc = new BLL.BigClassLogic();
    MODEL.BigClassInfo M_bc = new MODEL.BigClassInfo();
    protected void Page_Load(object sender, EventArgs e)
    {
        if(!IsPostBack)
        {
            if(Request.QueryString["cid"] == null)
            {
                Response.Write("<script language=javascript>alert('数据库操
作出错，请正确操作！')</script>");
            }
            else
            {
                M_news.N_id = int.Parse(Request.QueryString["cid"].ToString());
                M_comments.NewID = int.Parse(Request.QueryString["cid"].
ToString());
                M_bc.B_id = int.Parse(B_news.GetBigClassIDByNewsID(M_news.
N_id).Tables[0].Rows[0][0].ToString());
```

```
                    if (B_news.DeleteNewsByID(M_news) && B_comments.DeleteAllByNewsID
(M_comments))
                    {
                        B_bc.UpdateNewsCountDEL(M_bc);
                        Response.Redirect("admin_NewsList.aspx");
                    }
                }
            }
        }
```

9.4.17 任务 17：前台新闻首页

前台新闻首页包含两个窗体：index.aspx 和 Default.aspx。

index.aspx 窗体主要是进行页面刷新和跳转使用的。index.aspx 窗体不用设计任何界面内容，只需要添加源视图中的内容即可。在<head>头部添加<meta http-equiv="refresh" content="1; URL=Default.aspx" />内容。

Default.aspx 窗体是主窗体，是用户登录的主界面，用户不会看到 index.aspx 界面。Defaul.aspx 窗体应用母版页 MasterPage.master，窗体的源视图中的内容如下所示，设计效果图如图 9.25 所示。

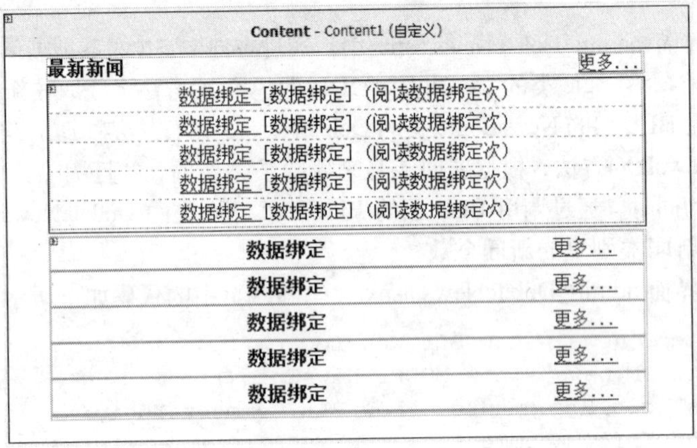

图 9.25　前台新闻首页

```
    <table style="text-align:center"><tr><td><strong>最新新闻<asp:LinkButton
ID="LinkButton1" runat="server" PostBackUrl="~/AllNews.aspx">更多...</asp:
LinkButton></td></tr><tr><td>
    <asp:Repeater ID="Repeater1" runat="server"><ItemTemplate><table width=
"100%" border="0" cellpadding="0" cellspacing="0"><tr><td style="height: 24px;
border-bottom:#999999 1px dotted"><a href="ListView.aspx?cid=<%# DataBinder.
Eval(Container.DataItem,"N_Id") %>" title="" target="_blank"><%# CutString
(DataBinder.Eval(Container.DataItem,"Title").ToString(),30) %></a>[<%# Convert.
ToDateTime(DataBinder.Eval(Container.DataItem,"Infotime")).ToShortDateString
() %>]
    (阅读<%# DataBinder.Eval(Container.DataItem,"Hit") %>次)</td></tr></table>
</ItemTemplate>
    </asp:Repeater></td></tr><tr><td><asp:Repeater ID="Repeater2" runat="server"
OnItemDataBound="Repeater2_ItemDataBound"><ItemTemplate><table style="text- align:
center; width:100%;" border="0" cellpadding="0" cellspacing="0"><tr>
    <td style="width:80%; height:28"><strong><%# DataBinder.Eval(Container.
```

```
DataItem,"Name") %></strong></td><td style="width:20%" align="center"><a href=
"BigTypeNews.aspx?sort=<%# DataBinder.Eval(Container.DataItem,"B_Id") %>">
更多...</a></td></tr><tr><td style="height:2; background-color:#6699cc" colspan=
"2"></td></tr><tr><td colspan="2"><asp:Repeater ID="Repeater3" runat="server">
<ItemTemplate><table width="100%" border="0" cellpadding= "0" cellspacing=
"0"><tr><td style="height:24px; border-bottom:#999999 1px dotted"> <span
style="font-size:9pt; line-height:15pt">
    <a href="ListView.aspx?cid=<%# DataBinder.Eval(Container.DataItem,"N_Id")
%>" title="" target="_blank"><%# CutString(DataBinder.Eval(Container.DataItem,
"Title").ToString(),30) %>
    </a></span><font color="#999999">(阅读<font color="#FF0000"><%# DataBinder.
Eval(Container.DataItem,"Hit") %>
    </font>次)</font></td></tr></table></ItemTemplate>
    </asp:Repeater></td></tr></table></ItemTemplate></asp:Repeater></td></tr>
</table>
```

Default.aspx 窗体中，自定义 DataBindRepeaterNew()方法，通过调用 BLL 层的 NewsLogic 类的 GetDataNewN()来获取最新发布的 8 条新闻。自定义方法 DataBindRepeaterBigClass()，通过调用 BLL 层的 BigClassLogic 类的 GetBigClass()方法，来获取允许显示的栏目名称集合。自定义方法 CutString()，通过调用 BLL 层的 FormatString 类的 CutString()方法，用以截取字符串。每一个栏目里的新闻是通过调用 BLL 层的 NewsLogic 类的 GetDataByBigClassTopN()方法，来获取每个栏目里的前 4 条新闻内容。

```
BLL.NewsLogic B_news = new BLL.NewsLogic();
BLL.BigClassLogic B_bc = new BLL.BigClassLogic();
DAL.FormatString FString = new DAL.FormatString();
protected void Page_Load(object sender, EventArgs e)
{
     if(!Page.IsPostBack)
     {
          DataBindRepeaterNew();
          DataBindRepeaterBigClass();
          this.Title = "新闻发布系统";
          Session.Clear();
     }
}
//自定义 DataBindRepeaterNew()获取最新新闻
//DataBindRepeaterBigClass()获取允许显示的栏目名称集合
//CutString()用以截取字符串
public void DataBindRepeaterNew()
{
     Repeater1.DataSource = B_news.GetDataNewN(8);
     Repeater1.DataBind();
}
public void DataBindRepeaterBigClass()
{
     Repeater2.DataSource = B_bc.GetBigClass();
     Repeater2.DataBind();
}
public string CutString(string str, int len)
```

```
{
    return FString.CutString(str, len);
}
protected void Repeater2_ItemDataBound(object sender, RepeaterItemEventArgs e)
{
    int cid = int.Parse(DataBinder.Eval(e.Item.DataItem, "B_Id").ToString());
    Repeater Repeater3;
    Repeater3 = (Repeater)e.Item.FindControl("Repeater3");
    Repeater3.DataSource = B_news.GetDataByBigClassTopN(cid, 4);
    Repeater3.DataBind();
}
```

9.4.18 任务 18：前台搜索新闻页面

前台搜索新闻页面 Search.aspx 中，窗体应用了母版页 Top.master，窗体的源视图中添加如下内容，设计效果图如图 9.26 所示。

```
<table width="100%"><tr><td><b>搜索到的新闻</b></td></tr><tr>
<td style="text-align:center"><asp:Repeater ID="Repeater1" runat="server">
<ItemTemplate>
<table><tr><td style="height:24px" align="center"></td><td style="height:
24px; border-bottom:#999999 1px dotted" colspan="2"><a href="ListView. aspx?
cid=<%# DataBinder.Eval(Container.DataItem,"N_id") %>" target="_blank">
<%# DataBinder.Eval(Container.DataItem,"Title") %></a>
[<%# Convert.ToDateTime(DataBinder.Eval(Container.DataItem,"Infotime")).
ToShortDateString() %>]（阅读<%# DataBinder.Eval(Container.DataItem,"Hit") %>
次）</td></tr></table>
</ItemTemplate></asp:Repeater></td></tr><tr><td style="text-align:center">
<asp:LinkButton ID="LinkButton1" runat="server" OnClick="LinkButton1_Click">
第一页</asp:LinkButton><asp:LinkButton ID="LinkButton2" runat="server" OnClick=
"LinkButton2_Click">上一页</asp:LinkButton><asp:LinkButton ID= "LinkButton3"
runat="server" OnClick="LinkButton3_Click">下一页</asp: LinkButton><asp:
LinkButton ID="LinkButton4" runat="server" OnClick="LinkButton4_Click">最
后一页</asp:LinkButton>
<br />第<asp:Label ID="Label1" runat="server" Text="1"></asp:Label>页，共
<asp:Label ID="Label2" runat="server" Text=""></asp:Label> 页 </td></tr>
</table>
```

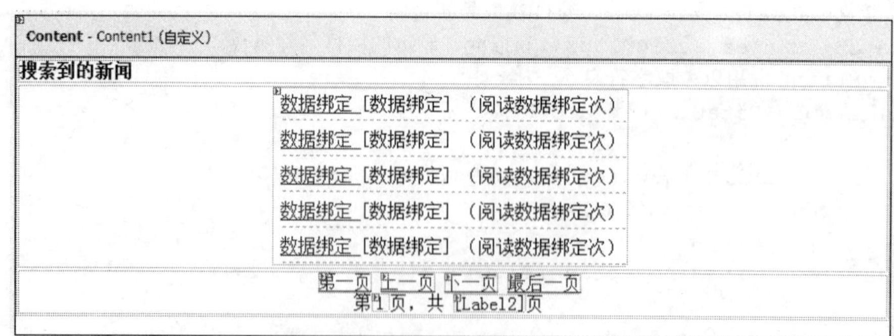

图 9.26　新闻搜索页面

前台搜索新闻页面 Search.aspx 中，自定义方法 Bind()，通过查询字符串传递过来的值作为

新闻标题和新闻内容，通过调用 BLL 层的 NewsLogic 类的 QueryByNewsTitle()方法和 QueryByNewsInfo()方法，为搜索到的新闻分页并绑定新闻数据。

```
MODEL.NewsInfo M_news = new MODEL.NewsInfo();
BLL.NewsLogic B_news = new BLL.NewsLogic();
//自定义方法Bind(),为搜索到的新闻分页并绑定新闻数据
public void Bind()
{    //取得当前页的页面
    int curpage = Convert.ToInt32(Label1.Text);
    //使用PagedDataSource类实现Repeater控件的分页功能
    PagedDataSource ps = new PagedDataSource();
    //获取查询页面传递过来的查询关键字
    string key = Request.QueryString["key"].ToString();
    //获取查询页面传递过来的查询类别[新闻标题|新闻内容]
    string type = Request.QueryString["type"].ToString();
    DataSet ds;
    if (type.Equals("title"))
    {
          M_news.Title = key;
          ds = B_news.QueryByNewsTitle(M_news);
    }
    else
    {
          M_news.Info = key;
          ds = B_news.QueryByNewsInfo(M_news);
    }
    ps.DataSource = ds.Tables[0].DefaultView;
    ps.AllowPaging = true;
    ps.PageSize = 10;
    ps.CurrentPageIndex = curpage - 1;
    LinkButton1.Enabled = true;
    LinkButton2.Enabled = true;
    LinkButton3.Enabled = true;
    LinkButton4.Enabled = true;
    if(ps.IsFirstPage)
    {
          LinkButton1.Enabled = false;
          LinkButton2.Enabled = false;
    }
    if(ps.IsLastPage)
    {
          LinkButton3.Enabled = false;
          LinkButton4.Enabled = false;
    }
    Label2.Text = Convert.ToString(ps.PageCount);
    Repeater1.DataSource = ps;
    Repeater1.DataBind();
}
protected void Page_Load(object sender, EventArgs e)
{
    if(!Page.IsPostBack)
    {
```

```
                Bind();
                this.Title = "查看搜索新闻列表！";
            }
        }
        protected void LinkButton1_Click(object sender, EventArgs e)
        {
            Label1.Text = "1";
            Bind();
        }
        protected void LinkButton2_Click(object sender, EventArgs e)
        {
            Label1.Text = Convert.ToString(Convert.ToInt32(Label1.Text) - 1);
            Bind();
        }
        protected void LinkButton3_Click(object sender, EventArgs e)
        {
            Label1.Text = Convert.ToString(Convert.ToInt32(Label1.Text) + 1);
            Bind();
        }
        protected void LinkButton4_Click(object sender, EventArgs e)
        {
            Label1.Text = Label2.Text;
            Bind();
        }
```

9.5 本项目实施过程中可能出现的问题

本项目的实施内容比较多，主要是针对用户表、新闻类别表、新闻表和评论表进行增、删、改、查的操作。在本项目的实施过程中，可能出现的问题很多，最主要的原因就是不细心。主要会出现的问题如下。

（1）GridView 控件和 Repeater 控件的绑定问题。

本项目中主要采用 GridView 控件和 Repeater 控件进行前台的显示功能，有的时候没有将数据表中所有的字段内容都加载显示，因此需要绑定数据表中个别字段名。在这个时候，就会由于不仔细而出现绑定错误，显示不出来数据表中内容的情况。

（2）数据类型转换的问题。

在显示新闻标题时，会在界面下方显示"第几页"、"共几页"、"第一页"和"最后一页"的形式，页面都是采用 Label 标签来显示的，因此在跳转过程中，需要将 Label 标签中的内容转换成整型再执行加减操作，然后再转换回字符串类型显示在 Label 标签中。

（3）数据绑定语句问题。

对于.NET 开发环境来说，如果是 Windows 程序，那么可以使用 DataGridView 控件绑定显示表中内容，并且只需设置 DataSource 属性即可。但是在 Web 程序中，不但需要设置 DataSource 属性，执行数据源，还需要设置 DataBind()方法，进行数据源的绑定操作。

（4）窗体之间传递变量的问题。

窗体之间传递变量可以有很多种方式，比如在之前的子项目中，我们采用了 Session 会话状态变量的方式在窗体之间传递变量。也可以通过查询字符串的形式来传递变量，在第一窗体中跳转页面，并且将要传递的变量保存给一个中间变量，在窗体和变量之间用？连接，如果要同时传递多个变量，那么变量和变量之间采用&符号连接。在第二个窗体上使用 Request.QueryString ["变量名"]来接收变量，但是在赋值的时候，要将接收的值转换成字符串的形式 ToString()。

（5）过渡窗体的设置问题。

前台新闻首页包含两个窗体：index.aspx 和 Default.aspx。index.aspx 窗体主要是进行页面刷新和跳转使用的。index.aspx 窗体无须设计任何界面内容，只需要添加源视图中的内容即可。在<head>头部添加<meta http-equiv="refresh" content="1;URL=Default.aspx"/>内容。客户端首先加载 index.aspx 窗体，然后立刻跳转到 Default.aspx 窗体上，用户不会看到 index.aspx 窗体。

9.6 后续项目

信息发布网站的数据访问应用完成之后，系统中的各个功能模块基本上已经全部完成，接下来的项目是进行网站测试。

子项目 10：网站测试

10.1 项目任务

1．本项目要完成的任务

NUnit 单元测试。

2．具体的任务指标

对信息发布网站进行单元测试，保证网站能够正常运行。

10.2 项目的提出

系统测试是为了发现错误而执行程序的过程，成功的测试是能及时发现在此以前一直存在的错误的测试。系统测试可以提高系统的安全性、可靠性、实用性。根据本系统的实际情况进行系统测试。

10.3 实施项目的预备知识

1．预备知识的重点内容

（1）掌握系统测试的目的。

（2）掌握系统测试的原则。

（3）了解常用的系统测试工具。

2．关键术语

（1）系统测试：英文是 System Testing，是将已经确认的软件、计算机硬件、外设、网络等元素结合在一起，进行信息系统的各种组装测试和确认测试，系统测试是针对整个产品系统进行的测试，目的是验证系统是否满足需求规格的定义，找出与需求规格不符或与之矛盾的地方，从而提出更加完善的方案。系统测试发现问题之后要经过调试找出错误原因和位置，然后进行改正。系统测试是基于系统整体需求说明书的黑盒类测试，应覆盖系统所有联合的部件。测试对象不仅仅包括需测试的软件，还要包含软件所依赖的硬件、外设甚至包括某些数据、某些支持软件及其接口等。

（2）测试用例：Test Case，是为某个特殊目标而编制的一组测试输入、执行条件以及预期结果，以便测试某个程序路径或核实是否满足某个特定需求。

（3）软件可靠性：1983 年美国 IEEE 计算机学会对“软件可靠性”作出了明确定义，此后该定义被美国标准化研究所接受为国家标准，1989 年我国也接受该定义为国家标准。该定义包括两方面的含义：①在规定的条件下，规定的时间内，软件不引起系统失效的概率；②在规定的时间周期内，在所述条件下程序执行所要求的功能的能力。软件不引起系统失效的概率是系统输入和系统使用的函数，也是软件中存在的故障的函数，系统输入将确定是否会遇到已存在的故障（如果故障存在的话）。

3．预备知识的内容结构

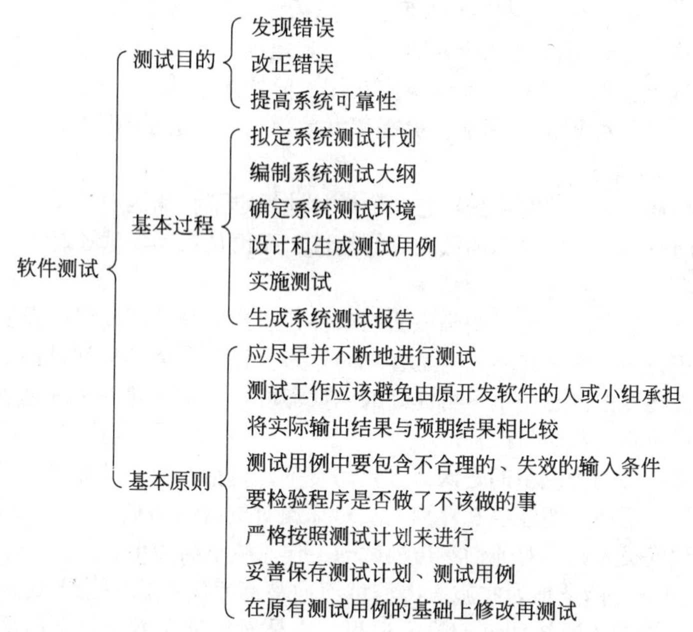

10.3.1 系统测试的目的

系统测试是程序的一种执行过程，目的是尽可能发现并改正被测试系统中的错误，提高系统的可靠性。它是系统生命周期中一项非常重要且非常复杂的工作，对系统可靠性保证具有极其重要的意义。

在目前形式化方法和程序正确性证明技术无望成为实用性方法的情况下，系统测试在将来相当一段时间内仍然是系统可靠性保证的有效方法。

软件工程的总目标是充分利用有限的人力和物力资源，高效率、高质量地完成系统开发项目。

不足的测试势必使系统带着一些未揭露的隐藏错误而投入运行，这将意味着让用户承担更大的危险。过度测试则会浪费许多宝贵的资源。到测试后期，即使找到了错误，也会付出过高的代价。

正如 E.W.Dijkstra 的一句名言——“程序测试只能表明错误的存在，而不能表明错误不存在。”可见，测试是为了使系统中蕴涵的缺陷低于某一特定值，使产出、投入比达到最大。

10.3.2 系统测试的基本过程

系统测试是一个极为复杂的过程。一个规范化的系统测试过程通常包括以下基本的测试活动。

(1) 拟定系统测试计划。

(2) 编制系统测试大纲。

(3) 确定系统测试环境。

(4) 设计和生成测试用例。

(5) 实施测试。

(6) 生成系统测试报告。

开发人员要对整个测试过程进行有效的管理，实际上，系统测试过程与整个系统开发过程基本上是并行的，那些认为只有在系统开发完成以后才进行测试的观点是危险的。

测试计划早在需求分析阶段就应开始制订，其他相关工作，包括测试大纲的制定、测试数据的生成、测试工具的选择和开发等也应在测试阶段之前进行。充分的准备工作可以有效地克服测试的盲目性、缩短测试周期、提高测试效率，并且起到测试文档与开发文档互查的作用。

系统市场大纲是系统测试的依据。它明确详尽地规定了在测试中针对系统的每一项功能或特性所必须完成的基本测试项目和测试完成的标准。无论是自动测试还是手动测试，都必须满足测试大纲的要求。

测试环境是一个确定的、可以明确说明的条件，不同的测试环境可以得出对同一系统的不同测试结果，这正说明了测试并不完全是客观的行为，任何一个测试结果都是建立在一定的测试环境之上的。没必要去创建一个尽可能好的测试环境，只需创建一个满足要求的、公正一致的、稳定的、可以明确说明的条件。

测试环境中最需要明确说明的是测试人员的水平，包括专业、计算机水平、经验能力以及与被测程序的关系，这些说明还要在评测人员对评测对象做出判断的权值上有所体现。这要求测试机构建立测试人员库，并对他们参与测试的工作业绩不断做出评价。

一般而言，测试用例是指为实施一次测试而向被测系统提供的输入数据、操作或各种环境设置。测试用例控制着系统测试的执行过程，它是对测试大纲中每个测试项目的进一步实例化。

系统测试是保证系统质量和可靠性的关键步骤，是对系统开发过程中的系统分析、系统设计和实施的最后复查。根据测试的概念和目的，在进行信息系统测试时应遵循以下基本原则。

(1) 应尽早并不断地进行测试。测试不是在应用系统开发完之后才进行的。

由于原始问题的复杂性、开发各阶段的多样性以及参加人员之间的协调等因素，使得开发各个阶段都有可能出现错误。

因此，测试应贯穿在开发的各个阶段，尽早纠正错误，消除隐患。

(2) 测试工作应该避免由原开发软件的人或小组承担。

一方面，开发人员往往不愿承认自己的工作有错误，总认为自己开发的软件没有问题。

另一方面，开发人员的错误很难由本人测试出来，很容易根据自己编程思路来制订测试思路，具有局限性。

测试工作应由专业人员来进行，这样做会更客观、更有效。

(3) 设计测试方案的时候，不仅要确定输入数据，而且要根据系统功能确定预期的输出结果，将实际输出结果与预期结果相比较就能发现测试对象是否正确。

(4) 在设计测试用例时，不仅要设计有效合理的输入条件，也要包含不合理的、失效的输入条件。

测试的时候，人们往往习惯安装合理的、正常的情况进行测试，而忽略了对异常的、不合理的、意想不到的情况进行测试，而这些可能就是隐患。

(5) 在测试程序时，不仅要检查程序是否做了该做的事，还要检验程序是否做了不该做的事。多余的工作会带来副作用，影响程序的效率，有时会带来潜在的危害或错误。

(6) 严格按照测试计划来进行，避免测试的随意性。

测试计划应包括：测试内容、进度安排、人员安排、测试环境、测试工具和测试资料等。严格地按照测试计划安排进度，使各方面都得以协调进行。

(7) 妥善保存测试计划、测试用例，作为软件文档的组成部分，为维护提供方便。

(8) 测试用例都是精心设计出来的，可以为重新测试或追加测试提供方便，可以在原有基础上修改，然后进行测试。

10.4 项目实施

NUnit 是一个单元测试框架，专门针对于.NET 来写的测试工具。NUnit 是 xUnit 家族中的第 4 个主打产品，完全由 C#语言编写，并且编写时充分利用了许多.NET 特性，如反射、客户属性等。最重要的一点是它适合于所有.NET 语言。

在 NUnit 面板中可以看到测试的进度条（也称为状态条）。这里会有三种不同的信号：绿色表示所有的测试用例都通过；红色表示测试用例中有失败；黄色表示有些测试用例被忽略，但测试通过，没有失败。在进度条的上方有一些统计信息，它们所表示的意义如下。

(1) Test Cases：表示加载的所有测试用例的个数。

(2) Tests Run：表示已经运行的测试用例的个数。

(3) Failures：表示到目前为止运行失败的测试用例的个数。

(4) Ignored：表示忽略的测试用例的个数。

(5) Run Time：表示运行所有测试用例所花费的时间。

(6) NUnit 框架是基于 Attribute 的，它与 VSTS（Visual Studio Team System）是一致的，但它们之间所使用的 Attribute 并不相同。

现在编写一个简单的 NUnit 测试示例，如有下面这样一段代码。

```
Public class Calculator
{
     Public int Add(int a,int b)
     {
          Return a+b;
     }
}
```

现在对 Add 方法编写单元测试，在开始之前，需要添加对 NUnit.Framework 的引用 NUnit 中用到的 Attribute 都定义在该程序集中，在 CalculatorTest 中引入命名空间。代码如下。

```
using UNnit.Framework;
```

编写测试类，在 NUnit 中每个测试类必须加上 TestFixture 特性，代码如下。

```
[TestFixture]
public class CalcaulatorTest
{

}
```

现在编写 TestAdd 测试函数，NUnit 中每个测试函数需要加上 Test 特性，如下代码中添加了两个断言：一是假设创建的对象不为空，二是测试 Add 方法是否返回预期的结果。

```
[Test]
public void TestAdd()
{
    Calculator cal=new Calculator();
    Assert.IsNotNull(cal);
    int expectedResult=5;
    int actualResult=cal.Add(2,3);
    Assert.AreEqual(expectedResult,actualResult);
}
```

至此一个完整的测试用例编写完成，我们使用 NUnit 可视化工具打开该程序集后，单击 Run 按钮，全是绿灯表示测试通过。

10.5 本项目实施过程中可能出现的问题

在本项目的实施过程中，就是要发现网站中存在的问题，尽量挑选全面的测试用例来进行软件测试，这样才可以保证系统在运行时出现的错误概率尽可能地小。

10.6 后续项目

网站测试结束之后，网站已经开发完成并运行成功，可以发布信息发布网站系统或者生成安装包了。

子项目 11：网站的发布实现

11.1 项目任务

1．本项目需要完成的任务

（1）网站的发布。

（2）网站安装包的生成。

2．具体任务指标

（1）对信息发布网站进行发布。

（2）对信息发布网站程序生成安装包。

11.2 项目导读

信息发布网站开发完成后，可以对网站进行复制站点、发布站点和生成安装包等操作，保证网站可以在服务器端正常运行。

11.3 实施项目的预备知识

1．预备知识的重点内容

（1）掌握网站发布的作用和执行过程。

（2）掌握网站项目安装包的生成过程。

（3）掌握复制网站的方法。

2．关键术语

（1）源程序：source code，是指未编译的按照一定的程序设计语言规范书写的文本文件。源代码（也称源程序），是指一系列人类可读的计算机语言指令。在现代程序语言中，源代码可以以书籍或者磁带的形式出现，但最为常用的格式是文本文件，采用这种典型格式的目的是为了编译出计算机程序。计算机源代码的最终目的是将人类可读的文本翻译成为计算机可以执行的二进制指令，这种过程叫做编译，通过编译器完成。

（2）同步：指两个或两个以上随时间变化的量在变化过程中保持一定的相对关系。

（3）预编译：又称为预处理，主要执行代码文本的替换工作。处理#开头的指令，比如#include包含的文件代码、#define 宏定义的替换、条件编译等，预编译就是为编译做预备工作的阶段，主要处理#开始的预编译指令。

(4) 预编译指令：指示在程序正式编译前就由编译器进行的操作，可以放在程序中的任何位置。

3．预备知识的内容结构

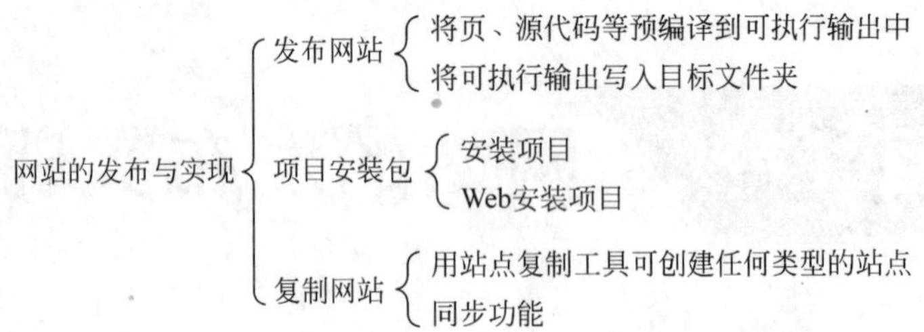

4．预备知识

复制站点就是通过使用站点复制工具将 Web 站点的源文件复制到目标站点来完成站点的部署。站点复制工具集成在 VS 2005 的 IDE 中。发布站点将编译站点并将输出复制到指定的位置，如成品服务器。

11.3.1　发布网站

1．发布网站概述

发布站点将编译站点并将输出复制到指定的位置，如成品服务器。主要完成以下任务。

(1) 将 App_Code 文件夹中的页、源代码等预编译到可执行输出中。

(2) 将可执行输出写入目标文件夹。

同使用“站点复制”工具将站点复制到目标 Web 服务器相比，发布站点具有以下优点。

(1) 预编译过程能发现任何编译错误，并在配置文件中标识错误。

(2) 单独页的初始响应速度更快，因为页已经过编译。如果不先编译页就将其复制到站点，则将在第一次请求时编译页，并缓存其编译输出。

发布网站不会随站点部署任何程序代码，从而为你的文件提供了一项安全措施。你可以带标记保护发布站点，这将编译.aspx 文件；或者不带标记保护发布站点，这将把.aspx 文件按原样复制到站点中并允许在部署后对其布局进行更改。

2．预编译网站

发布的第一步是预编译站点。预编译实际执行的编译过程与通常在浏览器中请求页时发生的动态编译的编译过程相同。预编译站点将带来以下好处。

(1) 可以加快用户的响应时间，因为页和代码文件在第一次被请求时无须编译。这对于经常更新的大型站点尤其有用。

(2) 可以在用户看到站点之前识别编译的 bug。

(3) 可以创建站点的已编译版本，并将该版本部署到成品服务器，而无须使用源代码。

ASP.NET 提供了预编译站点的两个选项：预编译现有站点（也称就地预编译）和针对部署的预编译。

(1) 预编译现有站点。

可以通过预编译现有站点来稍稍提高站点的性能。对于经常更改和补充 ASP.NET 网页及代码文件的站点则更是如此。在这种内容不固定的站点中，动态编译新增页和更改页所需的额外时间会影响用户对站点质量的感受。

在执行就地预编译时，将编译所有 ASP.NET 文件类型（HTML 文件、图形和其他非 ASP.NET

静态文件将保持原状）。预编译过程的逻辑与 ASP.NET 进行动态编译时所用的逻辑相同，说明了文件之间的依赖关系。在预编译过程中，编译器将为所有可执行输出创建程序集，并将程序集放在%SystemRoot%\Microsoft.NET\version\Temporary ASP.NET Files 文件夹下的特殊文件夹中。然后，ASP.NET 将通过此文件夹中的程序集来完成页请求。

如果再次与编译站点，那么将只编译新文件或更改过的文件（或那些与新文件或更改过的文件具有依赖关系的文件）。由于编译器的这一优化，即使是在细微的更新之后也可以编译站点。

（2）针对部署的预编译。

预编译站点的另一个用处是生成可部署到成品服务器的站点的可执行版本。针对部署进行预编译将以布局形式创建输出，其中包含程序集、配置信息、有关站点文件夹的信息以及静态文件（如 HTML 文件和图形）。

编译站点之后，可以使用 Windows XCopy 命令、FTP、Windows 安装等工具将布局部署到成品服务器。布局在部署完之后将作为站点运行，且 ASP.NET 将通过布局中的程序集来完成页请求。

可以按照以下两种方式来针对部署进行预编译：仅针对部署进行预编译，或者针对部署和更新进行预编译。

① 仅针对部署进行预编译。

当仅针对部署进行预编译时，编译器实质上将基于在正常情况下运行时编译的所有 ASP.NET 源文件来生成程序集。其中包括页中的程序代码、.cs 和.vb 类文件以及其他代码文件和资源文件。编译器将从输出中删除所有源代码和标记。在生成的布局中，为每个.aspx 文件生成编译后的文件（扩展名为.compiled），该文件包含指向该页相应程序集的指针。

要更改站点（包括页的布局），必须更改原始文件、重新编译站点并重新部署布局。唯一的例外是站点配置，此时可以更改成品服务器上的 Web.config 文件，而无须重新编译站点。

此选项不仅为你的页提供了最大限度的保护，还提供了最佳启动性能。

② 针对部署和更新进行预编译。

当针对部署和更新进行预编译时，编译器将基于所有源代码（单文件页中的页代码除外）以及正常情况下用来生成程序集的其他文件（如资源文件）来生成程序集。编译器将.aspx 文件转换成使用编译后的代码隐藏模型的单个文件，并将它们复制到布局中。

使用此选项，可以在编译站点中的 ASP.NET 网页之后，对它们进行有限地更改。例如，可以更改控件的排列、页的颜色、字体和其他外观元素，还可以添加不需要事件处理程序或其他代码的控件。

当站点第一次运行时，为了从标记创建输出，ASP.NET 将执行进一步的编译。

我们可以通过以下两种方式执行预编译：使用 Aspnet_compiler.exe 工具预编译站点；使用 Visual Studio 2005 的 IDE 自带的预编译站点工具。

（1）使用 Aspnet_compiler.exe 工具。

Aspnet_compiler.exe 工具是一个命令行工具，使用它可以就地编译 ASP.NET Web 应用程序，也可以针对部署编译 ASP.NET Web 应用程序。该工具位于%windir%\Microsoft.NET\Framework\version 目录，它的命令参数如下。

```
aspnet_compiler [-?]
                  [-m metabasePath|-v virtualPath [-p physicalPath]]
                  [[-u] [-f] [-d] targetDir]
                  [-c]
                  [-errorstack]
```

```
                    [-fixednames]
                    [-nologo]
                    [-keyfile file | -keycontainer container [-aptca]
[-delaysign]]
```

各选项参数如表 11.1 所示。

表 11.1　参数选择

选　项	说　明
-?	显示该工具的命令语法和选项
-m metabasePath	指定要编译的应用程序的完整 IIS 元数据库路径。IIS 元数据库是用于配置 IIS 的分层信息存储区。例如，默认 IIS 站点的元数据库路径是 LM/W3SVC/1/ROOT。此选项不能与-v 选项或-p 选项一起使用
-v virtualPath	指定要编译的应用程序的虚拟路径。如果还指定了-p，则使用伴随的 physicalPath 参数的值来定位要编译的应用程序。否则，将使用 IIS 元数据库，并且此工具假定源文件位于默认站点（在 LM/W3SVC/1/ROOT 元数据库节点中指定）中。此选项不能与-m 选项一起使用
-p physicalPath	指定包含要编译的应用程序的根目录的完整网络路径或完整本地磁盘路径。如果未指定-p，则使用 IIS 元数据库来查找目录。此选项必须与-v 选项一起使用，不能与-m 选项一起使用
-u	指定 Aspnet_compiler.exe 应创建一个预编译的应用程序，该应用程序允许对内容（例如.aspx 页）进行后续更新。如果省略该选项，生成的应用程序将仅包含编译的文件，而无法在部署服务器上进行更新。只能通过更改源标记文件并重新编译来更新应用程序。必须包括参数 targetDir
-f	指定该工具应该改写 targetDir 目录及其子目录中的现有文件
-d	重写应用程序源配置文件中定义的设置，强制在编译的应用程序中包括调试信息。否则，将不会发出调试输出。如果省略此选项，就地编译将在调试选项时使用配置设置
targetDir	将包含编译的应用程序的根目录设为网络路径或本地磁盘路径。如果未包括 targetDir 参数，则就地编译应用程序
-c	指定应完全重新生成要编译的应用程序。已经编译的组件将重新进行编译。如果省略词选项，该工具将仅生成应用程序中自上次执行编译以来被修改的那些部分
-errorstack	指定该工具应在未能编译应用程序时包括堆栈跟踪信息
-keyfile file	指定应该将 AssemblyKeyFileAttribute（指示包含用于生成强名称的公钥/私钥对的文件名）应用于编译好的程序集。如果代码文件中已经将该属性应用于程序集，Aspnet_compiler.exe 将引发一个异常
-keycontainer container	指定应该将 AssemblyKeyNameAttribute（指示用于生成强名称的公钥/私钥对的容器名）应用于编译好的程序集。如果代码文件中已经将该属性应用于程序集，Aspnet_compiler.exe 将引发一个异常
-aptca	指定应该将 AllowPartiallyTrsutedCallersAttribute（允许部分受信任的调用方访问程序集）应用于 Aspnet_compiler.exe 生成的具有强名称的程序集。此选项必须与-keyfile 或-keycontainer 选项一起使用。如果代码文件中已经将该属性应用于程序集，Aspnet_compiler.exe 将引发一个异常
-delaysign	指定应该将 AssemblyDelaySignAttribute（指示应该只使用公钥标记对程序集进行签名，而不使用公钥/私钥对）应用于生成的程序集。此选项必须与-keyfile 或-keycontainer 选项一起使用。如果代码文件中已经将该属性应用于程序集，Aspnet_compiler.exe 将引发一个异常

续表

选　　项	说　　明
-fixednames	指定应该为应用程序中的每一页生成一个程序集。每个程序集的名称使用原始页的虚拟路径，除非此名称超过操作系统的文件名限制。如果超过限制，将生成一个哈希值，并将其用于程序集名称。不能将-fixednames 选项用于就地编译
-nologo	取消显示版权信息

下面的命令就地编译 WebApplication1 应用程序，如下所示。

```
Aspnet_compiler -v/WebApplication1
```

在上面的命令中，WebApplication1 是 IIS 中的虚拟路径。当然也可以编译文件系统站点，命令如下所示。

```
Aspnet_compiler -p physicalOrRelativePath -v /
```

在上面的命令中，physicalOrRelativePath 参数是指站点文件所在的完全限定目录路径，或者相对于当前目录的路径，其中允许使用句点（.）运算符。-v 开关指定一个根目录，编译器将使用该目录来解析应用程序根目录引用，例如，用颚化符（~）运算符。当为-v 开关指定值“/”时，编译器将以物理路径为根目录来解析路径。

下面的命令就地编译 WebApplication1 应用程序。编译好的应用程序还包括调试信息，如果必须报告错误，此工具还会添加堆栈跟踪信息。如下所示。

```
Aspnet_compiler -v /WebApplication1 -d -errorstack
```

下面的命令使用物理路径就地编译 WebApplication1 应用程序。它还向输出程序集添加两个属性。它使用-keyfile 选项添加一个 AssemblyKeyFileAttribute 属性，该属性指定 Key.sn 文件包含公钥/私钥对信息，该工具为生成的程序集指定强名称时应使用这些信息。该命令还使用-aptca 选项将一个 AllowPartiallyTrustedCallersAttribute 属性添加到生成的程序集。命令如下所示。

```
Aspnet_compiler -v/WebApplication1 -p c:\Documents and Settings\Default\My
Documents\MyWebApplications\WebApplication1 -keyfile c:\Documents and Settings\
Default\MyDocuments\Key.sn -aptca
```

（2）使用 Visual Studio 2005 的 IDE 自带的预编译站点工具。

3. 预编译期间对文件的处理

（1）编译的文件。

预编译过程对 ASP.NET Web 应用程序中各种类型的文件执行操作。文件的处理方式各不相同，这取决于应用程序预编译是只用于部署还是用于部署和更新。

表 11.2 描述了不同的文件类型，以及应用程序预编译只是用于部署时对这些文件类型所执行的操作。

表 11.2　部署时所执行的操作

文 件 类 型	预编译操作	输 出 位 置
.aspx、.ascx、.master	生成程序集和一个指向该程序集的.compiled 文件。原始文件保留在原位置，作为完成请求的占位符	程序集和.compiled 文件写入 Bin 文件夹中。页被输出至与源文件相同结构的位置，并删除.aspx 文件的内容，而.ascx、.master 文件不会被复制

续表

文件类型	预编译操作	输出位置
.asmx、.ashx	生成程序集。原始文件保留在原位置，作为完成请求的占位符	Bin 文件夹
App_Code 文件夹中的文件	生成一个或多个程序集（取决于 Web.config 设置）App_Code 文件夹中的静态内容不复制到目标文件夹中	Bin 文件夹
未包含在 App_Code 文件夹中的.cs 或.vb 文件	与依赖于这些文件的页或资源一起编译	Bin 文件夹
Bin 文件夹中的现有.dll 文件	按原样复制文件	Bin 文件夹
资源（.resx）文件	对于 App_LocalResources 或 App_GlobalResources 文件夹中找到的.resx 文件，生成一个或多个程序集以及一个区域性结构	Bin 文件夹
App_Themes 文件夹及子文件夹中的文件	在目标位置生成程序集并生成指向这些程序集的.compiled 文件	Bin 文件夹
静态文件（.htm、.html、图形文件等）	按原样复制文件	与源结构相同
浏览器定义文件	按原样复制文件	App_Browsers
依赖项目	将依赖项目的输出生成到程序集中	Bin 文件夹
Web.config 文件	按原样复制文件	与源结构相同
Global.asac 文件	编译到程序集中	Bin 文件夹

表 11.3 描述了不同的文件类型，以及应用程序预编译针对部署和更新时对这些文件类型所执行的操作。

表 11.3　部署和更新时所执行的操作

文件类型	预编译操作	输出位置
.aspx、.ascx、.master	对于具有代码隐藏类文件的所有文件，生成一个程序集，并将这些文件的单文件版本原封不动地复制到目标位置	程序集文件写入 Bin 文件夹中。.aspx、.ascx、.master 文件被输出至与源结构相同的位置
.asmx、.ashx	按原样复制文件，但不编译	与源结构相同
App_Code 文件夹中的文件	生成一个程序集和一个.compiled 文件	Bin 文件夹
未包含在 App_Code 文件夹中的.cs 或.vb 文件	与依赖于这些文件的页或资源一起编译	Bin 文件夹
Bin 文件夹中的现有.dll 文件	按原样复制文件	Bin 文件夹
资源（.resx）文件	对于 App_GlobalResources 文件夹中的.resx 文件，生成一个或多个程序集以及一个区域性结构。对于 App_LocalResources 文件夹中的.resx 文件，将它们按原样复制到输出位置的 App_LocalResources 文件夹中	程序集放置在 Bin 文件夹中
App_Themes 文件夹及子文件夹中的文件	按原样复制文件	与源结构相同

续表

文 件 类 型	预编译操作	输 出 位 置
静态文件（.htm、.html、图形文件等）	按原样复制文件	与源结构相同
浏览器定义文件	按原样复制文件	App_Browsers
依赖项目	将依赖项目的输出生成到程序集中	Bin 文件夹
Web.config 文件	按原样复制文件	与源结构相同
Global.asac 文件	编译到程序集中	Bin 文件夹

(2) .compiled 文件。

对于 ASP.NET Web 应用程序中的可执行文件、程序集和程序集名称以及文件扩展名为.compiled 的文件都是在编译时生成的，.compiled 文件不包含可执行代码，它只包含 ASP.NET 查找相应的程序集所需的信息。

在部署预编译的应用程序之后，ASP.NET 使用 Bin 文件夹中的程序集来处理请求。预编译输出包含.aspx 或.asmx 文件作为页占位符。占位符文件不包含任何代码，使用它们只是为了提供一种针对特定页请求调用 ASP.NET 的方式，以便可以设置文件权限来限制对页的访问。

(3) 更新部署的站点。

在部署了预编译的站点之后，可以对站点中的文件或页面布局进行一定地更改。表 11.4 描述了不同类型的更改所造成的影响。

表 11.4　更新部署的站点

文 件 类 型	允许的更改（仅部署）	允许的更改（部署和更新）
静态文件（.htm、.html、图形文件等）	可以更改、删除或添加静态文件。如果 ASP.NET 网页引用的页或页元素已被更改或删除，可能会发生错误	可以更改、删除或添加静态文件。如果 ASP.NET 网页引用的页或页元素已被更改或删除，可能会发生错误
.aspx	不允许更改现有的页。不允许添加新的.aspx 文件	可以更改.aspx 文件的布局和添加无须代码的元素，例如 HTML 元素和不带有事件处理程序的 ASP.NET 服务器控件。还可以添加新的.aspx 文件，该文件通常在首次请求时进行编译
.skin 文件	忽略更改和新增的.skin 文件	允许更改和新增的.skin 文件
Web.config 文件	允许更改，这些更改将影响.aspx 文件的编译。忽略调试或批处理编译选项。不允许更改配置文件属性或提供程序元素	如果所做的更改不会影响站点或页的编译（包括编译器设置、信任级别和全球化），则允许进行更改。忽略影响编译或使已编译页中的行为发生变化的更改，否则在一些实例中可能会生成错误。允许其他更改
浏览器定义	允许更改和新增文件	允许更改和新增文件
从资源（.resx）文件编译的程序集	可以为全局和局部资源添加新的资源程序集文件	可以为全局和局部资源添加新的资源程序集文件

4. 使用网站发布工具

可以使用集成在 VS 2005 的 IDE 中的站点发布工具来完成站点的发布。该发布工具可以让我们指定以下发布目标。

（1）文件系统站点。

（2）本地 IIS 站点。

（3）FTP 站点。

（4）远程 Web 站点。

在“发布站点”对话框中有几个选项控制着预编译的执行，它们的含义分别如下。

（1）允许更新此预编译站点。指定.aspx 页面的内容不编译到程序集中，而是保留标记原样，从而使用户能够在预编译站点后更改 HTML 和客户端功能。选择此项将执行部署和更新的预编译，反之则执行仅部署的预编译。

（2）使用固定命名和单页程序集。指定在预编译过程中将关闭批处理，以便生成带有固定名称的程序集，将继续编译主题文件和外观文件到单个程序集，不允许对此选项进行就地编译。

（3）对预编译程序集启用强命名。指定使用密钥文件或密钥容器使生成程序集具有强名称，以对程序集进行编码并保证未被恶意篡改。在选择此复选框后，可以执行以下操作。

① 指定要使用的密钥文件的位置以对程序集进行签名。如果使用密钥文件，可以选择“延迟签名”，它以两个阶段对程序集进行签名，首先使用公钥文件进行签名，然后使用在稍后调用的 aspnet_compiler.exe 命令过程指定的私钥文件进行签名。

② 从系统的 CSP（加密服务提供程序）中指定密钥容器的位置，以用来为程序集命名。

③ 选择是否使用 AllowPartiallyTrustedCallers 属性标记程序集，此属性允许由部分受信任的代码调用强命名的程序集。没有此声明，只有完全受信任的调用方可以使用这样的程序集。

5. 配置已发布的站点

发布站点的过程将对站点中的可执行文件进行编译，然后将输出写入指定的文件夹中。因为测试环境与发布应用程序的位置之间存在配置差异，所以发布的应用程序可能与测试环境中的应用程序行为不同。如果出现这种情况，在发布站点后可能需要更改配置设置。我们一般需要完成以下配置任务。

（1）检查原始站点的配置，注意已发布的站点需要更改的设置。开发站点与成品站点的常见设置包括如下内容。

① 连接字符串。

② 成员资格设置和其他安全设置。

③ 调试设置。建议为成品服务器上的所有页关闭调试。

④ 跟踪。建议关闭跟踪功能。

⑤ 自定义错误。

⑥ 因为配置设置是继承的，可能需要查看 Machine.config 文件的本地版本或位于 % SystemRoot%\Microsoft.NET\Framework\version\CONFIG 目录下的根 Web.config 文件以及应用程序中的任何 Web.config 文件。

（2）发布站点之后，请使用不同用户账户测试已发布站点的所有网页。如果已发布的站点与原始站点行为不同，可能需要对已发布的站点进行配置更改。

（3）若要查看已发布站点的配置，请打开远程站点并直接编辑远程站点的 Web.config 文件。或者，可以使用编辑 ASP.NET 配置文件中描述的其他配置方法。

（4）比较已发布的站点与原始站点的配置。在已发布站点所在的 Web 服务器上，除了应用程序的 Web.config 文件以外，可能需要查看 Machine.config 文件或位于远程计算机的% SystemRoot%\Microsoft.NET\Framework\version\CONFIG 目录下的根 Web.config 文件。

（5）在已发布站点的配置文件中，编辑 deployment 元素，将它的 retail 属性设置为 true。这将重写页或应用程序级别的 Web.config 文件的跟踪和调试模式的本地设置，从而改进站点的安全性以适应生产环境。

(6) 对敏感配置（如安全设置和连接字符串）进行加密。

11.3.2 Web 项目安装包

1. 安装项目概述

安装项目用于创建安装程序，以便分发应用程序。最终的 Windows Installer（.msi）文件包含应用程序、任何依赖文件以及有关应用程序的信息（如注册表项和安装说明等）。当.msi 文件在另一台计算机上分发和运行时，你就可以确信安装所需的一切都已就绪；如果安装因某种原因而失败（如目标计算机没有所需的操作系统版本），则将被回滚，计算机将返回到安装前的状态。

在 Visual Studio 中，有安装项目和 Web 安装项目两种类型的安装项目。它们之间的区别在于安装程序的部署位置——安装项目将文件安装到目标计算机的文件系统中；而 Web 安装项目将文件安装到 Web 服务器的虚拟目录中。此外，Visual Studio 还提供了“安装向导”以简化创建安装项目或 Web 安装项目的过程。

与简单地复制文件相比，使用部署在 Web 服务器上的安装文件提供的好处是，部署可以自动处理任何与注册和配置相关的问题，如添加注册表项和自动安装数据库等。

2. 创建 Web 安装项目

若要将 Web 应用程序部署到 Web 服务器，请创建 Web 安装项目，生成它并将它复制到 Web 服务器计算机，然后使用 Web 安装项目中定义的设置，在服务器上运行安装程序来安装应用程序。

11.3.3 复制网站

1. 网站复制工具简介

使用站点复制工具可以在当前站点与另一个站点之间复制文件。站点复制工具与 FTP 实用工具相似，但存在以下两个不同点。

(1) 使用站点复制工具可在用 Visual Studio 中创建的任何类型的站点，包括本地站点、IIS 站点、远程（FrontPage）站点和 FTP 站点之间建立连接或复制文件。

(2) 该工具支持同步功能，同步功能检查两个站点上的文件并确保所有文件都是最新的。

使用站点复制工具可将文件从本地计算机移植到测试服务器或成品服务器上。站点复制工具在无法从远程站点打开文件以进行编辑的情况下特别有用。可以使用站点复制工具将文件复制到本地计算机上，再编辑这些文件，然后将它们重新复制到远程站点。还可以在完成开发后使用该工具将文件从测试服务器复制到成品服务器。但是，在使用该工具时，应该充分考虑其优缺点。

使用站点复制工具的主要优点如下。

(1) 只需将文件从站点复制到目标计算机即可完成部署。

(2) 可以使用 Visual Web Developer 所支持的任何连接协议部署到目标计算机。可以使用 UNC（Universal Naming Convention）复制到网络上另一台计算机的共享文件夹中；使用 FTP 复制到服务器中；或使用 HTTP 协议复制到支持 FrontPage 服务器扩展的服务器中。

(3) 如果需要，可以直接在服务器上更改网页或修复网页中的错误。

(4) 如果使用的是文件存储在中央服务器中的项目，则可以使用同步功能确保文件的本地和远程版本保持同步。

使用站点复制工具的缺点主要有如下几点。

（1）站点是按原样复制的。因此，如果文件包含编译错误，则直到有人（也许是用户）运行引发该错误的网页时才会发现该错误。

（2）由于没有经过编译，所以当用户请求网页时将执行动态编译，并缓存编译后的资源。因此，对站点的第一次访问会比较慢。

（3）由于发布的是源代码，因此其代码是公开的，可能导致代码泄露。

2．使用网站复制工具

网站复制工具的界面非常类似于常见的 FTP 文件上传工具，第一行区域设定连接的目标站点，其下分为左右两部分，左边为源站点，右边为远程站点（也称目标站点）。在源站点和远程站点的文件列表框中，显示了站点的目录结构，并能看到每个文件的状态和修改日期。

要复制站点文件，必须先连接到目标站点。该复制工具能够让用户为复制操作指定目标，该目标可以是以下任何类型。

（1）文件系统站点。

（2）本地 IIS Web 站点。

（3）FTP 站点。

（4）远程 Web 站点。

一旦连接成功后，该连接在打开该站点时就是活动的。如果无须连接到远程站点，则可以删除连接。例如，先选中要断开的连接，再单击“断开连接”即可。

可以使用站点复制工具复制构成站点的所有源文件，具体包括如下文件。

（1）ASPX 文件。

（2）代码隐藏文件。

（3）其他 Web 文件（例如静态 HTML 文件、图像等）。

复制工具允许我们逐个复制文件或一次复制所有文件。一般第一次使用网站复制工具发布时，要一次复制所有文件，而以后每次在本地修改了个别文件后则使用逐个复制的方法。比如，我们在源站点的文件列表选中所有文件后单击复制按钮或直接单击右键并选择“将站点复制到远程站点”，将一次复制所有文件；当选中某个文件后单击复制按钮或单击右键并选择“复制选定的文件”即可复制该文件。

不过，在进行文件复制的时候，需要注意以下几点。

（1）文件的较旧版本不会覆盖较新版本。因此，即使在复制了整个站点以后，两个站点也可能不同。

（2）如果所复制的文件包括一个已删除的文件而目标站点中仍有该文件的副本，则将提示你是否也要删除目标站点中的相应文件。

（3）如果所复制的文件在目标站点中已发生更改，则将提示你是否要改写目标站点中的相应文件。

3．同步文件

在实际开发过程中，有时需要将开发的站点部署到一个测试服务器上。但在测试的过程中，有可能在本地开发中修改了某个文件或者是直接在测试服务器上修改了某些文件，这时候源站点和远程站点中的某些文件就不同步了。此时，可以选择“同步站点”或是选中单个文件后再单击同步按钮进行同步。

一般在使用同步站点时，复制工具将检查所有文件的状态并执行以下任务。

（1）将新建文件复制到没有该文件的站点中。

（2）复制已更改的文件，使得两个站点都具有该文件的最新版本。

（3）不复制未更改的文件。

在同步过程中，将检测以下条件并给出提示信息，如表 11.5 所示。

表 11.5　同步过程检测条件

条　件	结　果
已删除了一个站点上的文件	提示你是否要删除另一个站点上的相应文件
文件在两个站点上的时间戳不同（在不同时间对两个站点上的该文件进行了添加或编辑）	提示你要保留哪一个版本

11.4　项目实施

11.4.1　任务 1：网站的发布

通过单击 VS 2005 的 IDE 中“生成”菜单的“发布站点”选择项或在“解决方案资源管理器”里右击 Web 项目并选定“发布站点”项可打开“发布站点”对话框，如图 11.1 所示。

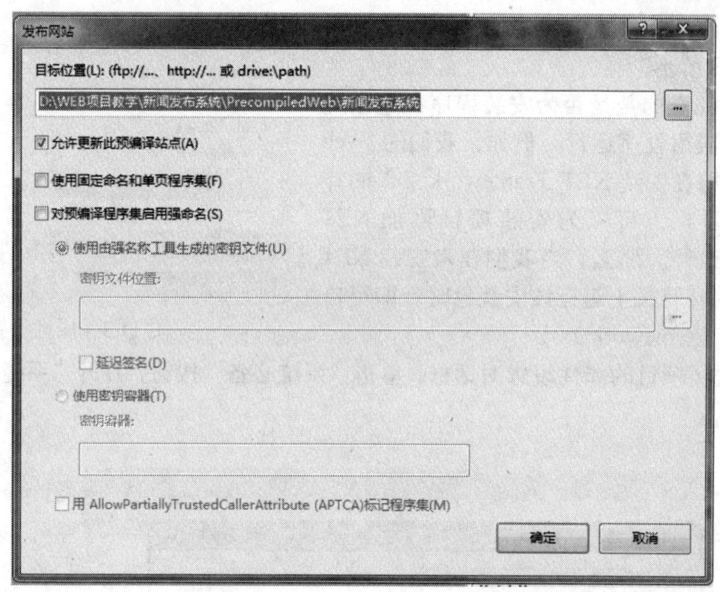

图 11.1　新闻发布系统的网站发布

我们可以为发布站点选择不同的目标，单击“目标位置”文本框右边的按钮，即可进入发布目标选择对话框，可以指定其中一种发布目标，如文件系统，并将预编译生成布局输出到 C:\Demos\Publish 目录。单击“打开”按钮返回“发布站点”对话框，单击“确定”按钮即可启动发布。

11.4.2　任务 2：网站的安装包

在 VS 2005 的 IDE 中，从“文件”菜单打开“添加新项目”对话框，在“项目类型”中选择“其他项目类型”下的“安装和部署”，然后在“模板”列表中选择“Web 安装项目”，如图 11.2 所示。

输入安装项目的名称，选择好存储路径后，单击“确定”按钮即可创建 Web 安装项目。

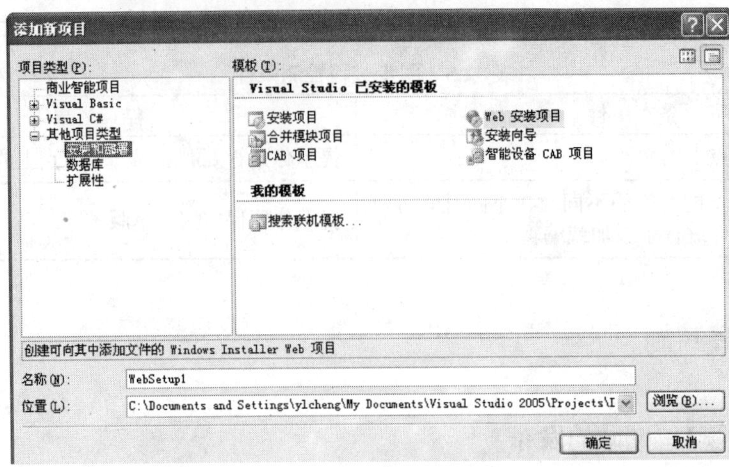

图 11.2　创建安装项目

创建好安装项目后，首先设置该安装项目的属性。先选中安装项目，然后在其属性窗口中修改属性。如将 ProductName 属性设为“新闻发布系统”，如图 11.3 所示。

图 11.3　属性设置

另外，值得注意的是是否为安装程序创建系统必备组件，以供应用程序运行。例如，我们的 Web 应用程序必须运行在安装.NET Framework 2.0 的计算机环境中。因此，可以为安装项目添加.NET 2.0 组件。那么，当我们在未安装.NET Framework 2.0 的计算机上运行该安装包时，即可自动为其安装.NET Framework 2.0。

打开 Web 安装项目的属性设置对话框，单击“系统必备”按钮，打开“系统必备”对话框，如图 11.4 所示。

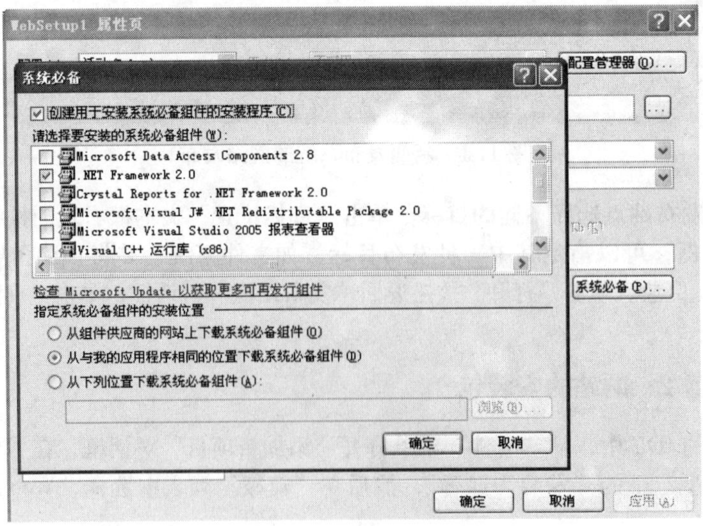

图 11.4　系统必备界面

在“系统必备”对话框中，可以指定是否为该安装程序创建系统必备组件。首先，选中“创建用于安装系统必备组件的安装程序”复选框，在“请选择要安装的系统必备组件”列表中选取组件，然后指定系统必备组件的安装位置：“从组件供应商的站点上下载系统必备组件”、“从与我的应用程序相同的位置下载系统必备组件”或从自己指定的位置下载系统必备组件。

这里，选择必备组件“.NET Framework 2.0”，并设置其下载路径为第二项，单击“确定”按钮完成必备组件设置。

接下来需要为安装程序添加输出文件，即指定安装程序的内容以及这些内容将要被安装到目标计算机的位置。

首先，打开安装项目的“文件视图”编辑器（默认情况下该视图已打开），Web 安装项目默认创建了 Bin 目录。

我们可以在视图中添加 Web 应用的部署文件，如程序集、.Compiled 文件以及页面文件和静态文件、资源文件等，即包括所有的预编译输出文件及其布局结构，或者直接包括站点的源代码及其布局结构。

在为某个站点添加了所有输出文件后，其界面如图 11.5 所示。

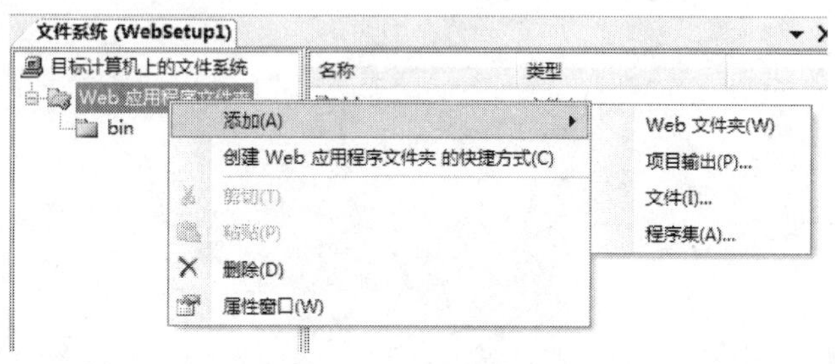

图 11.5　添加文件

下面需要编译安装项目，然后测试它是否能够正常运行。选中项目，单击“生成”，启动编译。编译完后，可以在项目输出文件夹下直接运行.msi 或 setup.exe 文件启动安装，或是直接在“解决方案资源管理器”中右击安装项目，单击“安装”来启动。

安装向导界面如图 11.6 所示。

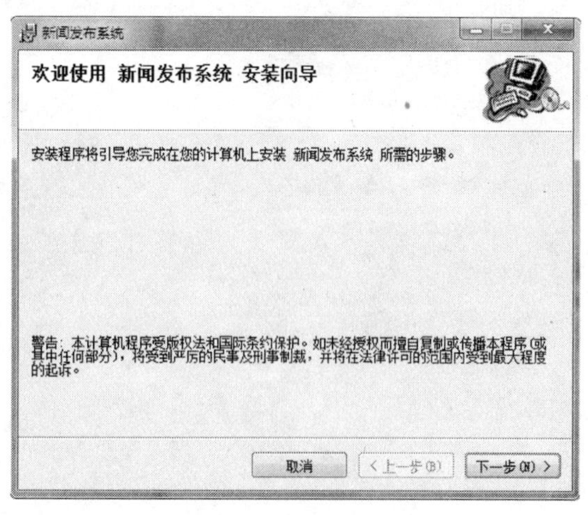

图 11.6　安装向导界面

在向导的指引下按默认设置逐步单击“下一步”按钮即可完成 Web 应用程序的安装。

安装完成后，将在 IIS 下创建一个虚拟目录“新闻发布系统”，并在 C:\Inetpub\wwwroot 目录下创建文件夹“新闻发布系统”，所有输出文件都将以相同的布局放置在该文件夹中。

11.5　本项目实施过程中可能出现的问题

本项目主要是发布信息发布网站和生成信息发布网站的安装包，是对已经通过测试的网站进行实际应用。在项目实施的过程中，可能会出现的问题如下。

(1) 发布网站时的设置。

发布网站的时候，需要选择“允许更新此预编译站点”，这样可以在以后需要修改或者重新编译的时候，进行更新。

(2) 生成网站安装包的选项设置。

在生成网站安装包的时候，需要在系统必备组件中选择“.NET Framework 2.0”，这样可以保证安装包在安装的时候，将.NET Framework 2.0 安装在服务器上，保证信息发布网站的正常运行。

信息发布网站的项目总结

经过各子项目的顺利开展信息发布网站系统已经开发完成，并且能够顺利运行。系统采用了三层架构进行设计，本信息发布网站的项目架构如下所示。

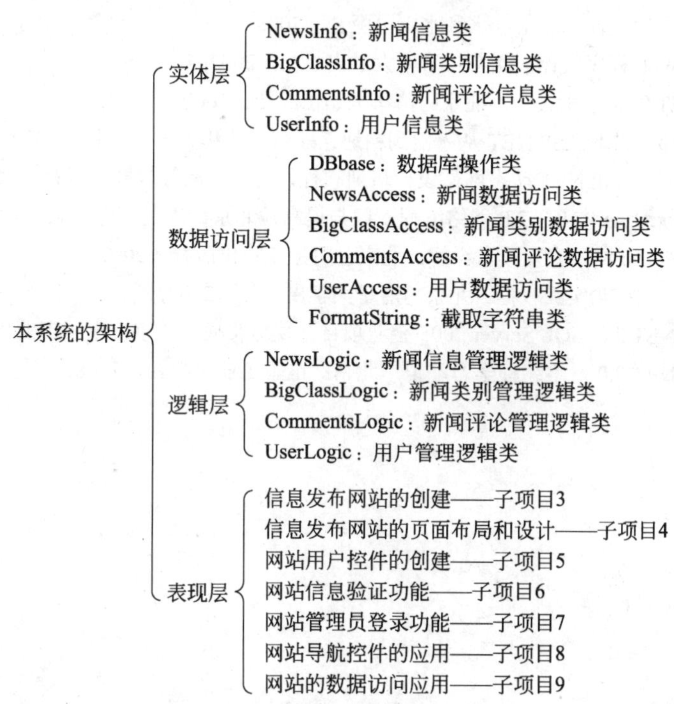

通过以上架构的设计，基本实现了信息发布网站的设计需求，并且通过子项目 10 对网站进行了软件测试，最终通过子项目 11 对信息发布网站进行发布，验证了网络能够正常地运行实施。

参 考 文 献

[1] 杨玥，汤秋艳，梁爽．Web 程序设计：ASP.NET．北京：清华大学出版社，2011．
[2]（美）Robert W. Sebesta. Web 程序设计．北京：清华大学出版社，2010．
[3]（美）塞巴斯塔著，刘伟琴，黄广华译．Web 程序设计．北京：清华大学出版社，2008．
[4] 沈士根，汪承焱，许小东．Web 程序设计：ASP．NET 实用网站开发．北京：清华大学出版社，2009．
[5] 贾华丁．Web 程序设计．北京：高等教育出版社，2005．
[6] 陶飞飞，陈京民，蔡振林等．Web 程序设计．北京：北京交通大学出版社，2009．
[7] 傅志辉．Web 程序设计技术．北京：清华大学出版社，2009．
[8] 周羽明，刘元婷．.NET 平台下 Web 程序设计．北京：电子工业出版社，2010．
[9] 丁振凡．Web 程序设计．北京：北京邮电大学出版社，2008．
[10] 匡松，李忠俊．Web 程序设计教程．杭州：浙江大学出版社，2009．
[11] 郝兴伟．Web 程序设计．北京：水利水电出版社，2008．
[12] 刘兵，张琳．Web 程序设计．北京：清华大学出版社，2007．
[13] 郭靖．ASP.NET 开发技术大全．北京：清华大学出版社，2009．
[14] 庞娅娟，房大伟，吕双.ASP.NET 从入门到精通．北京：清华大学出版社，2010．
[15] 沈大林，张晓蕾．ASP.NET 动态网站设计培训教程．北京：高等教育出版社，2008．
[16] 神龙工作室．新编 ASP.NET 2.0 网络编程入门与提高．北京：人民邮电出版社，2008．
[17] 方兵．ASP.NET 2.0 网站开发技术详解．北京：机械工业出版社，2007．
[18] 邵良彬．ASP.NET(C#)实践教程．北京：清华大学出版社，2007．
[19] 余金山．ASP.NET 2.0+SQL Server 2005 企业项目开发与实战．北京：电子工业出版社，2008．
[20] 张英男．ASP.NET 2.0 网络编程学习笔记．北京：电子工业出版社，2008．